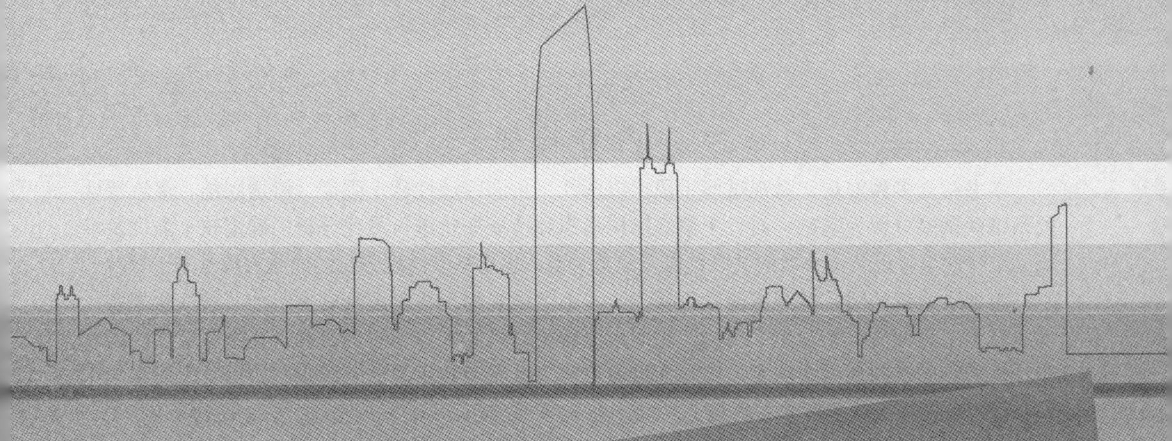

珠江三角洲区域

软土强度与渗流固结特性的微细观试验与机理研究

周晖◎著

北京理工大学出版社
BEIJING INSTITUTE OF TECHNOLOGY PRESS

内 容 提 要

本书结合多种宏观、微观试验手段，以珠江三角洲区域性软土强度、渗透固结、渗流特性的微细观试验分析为基础，对软土微观结构形态和特征变化进行量化分析，确定软土强度及渗流固结特性与微观结构参数的关联性以及定量关系，建立基于微观分析的固结方程及基于颗粒—水—电解质系统的圆孔微观渗流物理模型。本书由微观物理机制解释软土特性及其变化规律，揭示软土工程性质与微观组织结构、物质成分的关联机制和力学行为机制，在微观层次明确软土特性的物质基础和内在因素，旨在为沿海地区大量淤泥和污泥的资源化利用以及大面积软土地基加固处理提供新的技术方法和工艺。

图书在版编目（CIP）数据

珠江三角洲区域软土强度与渗流固结特性的微细观试验与机理研究 / 周晖著. —北京：北京理工大学出版社，2017. 5

ISBN 978-7-5682-4053-6

Ⅰ. ①珠…　Ⅱ. ①周…　Ⅲ. ①珠江三角洲－软土－渗流－研究　Ⅳ. ①P642. 13

中国版本图书馆CIP数据核字(2017)第109609号

出版发行 / 北京理工大学出版社有限责任公司
社　　址 / 北京市海淀区中关村南大街 5 号
邮　　编 / 100081
电　　话 / (010) 68914775（总编室）
(010) 82562903（教材售后服务热线）
(010) 68948351（其他图书服务热线）
网　　址 / http://www.bitpress.com.cn
经　　销 / 全国各地新华书店
印　　刷 / 北京紫瑞利印刷有限公司
开　　本 / 710 毫米 ×1000 毫米　1/16
印　　张 / 14.5　　　　责任编辑 / 李玉昌
字　　数 / 292 千字　　　　文案编辑 / 瞿义勇
版　　次 / 2017 年 5 月第 1 版　2017 年 5 月第 1 次印刷　　　　责任校对 / 周瑞红
定　　价 / 78.00 元　　　　责任印制 / 边心超

前　言 Preface

近年来，我国沿海地区经济实力飞速提升，发展规模不断扩大，已出现建设用地紧缺的问题，有限的土地资源难以满足居住、绿化、交通、工业和商业等建设需要，而解决的有效途径就是向海要地，即围海造陆。目前，广州南沙港区、天津港临港工业区、厦门港海沧港区以及苏州港、深圳港、宁波港和连云港等都实现了围海吹填造陆。其基本思路是利用水里吹填工艺把海底淤泥质土吹上来形成陆域，然后再对填海造陆工程大面积超软弱淤泥进行排水固结处理。这类吹填而形成的软土地基具有含水量高、渗透系数小、压缩性大、强度及承载力低等特点。

珠江三角洲地区大面积的围海造陆工程需要消耗大量的岩土填料，而解决岩土材料紧缺问题的有效途径就是让软土替代岩土填料，既可以就地取材又有利于环境资源保护。上述软土地区有大量的软土地基需要加固处理，以满足工程建设发展的需要。而软基加固工程中出现的问题并非都能通过宏观研究解决，软土的宏观工程性状在很大程度上受到其微细观性质的影响和控制，从而导致工程特性的变化。但长期以来，人们主要从宏观层次对软土的工程特性进行研究，难以抓住决定软土性质的本质因素从而对其工程特性做出深入研究。

针对上述问题，本书从微观结构动态观测试验和微观力学机制分析入手，对于珠江三角洲软土区域特性及其成因的微观机理进行研究，采用先进的计算机图像数字化处理技术，对软土微观结构形态和特征变化的实时观测图像进行量化分析，确定软土特性与微观结构参数的关联性以及定量关系，由微观物理机制解释软土特性及其变化规律以及区域特性成因的微观机理，揭示软土工程性质与微观组织结构、物质成分的关联机制和力学行为机制，在微观层次明确软土特性的物质基础和内在因素。针对大面积围海造陆工程新吹填淤泥土地基极端劣势的工程特性和物理力学性质，基于微观时效变形模型和微观渗流模型的初步研究成果，笔者提出了适用超软弱新吹填淤泥地基加固的方法和新工艺，并在广州南沙、厦门的吹填淤泥地基加固工程中成功应用，具备了应用技术创新的条件。本书有助于工程设计、施工人员从微细观角度对软基加固及处理有全新认识，有助于建筑工程技术科学研究人员从微细观角度对软土的宏观工程特性进行深入研究，能对广大软土地区的软基加固与处理提供有益借鉴。

由于笔者能力有限，本书存在的不足之处，敬请广大读者指正。

著　者

目　录 Contents

第1章 绪 论

1.1 研究背景

软土是一种物理力学性质复杂的天然工程建设材料，是由固体颗粒、孔隙液、孔隙气和土颗粒间的胶凝物等组成的多相介质，具有天然含水量高、孔隙率大、压缩性高、流变性显著、强度低、渗透性差等“四高二低”的工程性质。我国软土地域分布广泛，在沿海、河流及湖泊附近均有较厚的第四纪松软层覆盖，如上海和广州等地的三角洲相沉积软土，天津、大连、宁波等地的滨海相沉积软土，福州闽江口地区的溺谷相沉积软土等。由软土工程性状研究可知，土的宏观物理力学性能实质上受其微细观性质的影响和控制，主要的微细观因素有：土的矿物和化学成分；土的结构特征，即土粒形态学、几何学和能量学特征[1]；土粒的表面物理化学性质，如比表面积、阳离子交换量和表面电位等；孔隙水的物理化学性质，包括结合水状态、黏滞性和离子浓度等。

目前，土体宏观领域的研究已相对成熟、完善，而土体微细观领域的研究仍处于发展阶段。其中，宏观领域研究是将土体看作一种均匀连续体，采用连续介质力学和不可逆热力学的理论，探讨土体强度、固结和渗透等工程特性的客观规律与内在联系；细观领域则主要结合宏观范畴以确定土的主要物理力学特性；微观领域则从内在机理上分析土体强度、固结和渗透等特性，研究微细观因素对其宏观物理力学性能的作用原理和影响方式。微细观领域的研究需要借助先进的仪器和测试技术，诸如X射线衍射仪、环境扫描电子显微镜、压汞仪、比表面积测试仪等，研究土体的矿物组成及比例、颗粒(孔隙)尺度及分布、比表面积和表面电荷量、结合水含量和状态等参量与其强度、固结和渗透性的内在必然联系和定量关系。

20世纪20年代，现代土力学的奠基人——太沙基提出：评价黏性土的变形与强度特性时应当注意其微观结构的重要性，此后，Попов、Lamb、Van Ophen、Push和Bowles等人均开展了土体微观结构的研究，并提出了许多新的概念和微观结构模型[2]。1973年召开的首届国际土结构会议，就土体微结构观测和分析方法、土体微观性质与其变形和破坏机理的联系进行探讨，标志土体微结构研究进入了一个新阶段。20世纪80至90年代，Bažănt等人[3](1984)和Carol[4](1990)相继建立了黏性土的变形、蠕变方面的微观力学模型。相对而言，我国的土体微细观研究起步较晚，学者谭罗荣[5](1983)、李生林[6](1985)、施斌[7](1988)、高国瑞[8](1990)等人对海相沉积黏土、膨胀土、黄土等特殊土体的微细观结构特征与工程特性进行了较为详细的研究，并取得了许多研究成果。进入21世纪后，张敏江[9](2005)、房后国[10](2007)、梁健伟[11](2010)等人利用各种先进的图像观测和处理技术，结合三轴压缩、流变固结等宏观力学实验开展土体的微观定量分析和微结构参数研究，初步揭示了软土宏观强度和变形的微结构控制机理。

许多工程实践表明，并非所有的工程问题都能通过宏观研究解决：对美国、澳大利亚及我国滨海地区的盐渍土地基建设项目，如采用普通软土地基的加固方法，收效甚微[12~14]；对广州等地的极细颗粒海相淤泥土地基进行加固时也发现，吹填淤泥土的固结度、加固效果等技术指标与基于太沙基渗流固结理论的设计结果存在明显差距[15,16]。常规地基处理方法针对特殊软土地基失效的主要原因，可归结于极细土颗粒自身的比表面积大、带电现象明显、吸附的结合水膜厚，颗粒—水—电解质系统的相互作用对其工程特性产生显著影响[17]。土体的宏观物理力学特性受各种微细观因素共同影响，微细观特征变化是导致宏观特征变化的主因，也是宏观工程特性变化的根源所在。因此，需要进一步结合土体的宏观物理力学试验及微细观参数测试，从微细观的角度对软土的宏观工程特性开展研究，探讨影响软土强度、固结和渗透特性等物理力学行为的物质基础、物理机制、控制因素以及与各种微观参数的定量关系。

在开展研究之前，首先对软土的强度、固结与渗流特性的宏观、微细观领域的研究现状及土体微细观结构模型与工程特性的关联性研究成果进行回顾，并针对实际工程与试验研究中存在的问题，提出主要研究思路和研究内容。

1.2 土体强度、渗透固结和渗流特性的研究现状

1.2.1 土体强度特性的研究现状

1.2.1.1 宏观领域研究现状

1776年，法国科学家库伦最早提出了土的抗剪强度宏观理论，他针对砂土剪切试验提出了砂土的抗剪强度公式，而后考虑黏聚力的作用又提出了黏性土的抗剪强度公式。1910年，德国科学家莫尔提出抗剪强度包线在较大应力范围内往往

呈曲线形状的观点。莫尔－库伦(Mohr－Coulomb)强度理论描述了平面应变条件下土体单元任一截面上的法向应力和剪应力，可通过莫尔圆与抗剪强度包线是否相切的几何关系判断土体是否达到极限平衡状态。然而，土体是由固相、液相和气相组成的三相体，在固结压力作用下，土体所承受的法向应力由土颗粒与水共同承担，而剪应力只能由土骨架承担，1936 年，太沙基由此提出了饱和土的有效应力原理，认为土的抗剪强度可以表示为剪切面上有效法向应力的函数。另外，对非饱和土的强度性状的研究方面，学者们普遍认为孔隙水对强度的影响非常复杂，其黏聚力与土的内在膨胀力或吸力有关，其数值通过试验不易测定，A. W. Bishop[18](1960)、D. G. Fredlund[19](1978)、缪林昌[20](1999)、陈敬虞[21](2003)等人分别提出了非饱和土的破坏准则和强度公式。基于各种强度理论，多种测试仪器和方法被用于测定土的各种强度参数，得到了一系列的室内及原位测试的强度试验成果。张银屏等人[22](2004)通过直剪试验和三轴试验研究了土体固结度与抗剪强度的关系，结果表明：抗剪强度随固结度的增加而增加，但强度指标并非单调增加。陈晓平等人[23](2008)采用剪切、固结等室内试验，从强度和变形两方面研究了广州等地区软土的结构性，分析出了影响结构性软土力学特性的因素。郑刚等人[24](2009)采用自制三轴仪研究天津市区粉质黏土原状饱和样的排水卸荷条件对其强度特性的影响，结果表明几种应力路径下土体的有效应力强度指标基本相等。吴玉辉等人[25](2011)基于摩尔－库伦抗剪强度公式，结合十字板强度与深度的关系，建立土体抗剪强度指标的统计回归方程，并由此推算出地基土的抗剪强度指标。许成顺等人[26](2016)针对福建标准砂及细砂进行了不同反压下单调排水与不排水剪切试验，分析不同反压下砂土的应力－应变关系。试验结果表明：反压对剪胀性砂土的固结不排水剪切强度具有显著影响，对剪缩性砂土的不排水抗剪强度影响不显著。反压对砂土固结排水抗剪强度的影响较小，对其有效抗剪强度指标基本无影响。

1.2.1.2 微细观领域研究现状

软土强度特性的微细观领域研究主要集中在探索颗粒尺度和比分、孔隙尺度和比分、微结构特征等微细观参数与宏观强度特性的关系方面，目前常用的研究方法是对软土样品进行微观结构检测和理论分析，测试手段主要包括 X 射线衍射、热分析技术、红外光谱、偏光显微镜、扫描电子显微镜、透射电子显微镜和压汞测试等。

Skempton[27](1964)基于对黏土边坡的稳定性分析，发现剪切作用将导致滑动带上扁平状黏土颗粒产生微观结构的定向排列。Bai 等人[28](1997)研究了不排水抗剪过程中高岭土的微结构变化。严春杰等人[29](2001)通过 X 射线衍射仪和扫描电镜研究了黄河小浪底等数十个滑坡事发地段土样的物质成分和微结构特征，将其与滑坡的活动频次、活动阶段和形成机理相联系。Wen 和 Aydin[30](2003)利用反向散射电镜和光学显微镜研究了某自然滑坡滑带土样的微观结构，提出黏土颗粒含量、颗粒排列特征及孔隙度3个指标是引起滑带土力学性质变化的主要内因。吕海波等人[31](2005)利用压汞试验结果确定了结构性损伤模型参数并采用室内三轴试验结果验证模型正确性，认为微观结构变化是结构强度丧失的主要原因。周翠英等人[32](2005)对软土进行强度试验后，利用电镜扫描和图像处理方法提取剪切破裂面上的土样的微观结构特征参数，建立了微观参数与强度参数的关系。欧阳惠敏等人[33](2008)研究了天津滨海新区软土固化后的无侧限抗压强度和微结构特征，分析其固化机理并对土的宏观力学性质与微观结构特征之间的关系进行了探讨。胡欣雨等人[34](2009)采用真三轴仪和扫描电镜，从宏观、微观两个方面研究了黏土层中水泥盾构开挖面的稳定机理，分析在不同应力水平时泥浆作用对泥水盾构开挖面土体强度和变形特性的影响，并通过颗粒流数值模拟对试验结果予以验证。房营光等人[35,36](2013，2014)考虑土体微细观结构特征对其宏观强度特性的影响，采用三轴抗剪试验和胞元土体模型分析土体强度和变形的尺度效应特性。根据土体中小同尺度颗粒间的相互作用产生的聚集和摩擦效应，提出了“基体—增强颗粒”土体胞元模型，胞元体由基体和增强颗粒组成，其中基体山微小土颗粒集成，而增强颗粒为砂粒，宏观土体则简化为由许多胞元体构成的介质，引入了广义球应变和广义等效应变，基于应变能导出了考虑颗粒尺度效应的应力—应变关系以及屈服应力计算公式。同时，针对增强颗粒不同粒径和体分比的土样进行三轴不排水抗剪试验，给出了应力—应变和屈服应力尺度效应的测试结果，其研究成果对土体强度理论发展有重要的参考价值。

随着微细观理论和测试技术的快速发展，软土的诸多微细观参数不仅从定性角度，更从定量角度成为软土强度性状和变化规律的重要评价指标，在解释膨胀土的胀缩性、黄土的湿陷性和软土的低强度等特殊土的工程性质机理方面发挥了重要作用，并为改善特殊土的工程性质，建立更为符合工程实际的土体本构关系提供了试验基础和理论依据。

1.2.2 土体渗透固结特性的研究现状

1.2.2.1 宏观领域研究现状

渗透固结主要是指在外加荷载作用下，饱和或部分饱和土体中的水从孔隙中逐渐被排出，土体不断被压缩，孔隙水压力与有效应力不断转化，外加压力逐渐从孔隙水传递到骨架上，直至变形达到稳定为止的过程。对于高压缩性的饱和软土，其固结速率既取决于渗透固结速率又取决于土骨架的蠕变速率。渗透固结特性的研究在理论层面和实际工程应用中都具有极为重要的意义。目前，在大面积的软基处理中，一般利用砂井或塑料排水板堆载预压方法，排出土体孔隙中的水以提高其强度，即通过渗透固结来达到软基加固的目的。在整个加固过程中，土层固结系数的大小或固结速度的快慢对加固效果有着重要的影响。

1925 年，太沙基提出了有效应力原理并建立了一维固结理论[37]，这是现代土力学发展过程史上一个重要里程碑。基于固结理论就可以对建筑物和构筑物进行沉降计算和预测，因此，对固结理论的研究也成为土力学中最基本的课题。Rendulic[38]（1936）将太沙基一维固结理论推广到了二维和三维情况，假定土体只发生竖向的变形，不考虑土骨架变形与孔隙水运动的相互影响，考虑了二维或三维渗流，这一理论在实际工程中被广泛应用；Biot[39]（1956）从严格的固结理论出发，提出了 Biot 固结理论并求出条形荷载下半无限地基固结问题的解，进而把该理论推广到动力问题；Gibson 等人[40]（1967）提出了一维有限非线性应变固结理论，并在研究厚层黏土固结时发现，如考虑土体非线性的土层固结速率比用太沙基理论推导的要快；Baligh[41]（1978）等基于太沙基理论对矩形波载情况做了具体的分析；吴世明等人[42]（1988）推导了任意荷载下的一维固结方程的通解并以积分的形式予以表达；谢康和等人[43]（1995）给出了变荷载下任意层地基一维固结问题完整的解析解并编制相应的计算程序，为多层地基一维固结问题提供了完整的严密解和计算程序；蔡袁强等人[44]（1998）根据太沙基固结方程和 Laplace 变换求解出循环荷载下弹性多层饱水地基的一维固结方程通解。但是，太沙基一维固结理论存在自身难以逾越的不足，如假设固结过程中，土体的压缩系数和渗透系数不变，固结度和压缩度等同等。魏汝龙[45]（1993）认为由于太沙基一维固结理论没有考虑水平向孔隙水压力的消散，导致其沉降速率变小，而多数实际工程的地基是在二维或三维条件下发生固结和变形，其实际沉降速率比太沙基一维固结理论计算的沉降速率快许多，并通过软基现场沉降观测得以验证。由此采用半对数型和双曲线型压缩曲线，推演固结度和压缩度之间的解析关系，并提出从实测沉降过程推算现场土层平均固结系数的方法。虽然地基土的二维、三维固结理论与工程实际更相符，但其指标求取与测定相当困难，因此，太沙基一维固结理论在工程实践中仍得以广泛应用。

McNamee 和 Gibson[46]（1960）引入位移函数并求解出轴对称荷载作用下单层地基的 Biot 固结问题。Sandhu 和 Wilson[47]（1969）利用变分原理推出了 Biot 固结理论的有限元方程；Booker and Small[48,49]（1977，1987）等人利用 Laplace 变换推导了 Biot 固结理论的有限元方程，按矩阵位移法的思路求解出了多层地基的二维和三维 Biot 固结问题；赵维炳等人[50]（1996）提出了考虑软土黏弹性的一维及轴对称固结普遍解析解；任红林等人[51]（2003）以 Biot 二维固结问题的弹性解为基础，运用李氏比拟法对各向同性的有限厚地基的黏弹性解进行了分析，并对广义的 Voigt 模型写出解的具体形式。固结方程给出了一个普遍有效的一般解法，使得问题求解有了较大的进展。褚衍标等人[52]（2008）结合 Biot 固结理论及自然单元法的特点，利用经典变分原理推导固结微分方程的离散形式，针对二维问题编制计算程序，结果表明自然单元法与解析解较为吻合。刘志军等人[53]（2015）对 Biot 理论和修正 Biot 理论中的波动方程进行推导，基于修正 Biot 理论导出了三种不同形式的波动方程，得到了 Biot 弹性系数表达式，并分析了两者的应力及对应关系。总之，近年来，国内外根据 Biot 固结理论，应用数值分析方法求解土坝、路堤、挡土结构、建筑物地基等问题，有力地推动了土力学固结理论的发展。

1.2.2.2　微细观领域研究现状

许多学者对不同地区软土的渗透固结特性进行了微细观层面的研究。如张诚厚[54]（1983）认为土颗粒的矿物成分、沉积条件及孔隙水的化学成分都会对结构性产生影响，通过对结构性较强的湛江黏土和结构性较弱的上海黏土的固结试验发现，结构性对土的宏观物理力学特性有重要影响。随后，Locat 等人[55]（1985）对 Grande—Baleine 海积软土、马驯[56]（1993）对天津港东突堤淤泥、Mesri 等人[57]（1995）对 Mexico City 软黏土、龚晓南等人[58]（2000）对杭州淤泥质黏土、孔令伟等人[59]（2002）对琼州海峡湛江海域的结构性海洋土、赵志远等人[60]（2003）对温州软土、王国欣和肖树芳等人[61]（2003）对杭州淤泥、拓勇飞等人[62]（2004）对湛江地区软土、蔡国军等人[63]（2007）对连云港海相黏土、张明鸣等人[64]（2011）对深圳大铲湾吹填淤泥、王军等人[65]（2013）对黏土坝基的试验表明，由于软土具有明显的区域特性，不同地区软土的微细观结构存在显著不同，故其渗透固结特性存在明显的差异性。

1.2.3　土体渗流特性的研究现状

1.2.3.1　宏观领域研究现状

土体中的孔隙水如通过细小而曲折的渗流通道流动时会受到很大的黏滞阻力，导致出现流动缓慢的层流状态。在普通砂土和粉土中的渗流属于层流范围，达西定律均可适用。而众多的监测和试验资料表明，在黏性很大的致密黏土、纯砾以上的粗粒土中的渗流往往会偏离该定律。前者由于黏土中水与颗粒表面会产生相互作用导致渗流偏离达西定律，后者因为土中存在大的孔隙通道，渗透出现紊流状态而导致与达西定律偏离。

许多学者通过试验和理论分析研究达西定律的适用范围，普遍将达西定律的上限确定为临界雷诺数，但由于各人试验所取土样的颗粒形状和排列、孔隙率等参数均有不同，导致试验结果缺乏明显的分界点，结论差异较大。一般来说，作为达西定律上限的临界雷诺数 Re 的取值为 1～10，通常可取中值 5；毛昶熙[66]（2003）认为达西定律有效范围的下限一般指黏土中发生微小流速的渗流，由于细颗粒土表面包裹较厚的结合水膜，结合水膜的流变学特性决定了其软土的渗流规律。对一般黏土而言，作用较大水力坡降时，渗流才会突破结合水的堵塞而发生，其突破结合水的坡降即为起始坡降。当渗透开始后，最初有效过水断面的变动导致其不符合达西线性阻力定律，直到最后渗透断面重构后，才符合线性变化规律。随着黏性土的含水量减少或密实度增加，其起始坡降不断增加，最高可达 30 以上[66]。

长期以来，学术界就起始坡降是否存在的问题，争议不断。董邑宁等人[67](2000)通过渗透试验表明萧山原状土有水压差就有渗流，但加荷后土体结构产生变化而存在起始坡降。齐添等人[68](2007)通过渗流固结试验，认为在加载条件下萧山黏土的渗流流速与水力坡降两者间呈现非线性的关系，但不存在起始坡降。渗透系数是研究饱和土及非饱和土渗流的关键参数，相对饱和土而言，非饱和土渗透系数的实测要困难许多，尤其对于低饱和度时非饱和土，其土中的水极难排出，因此直接测试非饱和土的渗透系数变得相当困难。而利用饱和土渗透系数和非饱和土的土水特征曲线，从理论上间接预测非饱和土的渗透系数，得到了Childs[69](1950)、Brooks[70](1964)、Mualem[71](1976)、Agus [72](2003)、张雪东[73](2010)、胡冉[74](2013)、蔡国庆[75](2014)等众多研究者的认可和应用，被证实是一种较准确而又便捷的方法。

1.2.3.2 微细观领域研究现状

从1856年达西渗流试验开始起一个世纪左右，学者们对淤泥、淤泥质黏土等软土介质渗流问题的研究主要集中在宏观尺度领域。20世纪60年代后期，中国科学院渗流流体力学研究所率先提出了“微观渗流”思想，随之，非牛顿流体渗流、物理化学渗流、多相渗流方面的探索纷纷展开[76~81]。众多学者诸如Bear[82](1983)、Neuman[83](1990)、黄康乐[84](1991)、Ghilardi等[85](1993)、邹立芝[86](1994)等人在岩土材料渗流尺度效应研究方面进行了有益的探索，但总的来看，其渗流研究的尺度领域仍集中在宏观领域的范畴。

淤泥和淤泥质土等软土与其他多孔介质不同，其主要由极细粒径的黏土胶状物质组成，颗粒粒径达微米级且表面电位有十至数百mV，同时形成了小于十分之几微米[87]的孔隙。带电水分子能够定向排列并包裹在细小颗粒的表面以形成黏度很大的结合水膜，减小粒间孔隙的等效孔径，以阻止自由水的流动，而结合水膜的厚度可随土颗粒表面电位的改变而改变，使粒间孔隙的等效孔径发生变化，从而改变软土的宏观渗流特性。一直以来，经典流体力学界认为：固体表面上的流体分子与固体表面的相对运动速度为零，被称为“无滑移边界条件”假设，此假设得到了大量宏观实验的验证，并得以广泛应用[88]。然而，随着微纳米观测技术与分析理论的发展，人们借助原子力显微镜(AFM)[89]、微颗粒图像测速仪(μ—PIV)[90]、近场激光速度仪(NFLV)[91]、表面力仪(SFA)[92]等多种先进测试技术和手段，发现许多情况下边界滑移现象的发生[93~95]。研究表明，边界滑移在宏观尺度领域不易发生，但由于淤泥和淤泥质土等极细颗粒土的粒径仅为微米级，属于微观领域研究范畴，此时，颗粒面积为原来的一百万分之一，颗粒体积为原来的十亿分之一，导致其正比于面积的黏性力、摩擦力、表面张力的参数数值是正比于体积的电磁力和惯性力数值的数千倍，因此，学者们认为在极细颗粒黏土的微孔隙中，边界滑移可能对其渗流特性产生重要影响。Churaev等人[96](1984)通过研究发现边界滑移现象出现在溶凝石英玻璃管中水和水银中。Cho等人[97](2004)

通过试验观测到固－液接触角很小的憎水性固体表面发生了显著的边界滑移现象。Ou 等人[98](2004)研究发现，流体在流经布置有规则憎水性微圆柱或微凸肋的微通道表面时产生了很大的边界滑移，从而使流体流动的拖曳阻力降至原来的 60%左右。王馨等人[99](2008)针对微纳米间隙下受限液体的边界滑移现象进行试验，发现当微间隙临界尺度小于 6.67×10^{-3}时，边界滑移效应对流体动压力有重要作用，得出润湿性差的光滑表面的边界滑移长度明显大于润湿性好的表面的结论。由于极细颗粒黏土的孔径可达微米级，水在微孔隙中流动时，会产生“滑移边界”等与宏观流动不同的“微尺度效应”现象。现有文献对微尺度效应的研究表明[100~102]，当孔隙特征尺寸减小到一定尺度时，虽然连续介质假设仍能成立，但原来在宏观流动领域范畴可被忽略的许多因素，将成为主导微孔渗流的主要因素，从而出现与宏观流动显著不同的规律；如孔隙特征尺寸进一步减小到流体粒子平均自由程量级时，基于连续介质的一些宏观概念、假设、规律将不再适用，需要在微观领域重新讨论黏性系数等概念。上述就边界滑移现象的探索为极细颗粒黏土等介质的微细观渗流研究提供了一种新思路，也是今后流体力学发展的新方向之一[103]。

何莹松[104](2013)利用格子 Boltzmann 方法，分别从宏观尺度和微观尺度两个角度研究多孔介质中的流体渗流问题，证明格子 Boltzmann 方法在宏观尺度上可以成功模拟工程上的大尺度渗流问题。在微观尺度上，证明格子 Boltzmann 方法以及反弹边界处理格式可以有效模拟微尺度渗流问题，得到了多孔介质中流体的压力分布和流线图。申林方等人[105](2014)根据土体的孔隙率，采用随机配置的方法建立了二维土体孔隙结构，基于格子 Boltzmann 方法(LBE 方法)，通过设置左、右边界及土颗粒边界为标准反弹格式，出入口边界为非平衡态外推格式的边界条件，建立起模拟饱和土体渗流的二维模型，为进一步研究土体微观渗流机理提供了新的有效手段。

1.3 土体工程特性与微细观结构模型关联性研究现状

1.3.1 结构性黏土的微细观结构模型研究

土体结构性是指土体颗粒和孔隙的性状和排列形式(或称组构)及颗粒之间的相互作用，工程中的结构性土地基往往会在无任何预兆情况下突然发生破坏[106]，进而对建筑物或构筑物等建设设施产生强烈影响[107]，因此，建立土的结构性本构模型被认为是 21 世纪土力学的核心问题之一[108]。

土体的微结构模型实质上是对土体颗粒及孔隙的排列、形状、接触关系的组合方式的一种类型划分。由于研究层次、领域的不同，模型分类的结果也存在差异，一般有蜂窝结构、书架结构、分散结构、涡流结构、叠书架结构等。从现代结构概念看，土的微结构主要由结构单元特征、颗粒的排列特征、孔隙性和结构连结四个方面的特征来描述[109]。Terzaghi在20世纪20年代初发现黏粒悬液在电解质作用下会形成絮凝沉积物，在一定的上覆荷重压力下将形成一种类似于蜂巢状的结构模式，即“蜂窝状结构”[110]，其结构要素不定向，孔隙率可达60%～90%，孔径为2～3μm或10～12μm。Casagranda[111](1932)认为高灵敏黏土颗粒是以不稳定的边一面接触形式呈架空状排列，提出“片架结构”；Lambe[112](1958)将此结构稍加复杂化，认为年代较新的海相沉积物呈现“叠片支架结构”；后来，Aylmore[113](1960)和Olphen[114](1963)完善了“分散结构”模型，认为该结构多为淡水沉积物，其颗粒间不存在面一面接触或相互之间根本无接触。Aylmore认为黏粒在畴内的片状颗粒彼此是平行定向的，畴与畴之间可以任意相对取向，形成所谓的“涡流结构”；Smart[115](1967)提出了“叠书式结构”，认为该结构的黏粒和畴彼此之间既存在近处的定向性又存在远处的定向性。

随着现代扫描电镜的应用和普及，科学家们提出了更为丰富的结构模型。Osipov[116](1990)的归纳和研究成果表明，在天然黏土中可以找到的土体微结构模型主要分为八种，包括蜂窝结构、骨架状结构、紊流状结构、层流状结构、基质状结构、磁畴状结构、海绵状结构和假球状结构，其主要特征如表1-1所示。

表1-1　Osipov归纳的典型结构类型特征(据肖树芳整理)

结构类型	饱和含水率(%)	颗粒特征					孔隙特征				连接	
		矿物成分	接触方式	粉粒含量(%)	黏粒含量(%)	黏粒粒径/μm	孔隙率(%)	孔径/μm	形状	定向度	类型	强度
蜂窝状结构	30～55	蒙脱石/伊利石	面一面(主)，面一边	少	>25	1～2为主	60～90	1 10～120	等轴	无	凝聚型	低
骨架状结构	30～50	伊利石等	面一面	40～60	>10	1～2	40～60	1～2(小) 4～6(大)	等轴	无	凝聚型	低
紊流状结构	10～30	伊利石/高岭石	面一面，边一面(少)	<40	>20	1～2	30～50	0.5～1 12～15(大)	各向异性	好	过渡型 同相型	高
层流状结构	30～55	伊利石	面一面	很少	>40	0.5～2	45～60	0.5～1	各向异性	好	近凝聚型 同相型	高
基质状结构	20～30	伊利石	边一面	<40	>15	1～2	30～40	1～0.2(小) 2～5(大)	等轴	无	近凝聚型 过渡型	较低

续表

结构类型	饱和含水率(%)	颗粒特征					孔隙特征				连接	
		矿物成分	接触方式	粉粒含量(%)	黏粒含量(%)	黏粒粒径/μm	孔隙率(%)	孔径/μm	形状	定向度	类型	强度
磁畴状结构	高含水	高岭石为主	面一面，边一边	少	>30	2～6	37～47	0.1～0.3(内) 2～8(间)	各向同性	无	凝聚一同相型	变化大
海绵状结构	38～45	蒙脱石	面一面(主)	少	>30	粗集聚80；微聚5～30	49～51	3	微各向异性	无	凝聚一同相型	较低
假球状结构	高含水>30%	含铁硅酸盐蒙脱石	面一边，面一面	少	变化大	2～20	高孔隙率>40%	10～15(大) 1～2(小)	各向同性	无	凝聚一同相型	变化大

Osipov 的研究成果(肖树芳整理)仅对土体做了定性分析，但其研究系统的总结受到了同行的广泛认可。若要对土体做进一步定量化的分析，则需要借助直接或间接的微观测试进行，建立起颗粒大小、颗粒形状、颗粒分布、颗粒表面起伏、颗粒定向性、孔隙大小、孔隙形状、孔隙分布、孔隙定向性、接触带形态、粒间连通性等在内的结构要素的量化形式[117,118]，如图 1-1 所示。

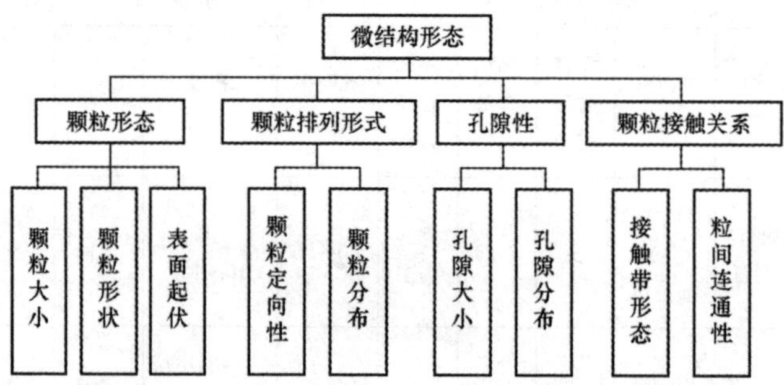

图 1-1　土体微观结构(含结构单元体与孔隙)的形态系统[2]

1.3.2　土体微细观结构与强度、渗透固结特性的关联性研究

现有研究表明，岩土工程材料的宏观物理力学性质很大程度上取决于其微细观结构特征参数及其变化规律，其内部孔隙尺度特征及分布是岩土体微观结构变化的内因，也是决定岩土工程稳定性的最主要因素[119～121]。因此，学者们对不同类型的岩土体微观结构变化特征与强度的关联性展开了较为深入的试验与理论研

究[122~124]。闫澍旺等人[125](2010)模拟防波堤地基土在波浪循环荷载作用下的实际应力路径，对天津港原状软黏土进行了室内动、静三轴试验，由试验数据确定了不同荷载组合下软黏土抗剪强度折减率的规律性曲线，进而确定了波浪循环荷载作用下软黏土的强度弱化程度以作为工程设计参考依据。唐朝生等人[126](2010)、王德银等人[127](2013)在非饱和黏性土中加入聚丙烯纤维作为加筋材料，在控制其干密度和含水量的条件下开展了一系列直剪试验，对其宏观力学性质进行分析。并借助扫描电镜，从微观的角度研究加筋材料的强度增强机理，认为纤维加筋土的抗剪强度随含水量增大而减小，随干密度增大而增大。土体的抗剪强度随纤维掺量增加而增长，加筋纤维对黏聚力的增强效果要比内摩擦角增加效果明显许多。此外，纤维加筋除了能提高土体的峰值抗剪强度外，还能有效增加土体破坏时对应的应变及残余强度以改善土体的破坏韧性。邵俐等人[128](2014)通过扫描电镜技术和室内无侧限抗压强度试验，对水泥固化稳定后的重金属镍污染土的强度特性和微观结构进行了研究，分析了不同镍离子浓度、水泥掺入量和龄期对水泥固化土强度特性的影响以及不同镍离子浓度水泥土微观结构的差异，得到了破坏应变、E_{50}和无侧限抗压强度之间的相关关系。王元战等人[129](2015)利用土体强度弱化原理，建立了在不同动应力水平下土体不排水抗剪强度随循环荷载作用次数变化的强度弱化模型，通过软黏土不排水强度与孔隙水压力增长的关系，演示其不排水强度弱化过程，在实际工程中取得了良好成效。徐文彬等人[130](2016)以不同条件下全尾砂固结体为研究对象，采用单轴压缩和剪切试验、压汞法等，着重分析其单轴抗压强度、内聚力和内摩擦角、孔隙率和平均孔径的变化规律。结合测定的力学参数和不同条件下全尾砂固结体的微观孔隙的结构参数特征，构建固结体微观孔隙结构参数与宏观力学参数的定量关系。

土体颗粒的排列、分布、方向性等微细观结构特征和孔隙尺度及其分布、孔隙率、孔隙联通性等孔隙特征共同决定了土体的渗透、固结等宏观工程性质，国内外一些学者在这些方面做了诸多有益的探索。彭涛等人[131](1999)通过吹填淤泥在吹填过程中微观结构特征观测发现，淤泥在吹填过程中经历重力及水力分选过程，微观结构以粒状镶嵌结构和紊流状为主，粒间孔隙的连通性较差导致其渗透性比其他土类要差；叶为民等人[132](2004)通过研究发现，上海地区软土存在微观结构的各向异性特征，而渗流结果将导致软土微观与宏观结构的各向异性特征加剧；顾中华等人[133](2004)针对不同固结压力下的原状土和重塑土的渗透性试验发现，渗透系数随固结压力的增加、孔隙率的减小而减小，认为较大荷载使得原状土的结构性完全被破坏，改变了土颗粒之间的应力和排列顺序，进而导致宏观渗透性的改变；顾正维等人[134](2003)和李又云等人[135](2006)通过结构性土体的渗透试验和研究发现，原状土由于具有架空结构而产生大孔隙，大孔隙间能形成连续的排水通道，故透水性较强；而重塑土结构颗粒的空间排列杂乱无章，虽有较大的孔隙比但连通性较差进而导致其透水性较差。刘阳等人[136](2010)通过研究多孔介质在不同孔隙率、孔径、孔喉比时所对应的等效渗透系数，提出多孔介质的等效渗透系数与孔喉比呈负相关性、与孔隙率和平均孔径呈线性正相关性的观点；孔令荣[137](2010)对上海淤泥质黏土的微结构特性进行研究，利用渗透系数与孔隙分布数据拟合发现上海饱和软黏土的渗透系数可由水头半径影响模型表示，并给出了渗透系数与孔隙尺度及分布的定量关系；徐超等人[138](2011)分析溶液浓度、阳离子离子价、水化离子半径等参数变化对土工合成黏土衬垫的渗透性和膨胀性的影响，通过微细观层次分析临界孔径是影响水泥一膨润土泥浆固结体渗透性的主要因素，临界孔径越小其抗渗性越好，其余孔隙结构特征参数对渗透特性的影响不明显；张明鸣等人[139](2011)对吹填土的固结问题进行试验研究和理论分析，从细观结构及细观渗流本质角度验证淤泥的有效孔径和结合水含量是影响其渗透系数的主导因素；牛岑岑等人[140](2011)通过对吹填土物质组成及微观结构性状研究后发现，渗流压力增大，导致土中结构单元体由松散状态转变为团聚状态，呈现出无明显定向性的扁圆形，孔隙成为定向性较明显的小而密实的球体，其宏观工程性状受物质成分和微细观结构双重影响。闫小庆等人[141](2011)通过微观孔隙结构特征对土体渗透性试验分析，认为在土中掺入膨润土可改变其结构特征和孔隙尺度分布从而降低土体的渗透性；少量膨润土即可导致土体内大孔隙的数量锐减；掺入膨润土将导致孔隙尺度分布逐渐发生变化，随着膨润土掺量的增加，土体内中等孔隙数量减少，小、微甚至超微孔隙数量逐渐增多，孔隙分布的密度函数由三峰态转变为双峰态，峰值所对应的孔径减小；认为仅通过孔隙比这一宏观参数表达土体的孔隙特征有失偏颇，需要引入微观孔隙特征参数对其进行定量描述。M. Arienzo 等人[142](2012)、张志红等人[143](2014)研究重金属 Cu^{2+} 离子侵入对土体渗透特性的影响，微观结构分析结果表明，Cu^{2+} 离子溶液作为渗透液时，土体渗透系数与纯净水渗透存在差异的主要原因是重金属 Cu^{2+} 改变了黏土的内部结构，影响了黏土的孔隙大小及比分，从而造成了宏观渗透性的差异。刘聘慧等人[144](2015)对海积软土在低频循环荷载与静荷载作用下蠕变特性和渗透特性的异同研究后发现，两种加载方式下土体累积变形量总体较为接近，而低频循环荷载作用相较于静荷载作用，软土更慢地进入衰减型蠕变阶段及达到变形稳定。土体的孔压变化规律、变形特性、渗透系数、次固结系数均与孔隙水类型的变化存在密切相关性。固结过程中，微结构单元体和孔隙形态均发生改变，且随时间延续和固结压力增大，软土的渗透系数 k 呈幂指数递减趋势，固结变形曲线存在明显转折点。

土体微结构特征的变化不仅会影响其宏观渗透性，也将改变其固结特性。周翠英等人[145](2004)通过对深圳宝安软土地基处理前后的 SEM 图片的孔隙参数定量研究，分析孔隙分布分维随固结压力的变化规律，并对不同地基处理方案的加固效果进行评价，表明在研究时段内堆载预压效果要优于强夯处理的效果。周宇泉等人[146](2006)利用光学测试系统从黏性土的微细观角度定量分析，得出土体的压缩性主要受控于土体自身颗粒形态、排列方式及孔隙形态变化3个方面的因素。张礼中等人[147](2008)在全面总结土体微观结构进展的基础上，以太原黄土为对象探讨动力固结过程中土体微观结构的变化规律，发现固结过程中颗粒和孔隙的大小和尺度分布将发生变化，其宏观密度参量增大，但固结还不足以造成颗粒强制定向性的排列和颗粒形状的改变。贾敏才等人[148](2009)通过可视化的强夯模型试验仪，对强夯作用时砂性土密实性进行研究，发现砂性土加固机制的宏观表现为地面变形的发展，而微细观表现为土颗粒从无序排列转向定向排列、颗粒间接触数不断增加，研究结果为动荷载作用时土体的微细观力学响应特性提供新思路。彭立才等人[149](2010)对不同固结压力作用后土样中孔隙结构特征定量分析后发现，随着固结压力增加，总孔隙面积、孔隙平均直径减少，总孔隙个数增加，孔隙分布分维值减少，排列由宽松变得紧凑。外荷载较小时，土体颗粒排列的定向性并不明显，随着荷载的增高，颗粒排列表现出明显的定向性。陶高梁[150](2010)利用提出的描述孔隙孔径分布的孔隙率模型，给出了基于土体微观孔隙结构的固结变形计算公式，并验证低固结压力下计算值与实测值的一致性较好。周晖等人[151](2010)对不同压力下固结淤泥土样的孔隙及其尺度分布进行测试，根据测试结果对土样孔隙尺度分布特征及其随固结压力的变化规律给出了定量分析，认为固结压力将显著改变淤泥土的孔隙尺度及其分布特征，以致改变土体的压缩性和渗透性。固结前期孔隙尺度较大，压缩系数和渗透系数较大并随固结压力增加而快速减小；固结后期孔隙尺度小，压缩系数和渗透系数小，且随固结压力增加的变化趋于平缓。雷华阳等人[152](2013)利用浅层真空预压加固处理前后的超软土开展室内分级加载的固结试验，研究不同状态、不同方向下超软土的固结特性以及固结系数随固结荷载的变化规律，结果表明，超软土在低应力水平下，固结系数维持在一个较低的水平；随着固结压力增加，固结系数虽有所增加，但增量比逐渐减小。周建等人[153](2014)利用计算机图像处理软件定量分析土体孔隙特征随着固结压力的变化规律，并讨论微观结构参数与土体压缩性的相关机制，认为固结压力将显著改变软土孔隙的结构特征，包括孔隙大小、尺度及分布、排列和形态等特征，随着固结压力的增大，孔隙数量先增加后减少、大中孔隙比例减小、微小孔隙比例增加、均一化程度提高、定向性增强、复杂程度减弱；土体压缩系数和微观结构参数随着固结压力的变化规律有较好的相关性，均表现为固结前期发生显著变化，固结后期变化趋缓。张中琼等人[154](2014)对天津的吹填土进行了自重排水、静水沉降和真空加压排水3个阶段的固结试验，研究发现吹填土的固结是土颗粒从无序不规则排列到有序较规则排列，直到絮凝并形成较稳定土结构的过程，对土样微观结构、颗粒粒度、颗粒丰度、颗粒定向性以及宏观基本物理性质变化进行了分析。雷华阳等人[155](2016)利用天津地区真空预压处理后的吹填软土，开展了一系列固结特性试验研究，着重研究了试样尺寸对吹填软土固结特性的影响。结果表明，不同尺寸试样的 $e-\lg p$ 曲线均表现为结构较完整、结构破坏、趋于重塑土 3 个阶段；在同级荷载下，稳定应变随着试样高度的增加而线性减小；固结系数和次固结系数均随荷载先增大后减小，最后趋于稳定，基于试验结果建立了考虑尺寸效应的一维应变预测模型。

综上所述，学界对土体的强度、渗透固结等宏观工程特性的微观机制研究及理论模型的研究工作还比较肤浅，还未达到成熟的应用阶段。不少学者尝试建立各种各样的微观本构模型，包括固结蠕变模型[156]、颗粒接触模型[157]、小应变特性下的本构模型[158]、重叠片和微滑面模型[159]、弹塑性变形耦合模型[160]、各向异性蠕变本构模型[161]、微观破损的本构模型[162]、增强虚内键模型[163]、塑性本构模型[164]、基于 SFG 模型的本构模型[165]等，这些微观结构模型在一定程度上揭示了土体宏观特性的微观本质，但由于受到试验技术、手段和建模方法等的限制，参数确定较为困难，并且难以从微观机制上对土体的宏观力学性质进行分析和说明，进而导致客观结果与理论分析之间仍存在较大的偏差。

1.4 软土强度与渗流固结特性微细观研究存在的主要问题

随着计算机信息技术和微细观实验仪器操作技术的发展，岩土工程研究迈上了以宏观领域研究为基础、以微细观领域研究为探索的新阶段。然而总体上，由于现阶段对软土工程性质的微细观测量技术手段、理论探究仍然处于初步探索阶段，许多影响宏观物理力学特性的微细观因素尚未完全了解清楚，特别是针对极细颗粒土等特殊性软土宏观工程特性的微细观控制因素、变化规律和影响机制等，均需要深入探索。

从软土的强度与渗流固结的研究现状来看，强度与固结的微细观研究主要是从软土的微细观结构出发，研究软土强度、固结产生的原因和制约因素等，目前仍处于定性分析阶段，不能很好地解释软土强度和固结形成的物质因素、物理机制以及控制因素等问题，也没能将微细观参数与宏观本构模型的定量分析形成有机结合。针对软土渗流的定量研究也依然主要集中在宏观尺度领域上，有关流体流动的尺度效应及非达西渗流的研究将对经典流体力学理论造成巨大冲击，但目前研究成果主要局限于微纳米机电系统及人造多孔介质等领域，其产生机制、变化规律和影响因素等方面也一直存在较大争议，同时，针对软土工程的实际应用也较少，软土渗流的尺度效应研究仍需要基于微细观领域进行深入探讨，建立起能解释悖例的物理机制的新理论。基于微细观角度研究软土的强度、渗流、固结特性使人们对一些传统理论无法合理解释的现象和规律有了新的理解和认识，这也为今后的研究提供了新的方向与思路。

1.5　主要研究思路、方法与内容

1.5.1　研究思路与方法

本书题为《珠江三角洲区域软土强度与渗流固结特性的微细观试验与机理研究》，通过珠江三角洲软土的区域特性及其成因机理分析，确定其主要工程性质的物质因素和微观结构因素，明确不良工程特性(软土强度、渗透固结、渗流特性)的内在根源，为改良软土特性提出可行的手段和途径；通过试验手段创新(宏微观试验手段结合及多种微观试验手段结合)，以软土强度、渗透固结、渗流特性的微细观试验分析为基础，基于颗粒—水—电解质系统，将 Poisson－Boltzmann 电势方程简化成圆孔渗流物理模型方程并进行方程求解，进一步考虑微电场效应下电场力和孔隙水黏度的共同作用，将圆孔渗流物理模型求出的理论曲线与实测渗透系数随表面电位变化的试验曲线进行比较，分析微电场和结合水对软土渗流的影响，验证理论模型的合理性。通过建立新的“基于微观分析”固结方程，将结果与现有太沙基固结方程的结果以及试验数据做比较，据此给出相关微观机理的解释，把微观土力学的研究从目前定性层次推进到定量分析的先进水平，尝试建立基于微观渗流固结理论为基础的软土处理新技术，为我国沿海地区大量淤泥和污泥的资源化利用以及大面积软土地基加固处理提供新的技术方法和工艺。

其主要研究方法和技术路线如下：

(1)对人工土和天然软土进行微细观参数测试。利用乙二醇乙醚吸附法(即 EGME 法)测试各种试样的总比表面积；利用乙酸铵交换法测试各种试样的阳离子交换量(CEC)；利用压汞法(即 MIP 法)和环境扫描电镜法(即 ESEM 法)测试试样的孔隙分布及其他特征参数。人工土的成分包括高岭土、膨润土等黏土矿物，以及石英和长石等非黏土矿物，天然土主要包括南沙淤泥、金沙洲淤泥质黏土、番禺淤泥、广州粉质黏土和深圳淤泥质土等。

(2)珠江三角洲软土工程性质的成因与微观因素分析。进行珠江三角洲软土的物理力学指标的统计分析，分析软土性质和特性的外部成因，根据物质成分分析和微观结构测试，分析软土性质和特性的微观机制和成因。

(3)软土强度特性的试验研究。以人工土和天然软土为试验样本，制备不同矿物成分、孔隙液离子浓度和含水量的试样，进行直剪试验。分析矿物成分、表面电位和结合水含量变化对试样强度特性的影响，从微细观角度对软土的强度特性的影响因素进行解析。其中人工土的成分包括高岭土、膨润土等黏土矿物，以及石英和长石等非黏土矿物，天然土主要为广州粉质黏土和南沙淤泥。

(4)软土固结特性的试验研究。以番禺淤泥和深圳淤泥质土等天然土为试验样本，利用 MIP 试验和 ESEM 试验研究天然软土在固结前、固结过程中的孔隙变化特征及微结构影响因素，并将 MIP 和 ESEM 两种显微测试技术进行比较。

(5)软土渗流特性的试验研究。以人工土和天然土为试验样本，制备不同矿物成分、孔隙液离子浓度的试样，利用南 55 型渗透仪和常规固结仪分别进行常水头渗透试验和渗流固结试验，测试出各种试样的渗透系数。通过定量研究渗透系数与矿物成分、孔隙液浓度和水力梯度等参数的相关关系，结合 MIP 法研究孔隙大小及尺度特征等对渗流固结特性的影响并分析其微细观机理。

(6)建立软土渗流的微观理论模型。基于颗粒—水—电解质系统，将 Poisson-Boltzmann 电势方程简化成圆孔渗流物理模型方程，并进行方程求解；在已有渗流物理模型基础上，进一步考虑微电场效应下电场力和孔隙水黏度的共同作用，将圆孔渗流物理模型求出的理论曲线与实测渗透系数随表面电位变化的试验曲线进行比较，分析微电场和结合水对软土渗流的影响，验证理论模型的合理性。

(7)基于微观试验的软土固结特性分析，建立“基于微观分析”的固结方程，将求解结果与太沙基固结方程结果和试验数据进行比较，给出软土渗透固结特性微观机理的解释。

1.5.2 研究内容

采用试验分析与理论探讨相结合的方法，通过已知或者实测的微细观参数，研究软土微细观参数与其强度特性、固结特性和渗流特性的定性、定量关系及其影响机制，分析微细观参数与宏观参量之间的内在关联，进一步分析软土强度、固结与渗流特性的微观机理。主要研究内容包括以下几个方面。

(1)软土微细观参数的测试与分析。利用一系列的物理化学试验，测试各种试样的比表面积、阳离子交换量(CEC)、孔隙大小和尺度分布等，利用土颗粒的表面电荷密度换算出不同孔隙液离子浓度下的颗粒表面电位。

(2)珠江三角洲软土的区域特性及其形成的环境因素和微观因素分析。在广泛收集和整理珠三角软土性质和特性资料基础上，进行软土的物理力学指标的统计分析。采集具有代表性区域特性的软土试样测试其工程性质和特性；根据试样采集区域的地质环境、水文环境和沉积条件等外部因素分析软土性质和特性的外部成因；对试样进行物质成分分析和微观结构测试，根据试验结果分析软土性质和特性的微观机制和成因。

(3)软土强度特性的微细观参数测试与分析。利用常规的直剪实验和微细观参数测试结果，研究软土微细观参数对软土强度特性的影响，区分矿物成分、含水量和孔隙液离子浓度不同的试样，并对土样进行直剪试验，分析抗剪强度及其黏聚力和内摩擦角等 2 个强度指标随矿物成分、含水量和孔隙液离子浓度改变的变化规律，从微细观领域探讨结合水性质与微电场强度的关系、结合水含量与微细观参数的关系，研究土体强度特性的微观内在机理。

(4)软土固结特性的微细观参数测试与分析。利用MIP和ESEM两种显微试验研究软土孔隙的微观结构参数在固结前、固结中、固结后的变化，分析固结过程中孔隙数量、等效孔径、孔隙形状、定向性、孔隙大小及尺度分布、孔隙连通性和曲折性等孔隙微观结构参数的定量变化，并进行两种显微试验的对比分析以相互印证显微试验的有效性。

(5)软土渗流特性的微细观参数测试与分析。利用常水头法(即直接测试法)和渗流固结法(即间接测试法)研究软土渗流的微电场效应和微尺度效应。进行软土颗粒表面电位、孔隙液离子浓度、孔隙尺度、水力梯度等参数与渗透系数的关联性研究，分析各微观参数与宏观渗透特性之间的内在联系。

(6)软土渗流的微观模型理论分析。将Poisson－Boltzmann电势方程简化为圆孔渗流物理模型方程，考虑微电场效应下电场力和孔隙水黏度的作用对极细颗粒土渗流的影响。完善软土的微观渗流模型，分析各微细观参数如颗粒表面电位、土体电导率、孔隙等效尺寸及孔隙水的黏滞系数等参数对微电场分布和等效渗透系数的影响；根据电荷守恒法则求出颗粒表面电位，比较微观圆孔渗流模型计算结果与实测的渗透系数随表面电位变化的差异，验证理论模型的合理性进而做微电场效应分析。

(7)软土工程特性的微结构影响物理机制及定量分析。包括软土固结、渗透特性与物质组织和微观结构的关联性分析、影响软土特性的主要微观结构形态和结构参数、工程性质变化的微观结构参数对应性分析、软土特性参数与微观结构参数的定量关系等。基于微观试验的软土固结特性分析，建立“基于微观分析”的固结方程，将求解结果与太沙基固结方程结果和试验数据进行比较，给出软土渗透固结特性微观机理的解释。

第 2 章　软土强度与渗流固结特性的宏观、微观试验方法

2.1　土体的强度特性试验

土体的宏观强度常用抗剪强度及黏聚力和内摩擦角等两个强度指标来定量表述，而微细观方面，土的强度特性是颗粒间的摩擦和黏聚作用的宏观表现。实际工程中，由于砂性土的粒间胶结作用微弱，颗粒与颗粒的直接触点较多，因而表现出较高的抗剪强度、内摩擦角和较低的黏聚力[166]；黏性土恰恰相反，由于颗粒细小且粒间缺乏直接接触而以结合水膜连接为主，从而使其抗剪强度和内摩擦角大大降低，另外粒间的胶结黏聚作用强烈而导致其黏聚力较为可观，可采用应变控制式直接剪切仪进行强度试验。

2.1.1　试验原理与步骤

应变控制式直剪仪的试验原理较为简单，即控制一定的竖向压力和排水条件，对试样施加等速剪应变，通过百分表与量力环测定其水平、竖向位移和水平剪应力。按固结排水条件可分为慢剪试验、固结快剪试验和快剪试验，本文主要进行固结快剪试验和快剪试验。试验包括试样制备、仪器校正、试样安装、调零和试样剪切等主要步骤。在剪切过程中，控制手轮转速为 0.8 mm/min(即 4 转/min)，当百分表发生变化时开始测记量力环和位移读数。如量力环上的百分表读数出现峰值，则应继续剪切至剪切位移达 4 mm 时停机，记下破坏值时的读数；如剪切过程中百分表读数无峰值，则应剪切至剪切位移为 6 mm 时停机并记录读数。

2.1.2　数据处理与制图

(1)确定水平剪应力 τ。利用直剪仪量力环上的百分表读数，按式(2-1)计算水平剪应力：

$$\tau = C \times R_i \tag{2-1}$$

式中　C——量力环率定系数(kPa/0.01 mm)，已标定，每台仪器不同；

　　R_i——百分表读数。

(2)确定抗剪强度 τ_f、内摩擦角 φ 和黏聚力 c。以剪应力 τ 为纵坐标、剪切位移 Δl 为横坐标，绘制剪应力 τ 与剪切位移 Δl 的关系曲线，选取 τ—Δl 曲线上的峰值作为抗剪强度 τ_f，当无峰值时，选取剪切位移 Δl 等于 6 mm 所对应的剪应力作为抗剪强度 τ_f。接着，以抗剪强度 τ_f 为纵坐标，竖向压力 σ 为横坐标，绘制抗剪强度 τ_f 与竖向压力 σ 的关系曲线，即 τ_f—σ 曲线，利用线性回归方程求出该直线与横轴的倾角，即为内摩擦角 φ，直线在纵轴上的截距即为黏聚力 c。

2.2　土体的渗流固结试验

渗流固结法是先利用固结仪对试样进行标准固结试验确定出固结系数，进而通过太沙基固结理论求出试样渗透系数的一种间接测试法。

2.2.1　试验原理与步骤

渗流固结法原理是利用太沙基固结理论中固结系数与渗透系数的关系间接求出渗透系数，固结系数可从固结压缩量—时间曲线以时间平方根法或时间对数法求得。其试验过程基本与标准固结试验相同，包括试样制备、固结仪校正、试样安装、压缩固结、固结压缩量测读等步骤。对于饱和试样，在施加压力后应立即向固结容器的水槽中注水浸没试样以达到饱和目的；对于非饱和试样应事先用塑料薄膜将固结容器包裹并密封，也可以用湿棉纱包裹加压板周围以防止水分挥发。

2.2.2　数据处理与制图

(1)确定固结系数。以时间平方根法为例，对于某级荷载作用时，以试样的竖向变形为纵坐标、时间平方根为横坐标，绘制出试样竖向变形量与时间平方根的关系曲线，如图 2-1 所示。用作图法确定试样固结度达 90%所需的时间 t_{90} 后，按照式(2-2)计算该级压力下的固结系数。

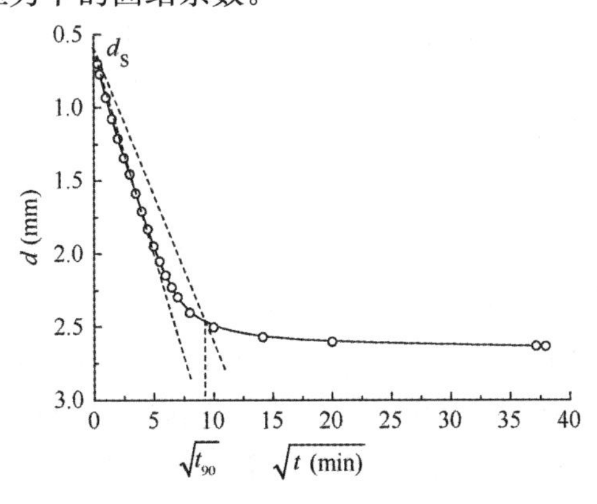

图 2-1　固结压缩量—时间平方根关系曲线

$$C_v=\frac{0.848\bar{h}^2}{t_{90}} \tag{2-2}$$

式中 $\bar{h}$——最大排水距离，双面排水情况下，为某级荷载下试样的初始和最终高度的平均值的1/2(cm)；

t_{90}——固结度达90%所需的时间(min)；

C_v——固结系数(cm^2/s)。

(2)确定渗透系数。利用一维太沙基固结理论，用式(2-3)确定固结系数 C_v 与渗透系数 k 之间的关系：

$$k=\frac{C_v a_v \gamma_w}{1+e} \tag{2-3}$$

式中 C_v——试样的固结系数(cm^2/s)；

a_v——试样在某一压力范围内的压缩系数(MPa^{-1})；

γ_w——纯水的容重(kN/m^3)；

e——试样的初始孔隙比；

k——试样的渗透系数。

2.3 土体微细观参数测试原理及方法

2.3.1 颗粒的比表面积测试原理及方法

颗粒的比表面积室内测试的常用方法主要包括吸附法和计算法(即仪器法)，其中前者应用较为普遍[167]。根据吸附剂不同，吸附法还可分为气体吸附法和液体吸附法，气体吸附法主要包括氮气法和水蒸气法等，液体吸附法主要有乙二醇法、亚甲基蓝法、乙二醇乙醚法、甘油法和压汞法等。本节主要介绍乙二醇乙醚吸附法(即EGME法)的原理及测试方法。

乙二醇乙醚吸附法(Ethylene Glycol Monoethyl Ether，EGME)也简称为EG-ME法[168~170]。EGME是一种无色液体，能够散发温和香味，密度为0.930 g/ml左右，分子式 $CH_3CH_2OCH_2CH_2OH$(分子量为90.12)。EGME既可混溶于水也可混溶于醇等多数的有机溶剂，既可作为溶剂和稀释剂，又可用作比表面积测试的吸附剂。

2.3.1.1 试验原理与设备

EGME法的试验原理为：保持一定的乙二醇乙醚(EGME)蒸汽压时，EGME分子会以单分子层形式吸附于土颗粒的表面，可按照EGME吸附的质量和分子大小换算出土颗粒的比表面积。试验采用的试剂主要包括乙二醇乙醚(EGME)、无水氯化钙($CaCl_2$)和五氧化二磷(P_2O_5)，需要保证仪器设备处于真空状态，连接完成后的真空仪器装置如图 2-2 所示。

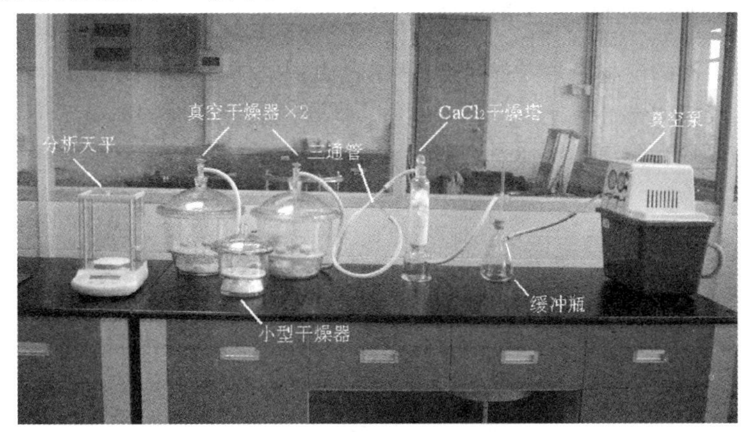

图 2-2　EGME 法的真空仪器装置

2.3.1.2　主要试验步骤

在比表面积测试之前应仔细检查各连接件是否密封，确保真空干燥器内的真空度，其主要操作步骤如下，相关文献也有阐述[171~174]。

(1)称取 0.8 g 左右的试样，将样品平铺于已知质量铝盒的盒底。

(2)将铝盒放入底部装有 P_2O_5 的真空干燥器内，用真空泵抽气 1 h 左右后关闭干燥器活塞，静置 6 h 后，通过 $CaCl_2$ 干燥塔缓慢充气，取出铝盒进行称重。反复操作至连续三次称重，误差值在 0.5 mg 以内，计算样品干重。

(3)用滴管将 3 mL 的 EGME 液体均匀滴加至试样上，并在通风阴凉处静置 24 h 以上。

(4)将铝盒移入另一底部装有 P_2O_5 的真空干燥器内，同时在瓷板上放置盛有 $CaCl_2$—EGME 溶剂化物的铝盒，$CaCl_2$ 与 EGME 的质量比控制在 100∶20。用真空泵抽气至干燥器真空后，将干燥器放在 25±2 ℃的恒温室令 EGME 蒸发。24 h 后再抽气至真空，放置 6 h，通过 $CaCl_2$ 干燥塔缓慢充气，取出铝盒称重。反复操作至质量恒定后计算吸附的 EGME 的量。

(5)利用式(2-4)计算试样的比表面积 S_s：

$$S_s=\frac{W_2-W_1}{2.86\times10^{-4}\times(W_2-W_0)} \tag{2-4}$$

式中　W_0——铝盒质量(g)；

W_1——铝盒及干样的总质量(g)；

W_2——铝盒、干样、吸附的 EGME 的总质量(g)；

2.86×10^{-4}——换算因数；

S_s——比表面积(m^2/g)。

2.3.2 颗粒表面电荷密度的测试原理及方法

土颗粒表面的电荷密度是指土的单位表面积上所带的电荷数量，它是细颗粒土最重要的胶体化学性能之一[175,176]。为了获取土颗粒表面的电荷密度，需要测试土样的比表面积和阳离子交换量(CEC)，文中所有试样的CEC均采用乙酸铵交换法进行测试。

2.3.2.1 试验原理与设备

乙酸铵交换法是用1 mol/L的pH为7.0的乙酸铵溶液反复处理土样，使土样成为铵离子(NH_4^+)饱和土。用95%乙醇洗去过量的乙酸铵，然后加入氧化镁并用定氮蒸馏法蒸馏。蒸馏出的氨用硼酸溶液吸收，以盐酸标准溶液滴定，进而根据NH_4^+的量计算土样的CEC。其主要仪器设备为如图2-3所示的FOSS公司生产的Kjeltec™2300凯氏定氮仪，主要试剂如表2-1所示。

图2-3 Kjeltec™2300凯氏定氮仪

表2-1 乙酸铵交换法所用的主要试剂

序号	名称	试剂说明
1	乙酸铵	1 mol/L，pH为7.0
2	乙醇	体积分数95%，工业用，必须无铵离子
3	硼酸	20 g/L
4	氧化镁	使用前须经电阻炉灼烧，必须重质
5	甲基红—溴甲酚绿混合指示剂	两者混合研磨至完全溶解于95%乙醇，100 mL
6	缓冲溶液	pH为10，1 L
7	液状石蜡	化学纯级

续表

序号	名称	试剂说明
8	盐酸标准溶液	0.05 mol/L，须标定，1 L
9	纳氏试剂	碘化钾加碘化汞溶液与氢氧化钾溶液混合
10	K—B 指示剂	酸性铬蓝 K、萘酚绿 B 与氯化钠研细磨匀

2.3.2.2　主要试验步骤

依据《中性土壤阳离子交换量和交换性盐基的测定》(NY/T 295—1995)中对于乙酸铵交换法测定土样 CEC 的具体步骤，规定如下。

(1)将粒径小于 1 mm 的风干土样 2.00 g 放入 100 mL 离心管中，沿管壁加入少许 1 mol/L 的乙酸铵溶液，用橡皮头玻璃棒搅拌使其成为均匀的泥浆；加入乙酸铵溶液至总体积为 60 mL 左右并充分搅拌，然后用乙酸铵溶液洗净橡皮玻棒，将溶液收入离心管内。

(2)将离心管成对放在感量为 0.1 g 的粗天平的两个托盘上，用乙酸铵溶液使之质量平衡，然后对称放入电动离心机中离心 3～5 min，控制转速为 3 000～4 000 r/min。重复利用乙酸铵溶液处理 3 次左右至浸出液不产生钙离子反应。当取浸出液 5 mL 放入试管后，加 pH 为 10 的缓冲溶液 1 mL、少许 K—B 指示剂，若浸出液呈蓝色表示无钙离子；若浸出液呈紫红色表示仍有钙离子。

(3)往载土的离心管中加入少量 95%的乙醇，用橡皮玻棒搅拌使其成为均匀泥浆，再加乙醇 60 mL 并搅拌均匀，以便洗去土粒表面多余的乙酸铵，保证无小土团存在。同样在粗天平上用乙醇使成对的离心管质量平衡后，放入离心机离心，步骤同(2)，弃去乙醇清液。如此用乙醇洗 2～3 次，直至乙醇清液中无铵离子为止。取乙醇清液一滴，放在白瓷比色板中，立即加一滴纳氏试剂，若无黄色，表示已无铵离子。

(4)洗去多余的铵离子后，先用水冲洗离心管外壁，再往离心管中加入少量水以搅拌成糊状，再用水将泥浆直接洗入 750 mL 消化管中，并用橡皮玻棒擦洗离心管内壁，使全部土样转入消化管中，洗入水的体积应控制在 80 mL 左右。蒸馏前往消化管内加入 1 g 左右氧化镁和 10 滴液状石蜡，立即将消化管装在凯氏定氮仪上，进行蒸馏和滴定。

(5)试样 CEC 的计算，土样的阳离子交换量以 cmol/kg(+)表示，按烘干土重计算，具体见式(2-5)：

$$\mathrm{CEC}=\frac{c\times(V-V_0)}{m\times(1-H)}\times 100 \tag{2-5}$$

式中　CEC——阳离子交换量，用平行测定结果的算术平均值表示，保留小数点后两位；

c——盐酸标准溶液的浓度(mol/L)；

V——盐酸标准溶液的消耗体积(mL)；

V_0——空白试验盐酸标准溶液的消耗体积(mL)；

m——风干土样质量(g)；

H——风干土样的含水量(%)。

2.3.3 矿物成分分析测试原理及方法

1912年，劳埃等人用实验证实了X射线与晶体相遇时能发生衍射现象，证明了X射线具有电磁波的性质。这一实验结果成为X射线衍射学的里程碑，而矿物成分分析的主要测试方法即X射线衍射分析法(即X－ray diffraction)，简称XRD法。XRD法是一种利用晶体形成的X射线衍射对物质进行内部原子在空间分布状况的结构分析方法。衍射线空间方位与晶体结构的关系可用式(2-6)的布拉格(即W. L. Bragg)方程表示：

$$2d\sin\theta=n\lambda \tag{2-6}$$

式中 d——结晶面间隔(0.01 mm)；

θ——衍射角；

n——整数；

λ——X射线的波长(kPa/0.01 mm)。

2.3.3.1 试验设备与测试条件

矿物成分测试利用德国布鲁克D8 ADVANCE型X射线衍射仪(见图2-4)进行。根据分析的需要，仅进行土壤物相的定量分析，具体测试条件如表2-2所示。样品要求质量在5 g左右，细度为320目(约40 μm)。

图2-4 布鲁克D8 ADVANCE型X射线衍射仪

表 2-2　X 射线衍射测试条件

序号	具体项目	简单说明
1	扫描方式	θ/θ 测角仪
2	衍射方法	单晶衍射 Cu
3	扫描范围	$2\theta=3°\sim70°$
4	扫描速度	5 次/min
5	工作电流	30 mA
6	工作电压	40 kV
7	狭缝宽	1 mm

2.3.3.2　物相分析结果

目前，常用 X 射线衍射分析法得到衍射图谱后，采用“粉末衍射标准联合会(JCPDS)”编辑出版的“粉末衍射卡片”(即 PDF 卡片)进行物相分析。图 2-5 所示为珠江三角洲典型软土的衍射图谱。利用该图谱，可定量分析各矿物成分的百分含量。

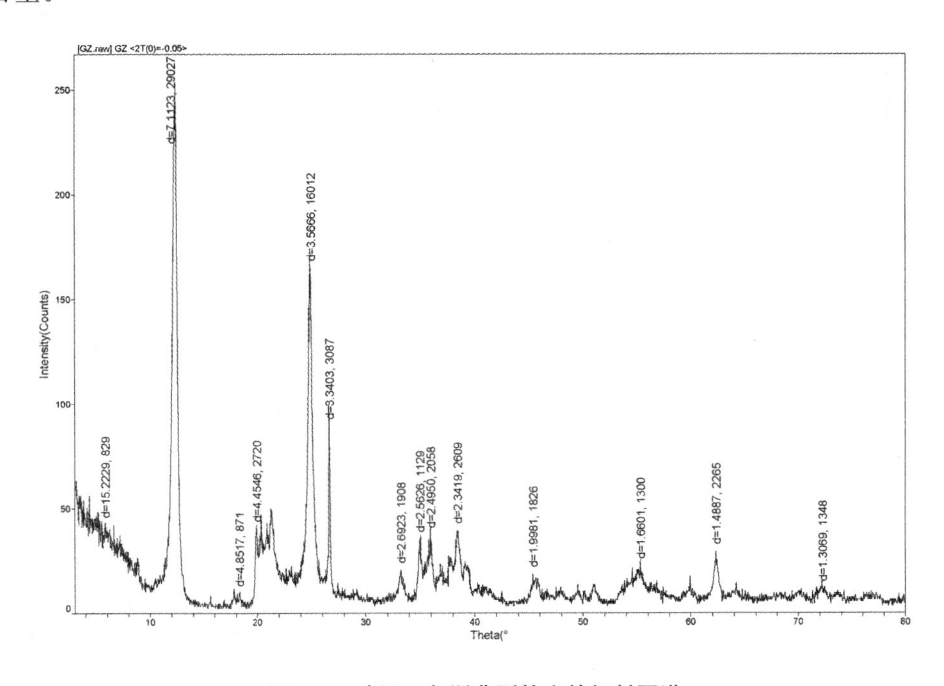

图 2-5　珠江三角洲典型软土的衍射图谱

2.3.4 ESEM 试验原理及方法

虽然普通扫描电子显微镜(CSEM)与透射电子显微镜和光学显微镜相比，有诸多优点，但它同样存在检测问题，如检测不导电样品时会产生电荷积累，检测含水、含油样品时会因样品室真空度下降而导致放电。为了解决上述问题，制造商将普通扫描电子显微镜(CSEM)的真空系统加以改造，使其样品室最高气压达到 2 660 Pa 并配上能在 2 660 Pa 气压下检测二次电子(SE)信号的气体二次电子检测器(GSED)[177~180]，使该系统能够便捷地在高真空(HiV 即 CSEM)、低真空(LV)和压力为 2 660 Pa 的真空状态之间自由切换。由于样品的室内最高气压为 2 660 Pa，远超过常温下的饱和蒸汽压从而使样品在比较接近天然“环境”状态的环境真空(即 ESEM)下被检测，由此，改进后的仪器被称为“环境扫描电子显微镜”(即 ESEM)。其实，LV、CSEM 和 ESEM 之间的成像原理几乎相同，区别是利用若干个真空泵、真空阀和压差光栏把 SEM 的真空系统分隔成几个真空度呈梯度分布的区域。当系统处于“LV 模式”和“ESEM 模式”时，真空系统能够保证电子枪附近的真空度达到高真空状态，而经过几个压差光栏分隔后，真空度下降，使得样品室的真空度下降到最低，可分别达到 2 660 Pa 和 266 Pa。

利用 QUANTA 200 扫描电镜进行 ESEM 测试，QUANTA 200 扫描电镜可以选择 HiV(即 CSEM)模式、LV 模式和 ESEM 模式 3 种。其中，常规的 HiV(即 CSEM)模式，需要在观测样品的表面镀一层金属薄膜，试验操作相对比较复杂；而 LV 和 ESEM 模式时，镜筒处于高真空而样品室处于 0.1～40 Torr(托)的压力范围内，可以用内置水槽产生的水蒸气，也可以用从外部引入的其他辅助气体，完成对释放气体或易带电材料的观测，基于实际考虑，本文采用 ESEM 模式进行观测测试。

2.3.4.1 ESEM 试验原理与设备

ESEM 完成对样品成像的设备主要有四个部分：电子枪、聚光单元、扫描单元和探测单元[181]。电子枪发射电子，在微区内呈散射状，并且其能量可选。随后电子束通过由多个电磁透镜组成的聚光单元，束流直径大大缩小，然后到达样品表面。到达样品的电子与样品表面的原子发生碰撞，将产生三种信号：X 射线、电子、光子。主探测系统拾取电子信号，将其放大并转化为电压信号，送入监视器，以此控制屏幕上扫描点的亮度。反馈到监视器偏转系统的扫描信号，控制电子束在样品表面以光栅形式进行扫描。扫描时探测单元拾取的电子信号随之变化，这就提供了样品表面的信息。试样过程中从电子枪到样品表面之间的整个电子路径都必须保持真空状态，这样电子才不会与空气分子碰撞，并被吸收。低于这种真空的都是 LV 模式或是 ESEM 模式，QUANTA 扫描电镜的样品室使用水蒸气或引入其他气体来形成低真空。样品表面信息经探测单元处理后，就可以将样品图像呈现在显示器上了。图 2-6 所示为 ESEM 试验的扫描电镜和软件操作界面。

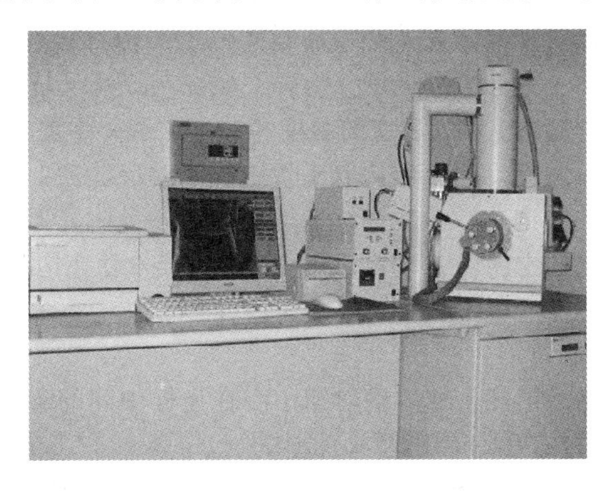

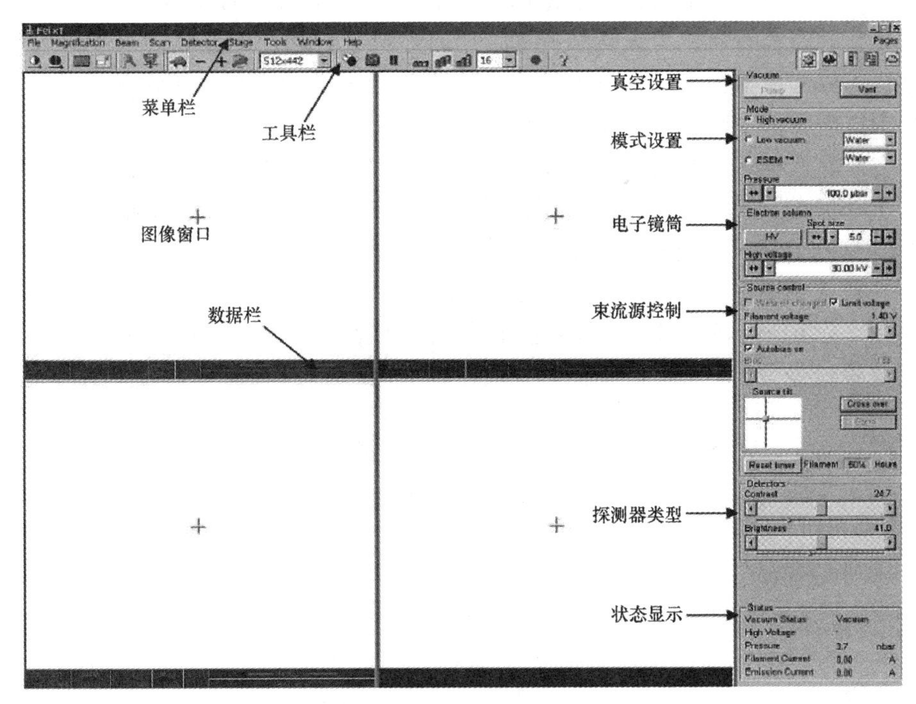

图 2-6　ESEM 试验的扫描电镜与软件操作界面

2.3.4.2　试样制备

(1)软土取样。试验中为了获得高质量的原状天然土样，需要高度重视取土器选择、钻探和取土方法、运输和储藏等各环节。首先，应采用固定活塞式薄壁取土器取土；其次，采用正确的钻探方法，在压入取土器时，不能冲击，要快速、连续地压到预定长度，取土器拔出时要十分注意不要使其受到冲击，拔出前不要为切断缘面而旋转；最后，在土样运输、储藏、推出过程中均应十分小心。为防止土样膨胀、扰动以及水分蒸发，必须用石蜡将土样密封起来，贴上标签。运输时，注意不要使土样受到冲击和振动。土样贮藏在与原来环境相同的温度和相对湿度下，可通过控制储藏室和实验室的温度和湿度实现，不要使其受到机械振动，且贮藏时间不宜超过两周。把土样从取土管内推出时应注意：推出方向应与取土时土样进入取土管的方向一致；应连续匀速推出；避免阳光照射，在湿度高的试验室内进行。把推出的土样切成 10 cm 左右长的试样，存在饱和缸内，待做试验，并尽快将试样做完。

(2)ESEM 试样制备。

①毛坯制备。用涂了凡士林的钢丝锯小心在土样中间的未扰动部位切出三维尺寸均为 10 mm 左右的毛坯待用。

②观察样制备。用双面刀片沿毛坯四周环切 1.5 mm 左右并小心掰出得到一块相对平整的新鲜断面作为天然结构面，用刀片将具有该面的毛坯进一步切成镜下观察样，尺寸控制在 4 mm×8 mm×4 mm 左右，将其小心放入铝盒并编号后，放入保湿缸内养护一周左右，以利于土体结构的恢复。

③样品放置。用橡皮球轻轻吹去观察样上的浮动颗粒，用镊子将观察样轻轻放入 ESEM 样品台的样品托，如图 2-7 所示。样品托根据实际情况分为平坦型[图 2-7(a)]、双杯型[图 2-7(b)]和深杯型[图 2-7(c)]。当观察样尺寸小于 4 mm 时，一般选用图 2-7(a)所示的平坦型样品托；当观察样尺寸 4～8 mm 时，一般选择图 2-7(b)所示的双杯型样品托的深凹面放置；图 2-7(c)所示深杯型样品托用于放置粒径大于 8 mm 的样品，一般比较少用。

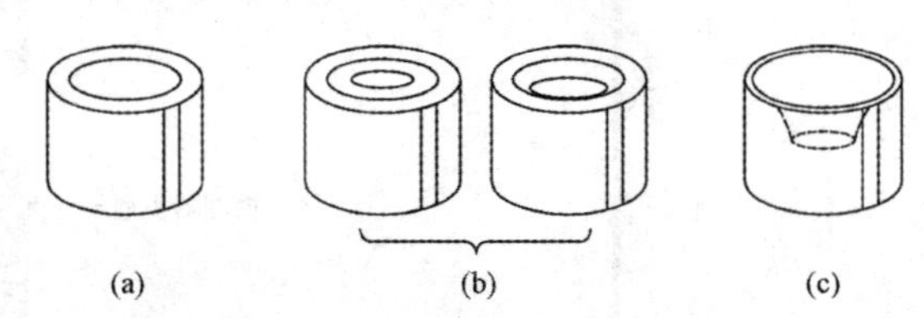

图 2-7　观察样选用的样品托类型

④ESEM 观测。控制样品室压力为 650 Pa，温度为 5 ℃，选择观察样的平整部位予以观察并拍摄观察样的 ESEM 照片，控制放大倍数为 2 000 倍。从中选择代表性强的水平或竖直切面上的 ESEM 图像作为分析对象。为保证分析结果具有可比性，应保持各图像的分析区域、分辨率和放大倍数一致。

2.3.4.3　ESEM 观测试验步骤

(1)操作前预检。包括电压、扫描方式、工作距离、放大倍数、探测器、真空模式的设置和检查。

(2)启动 QUANTA 软件。按照显示屏提示打开 QUANTA 软件。

(3)安装样品并确定相关参数。从 VACUUM 模块点击 VENT 按钮放气，完成后，打开样品室，用手套或镊子将样品放置到样品座上，装入样品后将其慢慢推回样品室内；安装 GSE 探测器。点击真空 Pump 按钮进行抽真空，完成后使用鼠标点击显示屏高压图标；根据试样要求设置样品室的压力为 650 Pa，温度为 5 ℃。

(4)观测扫描图像。调整好反差及亮度，用鼠标右键横向移动粗调焦。按放大倍数 2 000 的要求设好样品高度，高倍下选区扫描，用鼠标右键横向移动细调焦；扫描速度 1 或 2 用于选择和粗调焦，扫描速度 3 用于细调焦及照相；高倍下用“Shift＋鼠标右键”横向移动消像散，反复移动，直到选定平坦且清晰处作为拍摄位置。

(5)记录、储存及打印图像。单击扫描速度 3 进行慢扫描，完成后，单击显示屏上的雪花图标锁定图像；建立文件名，单击显示屏 In/Out 菜单中的 Image，输入样品名称，单击 Save 图标存盘，再单击 In/Out 菜单中的 Photo 以拍摄底片。

利用 ESEM 试验可以获取不同土样样品、不同观察面上的 ESEM 图片，天然软土样未经软件处理的 ESEM 图片如图 2-8 所示。

图 2-8　典型天然土固结样的 ESEM 图片

2.3.5　MIP 试验原理及方法

压汞测试法(MIP 法)[182~185]又称汞孔隙率法，由于测试方法简易，故在建筑材料与科学工程中常常使用，用来检测岩土、混凝土和砂浆等固体材料的孔隙尺度及其分布。MIP 法的整个测试过程分为低压和高压两个分析阶段，测试的孔径范围在几纳米到几百微米之间，能反映多数岩土材料的孔径状况。压汞测试前需要对样品抽真空以便让汞充分填满孔隙以保证 MIP 法的测试效果。但是，若样品潮湿时，抽真空并不能完全排出样品内的水分，残留水分占据孔隙导致测试结果失真，因此测试前必须保证样品干燥，而冷冻干燥法能够在较好保持样品的初始结构的前提下充分排除孔隙液并几乎不引起样品收缩，故采用该法对样品进行预处理。

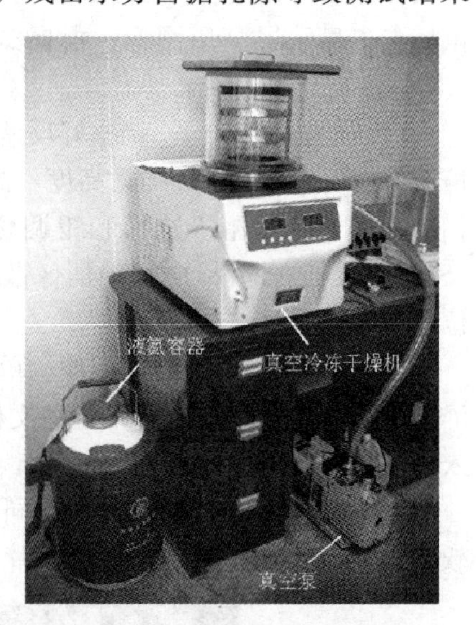

图 2-9　冷冻干燥仪器设备

2.3.5.1　冷冻干燥预处理

冷冻干燥法又称为冻干法，其原理是利用液氮将土样快速冷冻至低温－193 ℃，让土中的液体迅速结成玻璃态的冰，再使冰在－100 ℃～－50 ℃且真空度为 1×10^{-3} 托以上的真空中升华，去除水分，又避免水—气界面表面张力使结构发生变化。

采用真空冷冻干燥机作为干燥升华设备，以液氮(N_2)作为冷冻剂、异戊烷[$CH_3CH_2CH(CH_3)_2$]作为过渡剂，具体仪器设备和使用试剂如图 2-9 和表 2-3 所示。

表 2-3　冷冻干燥所用试剂及仪器设备

序号	项目	名称	说明
1	仪器设备	真空冷冻干燥机	配置 1 台真空泵，FD－1－50 型冷冻干燥机
2		液氮容器	配置 3 个提筒，容积 10 L 的 YDS－10 A 型容器
3		分析天平	精度等级 0.001 g
4		玻璃试管	17 mm×200 mm，平口圆底
5	试剂	液氮	工业级冷冻剂
6		异戊烷	分析纯级过渡剂

冷冻干燥预处理的基本步骤：首先，利用透水石将土样从环刀中轻轻推出，用刀片在土样上划一深槽并用手掰断以暴露新鲜的研究断面，重复此法将样品制成厚度 10 mm 左右的近似长方体或立方体，此过程中尽量避免样品破碎或暴露的颗粒移位；其次，将样品轻放于试管内，用滴管添加异戊烷过渡剂使样品被其完全浸没，将试管放入提筒，将提筒浸泡在液氮容器内使其迅速冷冻至－193 ℃，控制冷冻时间在 3 min 左右；最后，将试管中的冷冻样品用镊子轻轻取出后放入铝盒，并立即移入预冷过的真空冷冻干燥机内，盖好密封罩并开启真空泵，使样品

在 −50 ℃的真空状态下进行 24 h 以上的冷冻干燥处理，排出水分后再进行 MIP 测试。

2.3.5.2　MIP 试验步骤

(1)试验原理与设备。研究表明，汞等非浸润性液体在没有外部压力的作用下不会流入固体材料的孔隙。Washburn[186,187](1921)将固体材料的孔隙看作圆柱形的毛细管，在压力作用下，将汞等非浸润性液体压入半径为 r 的圆柱形孔隙达到平衡时，作用在液体接触环截面法线方向的压力 $p\pi r^2$ 与同一截面上张力在该面法线上的分量 $2\pi r\sigma\cos\alpha$ 等值反向，根据平衡方程导出孔径 r 与注入非浸润性液体所需施加的外部压力 p 之间的 Washburn 方程，如式(2-7)或式(2-8)所示。

$$p\pi r^2=-2\pi r\sigma\cos\alpha \tag{2-7}$$

即

$$p=-2\sigma\cos\alpha/r \tag{2-8}$$

式中　p——施加的外部压力(N)；

r——圆柱状孔隙的半径(m)；

σ——注入液体的表面张力系数(N/m)，汞则取 0.484 N/m；

α——注入液体对固体材料的浸润角(°)，汞则取 130°。

施加外部压力时，记录每一级压力增量下的进汞量(即汞被压入固体材料孔隙中的量)，利用式(2-7)或式(2-8)即可换算成孔隙半径，从而得出固体材料孔隙的定量分布。

MIP 法所用试剂为分析纯级汞，仪器设备为美国 Micromeritics 公司生产的 AutoPore 9510 型全自动压汞仪，该仪器可施加 0～60 000 psia 的压力，测量孔径范围为 1 000μm～3 nm，通过全自动计算机控制程序可以完成全过程的数据采集和试验曲线绘制，仪器及配套膨胀计如图 2-10 所示。

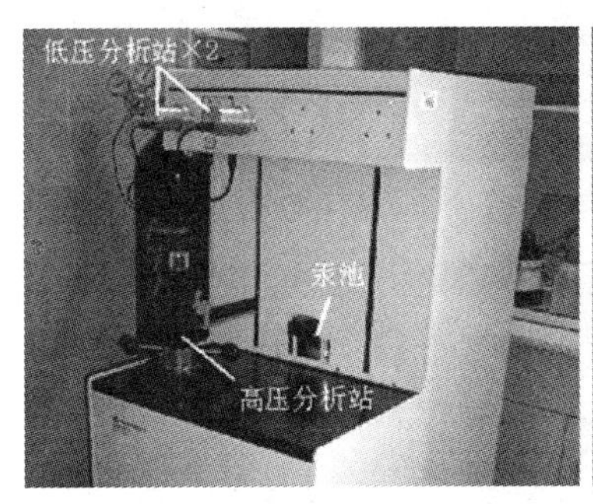

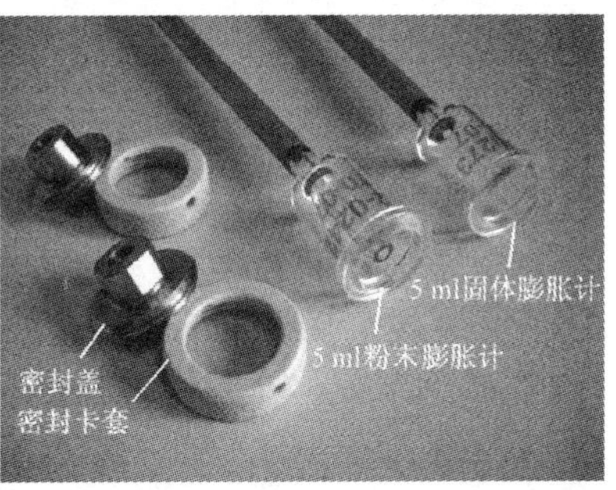

图 2-10　AutoPore 9510 型全自动压汞仪及配套膨胀计

MIP 试验成功的关键是选择合适的膨胀计型号，为了确保不会因为压入的汞过少或溢出而导致试验失败，需控制所选试样的孔隙体积(即 V_V)是膨胀计毛细管体积的 25%～90%，因而需要合理选择试样质量并预估其孔隙体积。本文根据土样常规试验结果和试验所用压汞操作手册估算后，确定 MIP 试验试样的质量控制在 0.8～1.2 g，膨胀计型号为 1.131 mL。

(2)主要试验步骤。

①编辑样品文件，选择膨胀计。首先要编辑好样品分析文件，确认与分析样品量相适应的膨胀计头部，保证毛细管进汞体积要大于进汞量。

②安装膨胀计。戴乳胶手套，经过冷冻干燥预处理的土样取出称重后，将膨胀计毛细管朝下，用手握住膨胀计，将样品慢慢倒入膨胀计头部。使用适量真空密封酯涂抹在膨胀计头部的研磨了的玻璃表面上，将密封表面内延和外延多余的密封酯去除掉。向上拿住膨胀计，把密封盖对中盖在密封面上并压紧，把卡套套进膨胀计杆内，并将膨胀计装入低压分析站并固定。

③低压分析。在分析软件上，选择对应的样品分析文件且输入样品重量、膨胀计参数和分析条件后即进行低压分析。低压分析结束后取出膨胀计，擦除杆部的硅密封脂后再次称重。

④高压分析。低压分析结束后需要马上进行高压分析，以免汞和样品接触，产生氧化影响分析结果。将膨胀计小心装入高压分析站内并排净分析站内的大气泡后密封高压站。在分析软件上编辑好高压分析文件后，显示分析状态并对高压数据进行采集和分析。

⑤试剂回收、清理。高压分析结束后取出膨胀计，将膨胀计内的汞及土样倒入废汞回收瓶并清洗膨胀计。

(3)试验数据与曲线。利用 Auto Pore IV 9500 V1.09 分析软件选择对应压汞试验的数据分析文件，即可调用相关软土样品的总体信息和进退汞数据报告等，样品具体分析数据如图 2-11 所示。

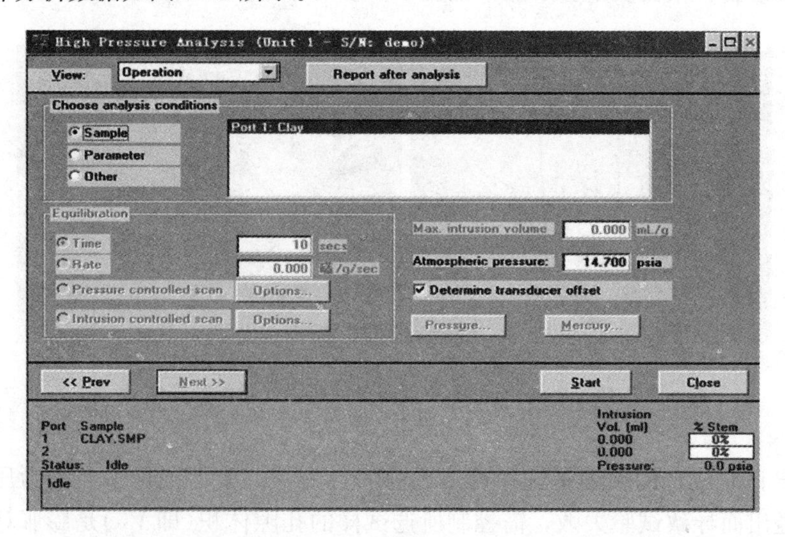

图 2-11　Auto Pore IV 9500 V1.09 软件分析数据

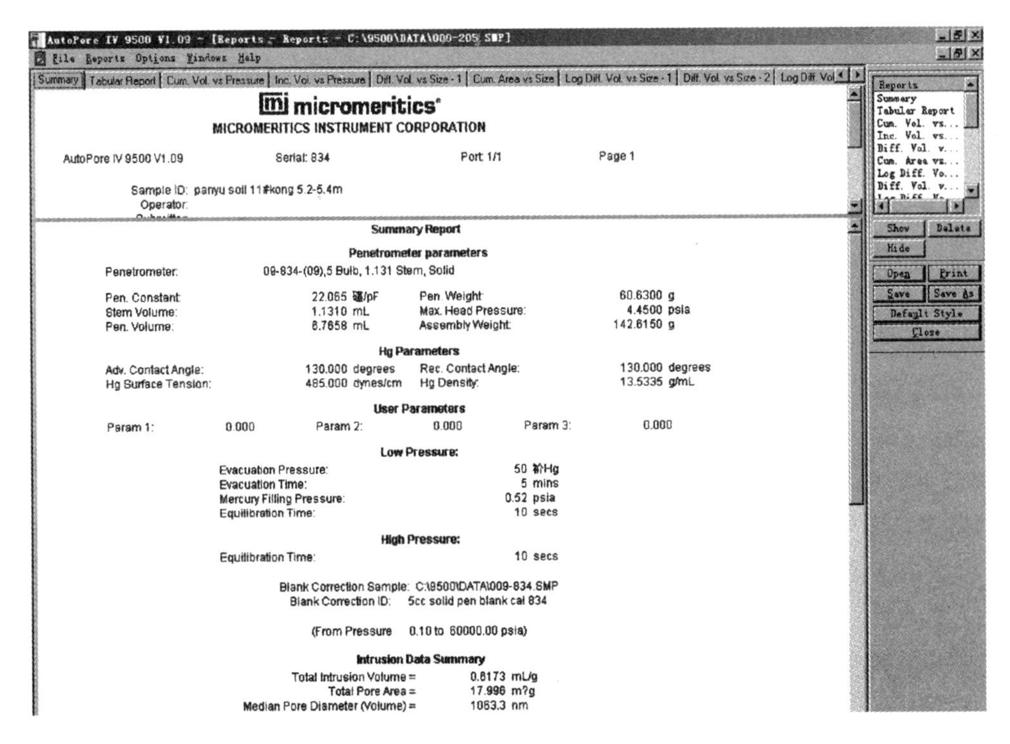

AutoPore IV 9500 V1.09 - [Reports - Reports - C:\9500\DATA\000-205.SMP]

File Reports Options Windows Help

Summary | Tabular Report | Cum. Vol. vs Pressure | Inc. Vol. vs Pressure | Diff. Vol. vs Size - 1 | Cum. Area vs Size | Log Diff. Vol. vs Size - 1 | Diff. Vol. vs Size - 2 | Log Diff. Vol

micromeritics®

MICROMERITICS INSTRUMENT CORPORATION

AutoPore IV 9500 V1.09　　Serial: 834　　Port: 1/1　　Page 1

Sample ID: panyu soil 11#kong 5.2-5.4m

Operator:

Summary Report

Penetrometer parameters

Penetrometer: 09-834-(09),5 Bulb, 1.131 Stem, Solid

Pen. Constant:	22.065 碙/pF	Pen. Weight:	60.6300 g
Stem Volume:	1.1310 mL	Max. Head Pressure:	4.4500 psia
Pen. Volume:	6.7658 mL	Assembly Weight:	142.6150 g

Hg Parameters

Adv. Contact Angle:	130.000 degrees	Rec. Contact Angle:	130.000 degrees
Hg Surface Tension:	485.000 dynes/cm	Hg Density:	13.5335 g/mL

User Parameters

Param 1: 0.000　　Param 2: 0.000　　Param 3: 0.000

Low Pressure:

Evacuation Pressure:	50 祄Hg
Evacuation Time:	5 mins
Mercury Filling Pressure:	0.52 psia
Equilibration Time:	10 secs

High Pressure:

Equilibration Time: 10 secs

Blank Correction Sample: C:\9500\DATA\009-834.SMP

Blank Correction ID: 5cc solid pen blank cal 834

(From Pressure 0.10 to 60000.00 psia)

Intrusion Data Summary

Total Intrusion Volume =	0.6173 mL/g
Total Pore Area =	17.996 m?g
Median Pore Diameter (Volume) =	1063.3 nm

Reports: Summary, Tabular Report, Cum. Vol. vs..., Inc. Vol. vs..., Diff. Vol. v..., Cum. Area vs..., Log Diff. Vo..., Diff. Vol. v...

Show　Delete　Hide　Open　Print　Save　Save As　Default Style　Close

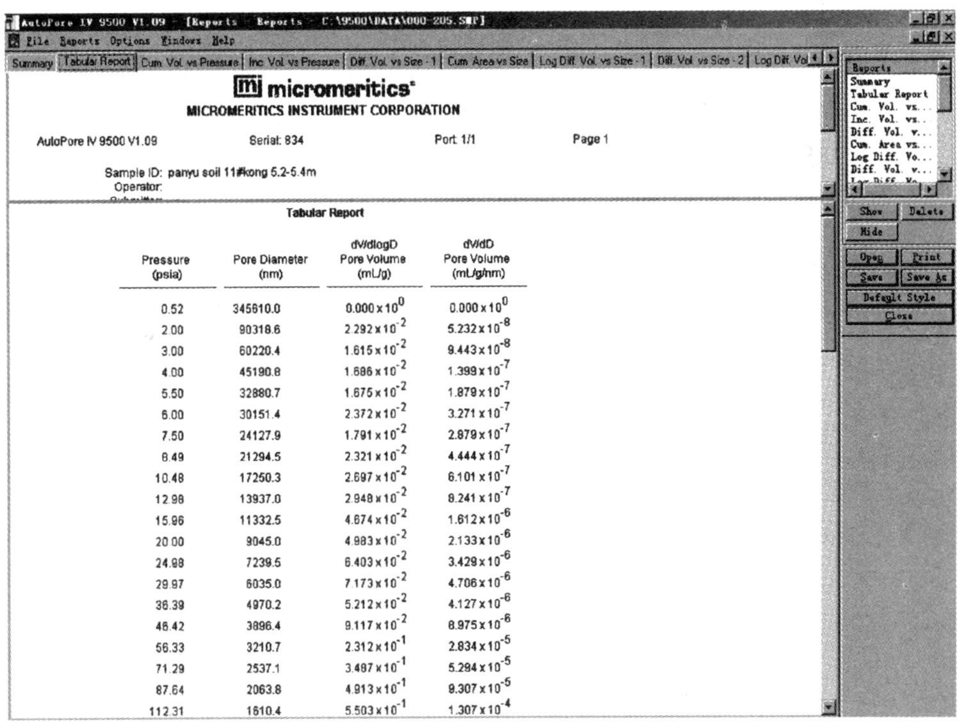

AutoPore IV 9500 V1.09 - [Reports - Reports - C:\9500\DATA\000-205.SMP]

File Reports Options Windows Help

Summary | Tabular Report | Cum. Vol. vs Pressure | Inc. Vol. vs Pressure | Diff. Vol. vs Size - 1 | Cum. Area vs Size | Log Diff. Vol. vs Size - 1 | Diff. Vol. vs Size - 2 | Log Diff. Vol

micromeritics®

MICROMERITICS INSTRUMENT CORPORATION

AutoPore IV 9500 V1.09　　Serial: 834　　Port: 1/1　　Page 1

Sample ID: panyu soil 11#kong 5.2-5.4m

Operator:

Tabular Report

Pressure (psia)	Pore Diameter (nm)	dV/dlogD Pore Volume (mL/g)	dV/dD Pore Volume (mL/g/nm)
0.52	345610.0	0.000×10^{0}	0.000×10^{0}
2.00	90318.6	2.292×10^{-2}	5.232×10^{-8}
3.00	60220.4	1.615×10^{-2}	9.443×10^{-8}
4.00	45190.8	1.686×10^{-2}	1.399×10^{-7}
5.50	32880.7	1.675×10^{-2}	1.879×10^{-7}
6.00	30151.4	2.372×10^{-2}	3.271×10^{-7}
7.50	24127.9	1.791×10^{-2}	2.879×10^{-7}
8.49	21294.5	2.321×10^{-2}	4.444×10^{-7}
10.48	17250.3	2.697×10^{-2}	6.101×10^{-7}
12.98	13937.0	2.948×10^{-2}	8.241×10^{-7}
15.96	11332.5	4.674×10^{-2}	1.612×10^{-6}
20.00	9045.0	4.983×10^{-2}	2.133×10^{-6}
24.98	7239.5	6.403×10^{-2}	3.429×10^{-6}
29.97	6035.0	7.173×10^{-2}	4.706×10^{-6}
36.39	4970.2	5.212×10^{-2}	4.127×10^{-6}
46.42	3896.4	9.117×10^{-2}	8.975×10^{-6}
56.33	3210.7	2.312×10^{-1}	2.834×10^{-5}
71.29	2537.1	3.487×10^{-1}	5.294×10^{-5}
87.64	2063.8	4.913×10^{-1}	9.307×10^{-5}
112.31	1610.4	5.503×10^{-1}	1.307×10^{-4}

Reports: Summary, Tabular Report, Cum. Vol. vs..., Inc. Vol. vs..., Diff. Vol. v..., Cum. Area vs..., Log Diff. Vo..., Diff. Vol. v...

Show　Delete　Hide　Open　Print　Save　Save As　Default Style　Close

图 2-11　Auto Pore IV 9500 V1.09 软件分析数据(续)

利用该软件可以导出包括进汞量—进汞压力关系曲线、退汞量—退汞压力关系曲线、进汞增量—进汞压力关系曲线、进汞微分变化量—孔径分布曲线等在内的各种试验曲线。图 2-12 与图 2-13 所示分别为典型的累积进汞量—进汞压力分布曲线与进汞量变化对数值—孔径分布曲线。根据上述数据，整理成图 2-14 所示的以小于某孔隙的孔径百分比含量为纵坐标、孔隙直径为横坐标的孔隙分布特征曲线以分析样品的孔隙分布情况。

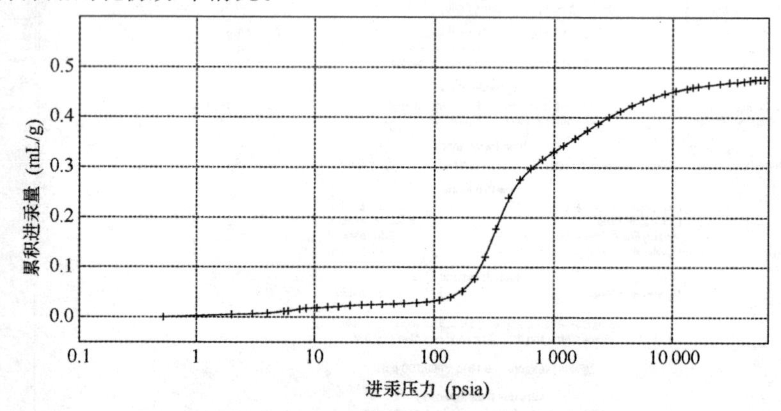

图 2-12　累积进汞量—进汞压力分布曲线

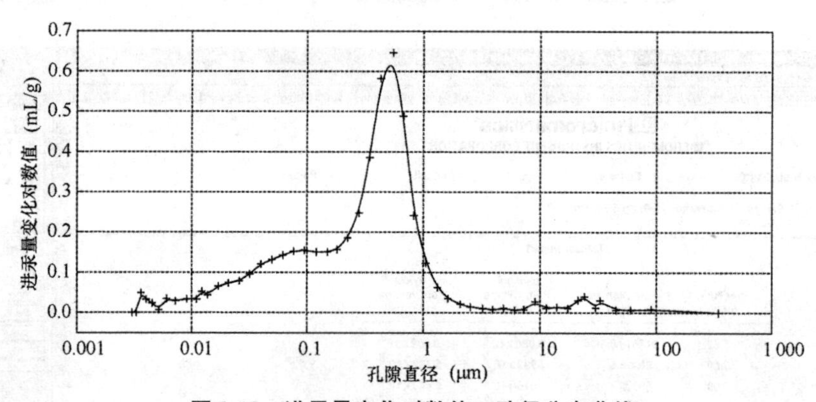

图 2-13　进汞量变化对数值—孔径分布曲线

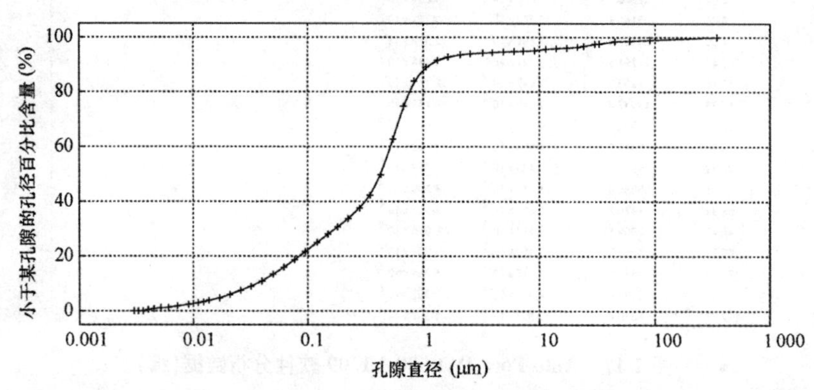

图 2-14　孔隙分布特征曲线

2.4　试样制作及微细观参数测试

2.4.1　试样制作及性质

试样制备是微细观参数测试的准备阶段，制作方法决定了其测试结果的可靠性。表 2-4 所示为微细观参数测试试验的制备方法，其中对原状土和扰动土试样的制备要求与步骤可参照《土工试验方法标准》(GB/T 50123—1999)中的规定进行。

表 2-4　微细观参数测试试验的制样方法

测试内容	土样种类	试样制备方法
矿物成分	天然土	风干后碾碎，经 0.075 mm 孔筛筛后再烘干
比表面积	天然土	风干后碾碎，经 0.25 mm 孔筛筛后再烘干
	人工土	烘干后对称取适量干土，混合土则按干质量比进行混合
阳离子交换量	天然土	风干后碾碎，经 1 mm 孔筛筛后，测定风干含水量
	人工土	烘干后称取适量干土，混合土则按干质量比进行混合
微孔隙尺度及分布	天然土	从环刀样中切取，制成厚 10 mm 左右块体，进行冷冻干燥
	人工土	
注：1. 烘干温度：天然土控制为 65 ℃，人工土控制为 106 ℃； 2. 冷冻干燥法参考 2.3.5.1 节。		

微细观参数测试所用的人工土材料均为高纯度的超细粉末，主要包括膨润土、高岭土等黏土矿物，以及石英、长石等非黏土矿物成分。表 2-5 所示为各单一成分人工土材料的主要物理参量。试验测试所用的天然软土均取自珠江三角洲典型的施工现场，具体物理力学性质见后续各章节，其微细观参数测试与人工土相同，在此不赘述。

表 2-5　各单一成分人工土材料的主要物理参量

序号	土样名称	比重	液限(%)	塑限(%)	塑性指数(%)
1	膨润土	2.49	187.9	56.1	131.8
2	高岭土	2.83	60.2	34.6	25.6

续表

序号	土样名称	比重	液限(%)	塑限(%)	塑性指数(%)
3	石英	4.17	15.7	9.1	6.6
4	长石	4.86	12.6	6.8	5.8

2.4.2 试样的微细观参数及测试

本文涉及的人工土材料主要有膨润土、高岭土、石英和长石，其中膨润土的主要成分为蒙脱石(属于钠基，为无机土)，高岭土的主要成分为高岭石，长石则以钾长石为主。

2.4.2.1 颗粒尺度范围及分布

为了测试人工土的颗粒尺度范围及分布，选择 Mastersizer 2000 型激光粒度分析仪，采用小角激光光衍射原理测试上述各单一成分人工土的平均粒径，控制测量范围为0.02～2 000 μm。为了保证单一成分样品在测试过程中完全分散，采用湿测试法进行测试，粒度分析结果表明：试验所用膨润土、高岭土、石英及长石的平均粒径为3.457～10.563 μm，均为微米级，属于极细颗粒土，具体结果如表 2-6 所示。

表 2-6　各单一成分人工土的平均粒径

成分	膨润土	高岭土	石英	长石
平均粒径/μm	9.459	3.457	10.563	9.471

2.4.2.2 颗粒比表面积测试

比表面积是反映土体颗粒吸附性能的重要参数指标，也是表面电荷密度计算的基本参数之一。颗粒越细则颗粒的比表面积越大，其吸附结合水的能力就越强，在宏观上表现出较高的液限、塑限，其对土体的物理力学性质有显著影响。采用 EGME 法测试试样总比表面积，每组测试 3 个相同的样品，具体测试方法见 2.3.1，试验结果见表 2-7。

表 2-7　单一成分及混合成分人工土的 EGME 法测试总比表面积结果

试样成分	铝盒 W_0/g	铝盒+干样 W_1/g	铝盒+干样+吸附的 EGME W_2/g	总比表面积	
				$S_s/(m^2 \cdot g^{-1})$	$\overline{S}_s/(m^2 \cdot g^{-1})$
膨润土(主要成分为蒙脱石)	9.011 7	10.087 9	10.237 4	426.5	426.9
	8.969 2	9.970 3	10.109 2	426.0	
	8.711 3	9.716 3	9.856 6	428.3	

续表

试样成分	铝盒 W_0/g	铝盒+干样 W_1/g	铝盒+干样+吸附的 EGME　W_2/g	总比表面积	
				S_s/($m^2 \cdot g^{-1}$)	$\overline{S}_s$/($m^2 \cdot g^{-1}$)
高岭土（主要成分为高岭石）	8.891 1	9.897 2	9.902 3	17.6	17.6
	9.532 4	10.536 9	10.541 9	17.3	
	9.531 3	10.534 3	10.539 5	18.0	
石英	8.944 6	9.946 7	9.948 6	6.6	6.6
	8.713 6	9.714 2	9.716 1	6.6	
	9.013 1	10.014 1	10.016	6.6	
长石	9.029 5	10.041 6	10.042 9	4.5	4.5
	8.599 1	9.601 4	9.602 7	4.5	
	8.313 7	9.320 4	9.321 7	4.5	
33.3%膨润土+66.7%高岭土	8.597 5	9.583 5	9.634 5	172.0	169.7
	8.327 5	9.294	9.342 6	167.4	
	9.039 2	10.009 9	10.059 4	169.7	
50%膨润土+50%高岭土	8.313 8	9.323 2	9.398 5	242.7	241.4
	9.036 7	10.048 2	10.122 3	238.7	
	8.696 5	9.616 5	9.685 2	242.9	
66.7%膨润土+33.3%高岭土	8.962 2	9.960 1	10.070 7	348.9	346.8
	9.021 5	10.039 3	10.151 2	346.3	
	8.821 6	9.738 3	9.838 7	345.1	

由不同矿物单一成分及混合成分人工土试样的比表面积测试结果分析，可得如下结论：

(1)膨润土、高岭土的主要矿物成分分别为黏土矿物的蒙脱石和高岭石，由于矿物属层状硅酸盐，具备特有的层状结构，其试样的总表面积大于非黏土矿物。其中，膨润土试样的总比表面积分别是石英和长石的 64.7 倍和 94.8 倍；高岭土的总表面积分别是石英和长石的 2.7 倍和 3.9 倍。非黏土矿物中的石英晶体属于晶类，常发育成完好的柱状晶体，而长石常发育成平行 a 轴、b 轴或 c 轴的柱状或厚板状晶体，两者并不具有黏土矿物的层状结构，总表面积偏小。

(2)试样总比表面积与其组成成分有关，不同矿物成分的试样的总比表面积有时相差较大。当膨润土(主要成分是蒙脱石)相对含量从 33.3%依次增加到 50%、66.7%、100%时，试样的实测总比表面积依次增大了 1.4、2.0 和 2.5 倍。由此可见，矿物成分是影响试样比表面积的重要因素，单一成分的总比表面积越大，相对含量越高，对混合后试样总比表面积的影响越大，而且混合试样的总比表面积近似可用各单一成分的总比表面积按混合比例叠加表示。

2.4.2.3 阳离子交换量测试

单位质量的土颗粒所带电荷数量称为阳离子交换量，CEC 是软土最重要的胶体化学性能，土颗粒的 CEC 越大表明其活性程度越高，CEC 值也是计算表面电荷密度的基本参数。采用乙酸铵交换法测试单一成分或混合成分人工土试样的阳离子交换量，具体操作步骤可参考《中性土壤阳离子交换量和交换性盐基的测定》(NY/T 295—1995)中的规定相关或本书 2.3.2 的相关内容。乙酸铵交换法测试人工土的阳离子交换量结果见表 2-8。

表 2-8 乙酸铵交换法测试人工土的阳离子交换量结果

序号	试样成分	CEC/(cmol·kg^{-1})
1	膨润土	73.5
2	高岭土	3.65
3	石英	0.215
4	长石	0.215
5	33.3%膨润土+66.7%高岭土	28.2
6	50%膨润土+50%高岭土	43.6
7	66.7%膨润土+33.3%高岭土	51.4

从人工土试样的 CEC 测试结果来看，可以得出以下结论：

(1)黏土矿物与非黏土矿物的重要区别是前者具有较高的阳离子交换量。膨润土、高岭土等黏土矿物的 CEC 明显高于石英、长石等非黏土矿物。膨润土的 CEC 是石英和长石的 342 倍，而高岭土的 CEC 是石英和长石的 17 倍。

(2)分析黏土与非黏土矿物的 CEC 差异的主要原因是晶层结构的差异。膨润土的层间成键是由平衡结构中所缺电荷的阳离子及范德华力形成的，键能较弱，可被乙二醇乙醚、甘油等极性溶液分离介入，因此，膨润土的主要成分蒙脱石除了具有晶层的外表面积以外，内表面积占总比表面积的 80%以上[188]；相比之下，高岭土的主要成分高岭石虽然也具有层状结构，但层间依赖强度较大的氢键和范德华力结合，不会发生层间膨胀，乙二醇乙醚等极性溶液不能进入晶层间，只能吸附在外表面，可以认为其缺乏内表面，故外表面积与总表面积几乎相等。晶层结构除了影响比表面积外，也决定了 CEC 的分布。蒙脱石的比表面积较大，存在大量的非平衡置换，具有很强的阳离子交换能力[188]，其中 80%以上的 CEC 分布在层面上，而高岭石的比表面积较小且 CEC 主要分布在晶体的边面上[186]，阳离子交换能力较弱。因此，测试结果表现为后者的 CEC 远小于前者，几乎为前者的 1/20。

(3)单一成分矿物人工土的 CEC 越大、相对含量越高，则对混合矿物成分试样的 CEC 影响越大，而且混合试样的 CEC 值同样可用各单一成分的 CEC 测值按混合物的质量百分比叠加来近似表示。

2.4.2.4 孔隙液离子浓度及配制

孔隙液的离子浓度能够影响土颗粒的表面电位，从而引起颗粒表面结合水膜厚度的改变，进而导致土体宏观物理力学性质的变化。为研究结合水膜厚度的变化对土体的强度、渗透等特性的影响，采用蒸馏水和一系列不同浓度的氯化钠(NaCl)溶液用于人工土孔隙液的配制。采用 NaCl 作为分析纯级颗粒，溶液浓度单位为摩尔浓度(mol/L)。

溶液配制的基本方法为：将事先计算并称量的 NaCl 颗粒溶于一定量的蒸馏水中，用玻棒搅拌至完全溶解，并以容量瓶定容，表 2-9 所示为配制相应孔隙液浓度对应的溶质质量。

表 2-9 配制 NaCl 溶液浓度对应的溶质质量

序号	溶液浓度 $n/(\mathrm{mol \cdot L^{-1}})$	溶质质量 $m/(\mathrm{g \cdot L^{-1}})$
1	8.3×10^{-3}	0.486
2	8.3×10^{-2}	4.856
3	5.0×10^{-1}	29.250
4	8.3×10^{-1}	48.555
5	2.0	117

2.4.2.5 颗粒表面电荷密度及电位换算

在土颗粒、水、电解质的研究系统中，在表面微电场作用下，带负电的黏土颗粒会引起颗粒附近的阳离子在静电吸引和浓度扩散而引起的逸散趋势下发生重新分布，形成双电层结构模型。研究者建立了 Helmholtz 模型、Stern 模型和 Gouy—

Chapman 模型等，其中，Gouy—Chapman 模型的参数定量计算比 Stern 模型简单，且比 Helmholtz 模型更合理，可以比较便捷地计算出扩散双电层的厚度，定量描述表面电荷密度和表面电位的关系以及扩散双电层中电位随距离的变化规律等。因此，Gouy—Chapman 模型被广泛应用于表面化学、胶体化学和电化学等相关学科领域。

土颗粒的表面电位是分析颗粒表面微电场对土体物理力学性质影响的重要微细观参数，本文采用相对成熟的 Gouy—Chapman 扩散双电层理论[188,189]进行表面电位的求解。基于前述实测的颗粒总比表面积和阳离子交换量两个参数可以换算出颗粒的表面电荷密度，进而计算颗粒的表面电位。

由 Gouy—Chapman 平板扩散双电层理论可知，当黏土颗粒置于水中时，其表面带负电荷会吸附各种水中的阳离子，同时，颗粒表面附近的已吸附阳离子由于浓度较高而有一种向外(即浓度较低区域)扩散的趋势以保证全系统内阳离子浓度处于均衡状态。在颗粒表面静电吸引、阳离子逸散趋势的综合作用下，悬液中黏土颗粒附近的离子分布状态如图 2-15 所示。

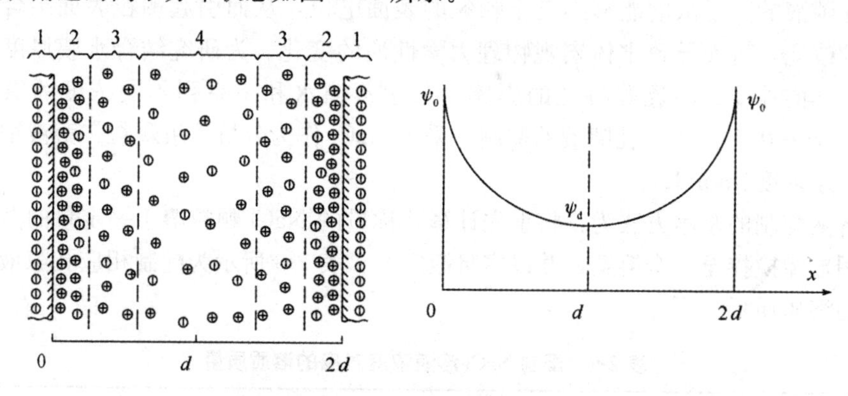

图 2-15　悬液中黏土颗粒表面的离子分布与电势分布

1—带电的黏土颗粒表面；2—吸附层；3—扩散层；4—自由层；

ψ_0—颗粒的表面电位(电势)；ψ_d—颗粒平板间的中间电位(电势)；$2d$—黏土平板颗粒间距

本文从静电吸引和阳离子逸散相互作用的双电层模型的电位(电势)分布函数入手，推导其表面电荷密度与表面电位的换算关系式[188,189]。其中，Gouy—Chapman 理论对平面情况下的扩散双电层进行了数学描述，其基本假设如下：

(1)认为双电层内的离子均为点电荷，相互之间没有作用；

(2)土颗粒表面上的电荷分布是均匀的；

(3)在一维条件下，认为颗粒表面是与扩散双电层厚度密切相关的一个平面；

(4)介质静介电常数与位置无关。

当扩散双电层建立平衡时，距离黏土表面 x 处的 i 型离子的平均局部浓度可按 Boltzmann 定理表示为同样距离处的平均电势 ψ 的函数，即

$$n_- = n_{-0}\exp\left(\frac{v_- e\psi}{kT}\right),\ n_+ = n_{+0}\exp\left(\frac{-v_+ e\psi}{kT}\right)$$

$$\rho = v_+ e n_+ - v_- e n_- \tag{2-9}$$

式中　n_+——阳离子的局部浓度；

n_-——阴离子的局部浓度；

n_{+0}、n_{-0}——分别为远离黏土表面的阳离子和阴离子的浓度；

v_+、v_-——离子价；

e——电子电荷；

k——Boltzmann 常数；

T——绝对温度；

ρ——局部电荷密度。

电势、电荷及距离三者之间关系可用 Poisson 方程表示，即

$$\frac{\mathrm{d}^2\psi}{\mathrm{d}x^2} = -\frac{4\pi}{\varepsilon}\rho \tag{2-10}$$

式中　ε——介质的介电常数。

对于溶液中具有相同化合价的单一阴、阳离子，可以认为：$v_+ = -v_- = v$，$n_{+0} = n_{-0} = n$。

将式(2-9)代入式(2-10)并进行化简后，可以得到如式(2-11)所示的双电层基本方程：

$$\frac{\mathrm{d}^2\psi}{\mathrm{d}x^2} = \frac{8\pi nve}{\varepsilon}\sinh\left(\frac{ve\psi}{kT}\right) \tag{2-11}$$

用以下无量纲量改写上式，以便于应用：

$$y = \frac{ve\psi}{kT},\ z = \frac{ve\psi_0}{kT},\ \xi = Kx$$

其中，$$K^2 = \frac{8\pi ne^2v^2}{\varepsilon kT}(\mathrm{cm}^{-2})。$$

因此，可将式(2-11)改写为

$$\frac{\mathrm{d}^2y}{\mathrm{d}\xi^2} = \sinh y \tag{2-12}$$

利用相互作用双电层模型的边界条件：$x = d$，$y = u = \frac{ve\psi_d}{kT}$ 以及 $\left(\frac{\mathrm{d}\psi}{\mathrm{d}x}\right)_{x=d} = \left(\frac{\mathrm{d}y}{\mathrm{d}\xi}\right)_{x=d} = 0$ 对上式进行积分，可得

$$\frac{\mathrm{d}y}{\mathrm{d}\xi} = -(2\cosh y - 2\cosh u)^{1/2}$$

移项并再次积分，得到如式(2-13)所示的关系：

$$\int_z^u (2\cosh y - 2\cosh u)^{-1/2} = -\int_0^d \frac{\mathrm{d}y}{\mathrm{d}\xi} = -Kd \tag{2-13}$$

式(2-13)就是考虑相互作用的双电层模型的电位(电势)分布函数。

当颗粒表面电荷恒定时，颗粒的表面电荷密度可由式(2-14)予以表达：

$$\sigma=-\int_0^d \rho \mathrm{d}x=-\frac{\varepsilon}{4\pi}\left(\frac{\mathrm{d}\psi}{\mathrm{d}x}\right)_{x=0}=-\frac{\varepsilon}{4\pi}\left(\frac{\mathrm{d}y}{\mathrm{d}\xi}\right)_{x=0}\frac{KkT}{ve}$$

即
$$\sigma=\left(\frac{\varepsilon nkT}{2\pi}\right)^{1/2}(2\cosh z-2\cosh u)^{1/2} \tag{2-14}$$

其中
$$\sigma=\Gamma\times\frac{F}{1\ 000}(\mathrm{C/m^2}),\ z=\frac{ve\psi_0}{kT},\ u=\frac{ve\psi_\mathrm{d}}{kT} \tag{2-15}$$

式(2-12)即在不同的孔隙液离子浓度 n 下，黏土颗粒的表面电位 ψ_0 与电荷密度 σ 之间关系的表达式。当土颗粒表面电荷恒定情况下，σ 为土颗粒的表面电荷密度，ε 为介电常数，n 为孔隙液的离子浓度；T 为绝对温度；Γ 为土颗粒表面单位面积的阳离子交换当量；F 为 Faraday 常数；z、u 为无量纲参数；v 为离子化合价；ψ_0 为土颗粒的表面电位；ψ_d 为两平板间的中间电位；k 为 Boltzmann 常数。

利用式(2-14)计算时，参数取值：Faraday 常数 $F=9.65\times10^4$ C/mol；水的介电常数 $\varepsilon=80.0$；Boltzmann 常数 $k=1.38\times10^{-23}$ J·K^{-1}；电子电荷 $e=1.602\times10^{-19}$ C；绝对温度 $T=290$ K(即 17 ℃)；离子化合价 $v=\pm1$；Γ 为土颗粒表面单位面积的阳离子交换当量，可由实测的阳离子交换量除以颗粒总比表面积换算求得。

以黏土矿物——膨润土、高岭土、膨润土与高岭土的混合土，非黏土矿物——石英、长石为例，根据式(2-14)求得的不同孔隙液离子浓度 n 情况下各土样的颗粒表面电位 ψ_0 与中间电位 ψ_d 见表 2-10。

表 2-10 不同孔隙液离子浓度时对应的颗粒表面电位与中间电位

试样成分	含水量(%)	Γ /(×10^{-3} meq·m^{-2})	各孔隙液浓度下对应的表面电位/中间电位/mV									
			8.3×10^{-3} (mol·L^{-1})		8.3×10^{-2} (mol·L^{-1})		5.0×10^{-1} (mol·L^{-1})		8.3×10^{-1} (mol·L^{-1})		2.0 (mol·L^{-1})	
膨润土	65.2	1.722	176	96	114	35	78	6	61	2	43	0.1
高岭土	56.7	2.074	178	0	123	0	81	0	69	0	51	0
石英	18.1	0.326	93	0.09	42	0	18	0	14	0	9	0
长石	14.9	0.478	122	0	62	0	30	0	22	0	14	0
33.3%膨润土+66.7%高岭土	61.7	1.662	166	56	106	10	75	0	57	0	41	0

续表

试样成分	含水量(%)	Γ /($\times 10^{-3}$ meq·m^{-2})	各孔隙液浓度下对应的表面电位/中间电位/mV									
			8.3×10^{-3} (mol·L^{-1})		8.3×10^{-2} (mol·L^{-1})		5.0×10^{-1} (mol·L^{-1})		8.3×10^{-1} (mol·L^{-1})		2.0 (mol·L^{-1})	
50%膨润土+50%高岭土	61.8	1.806	167	73	107	21	72	1	57	0	42	0
66.7%膨润土+33.3%高岭土	62.7	1.482	168	76	108	27	67	2	57	1	42	0

从表中的孔隙液离子浓度与颗粒电位的关系可以看出：

(1)随着 n 的增大，各种成分的人工土试样的 ψ_0 与 ψ_d 呈下降的趋势；

(2)当 n 从 8.3×10^{-3} mol/L 增大到 5.0×10^{-1} mol/L 时，各试样的 ψ_0 与 ψ_d 出现较大的降幅，当 n 继续增大至 2.0 mol/L 时，ψ_0 的降幅减缓而 ψ_d 基本接近于零；

(3)在相同浓度 n 时，黏土矿物试样——膨润土的 ψ_0 与 ψ_d 值均较大，随着混合土中膨润土相对含量的减少，试样的 ψ_0 与 ψ_d 依次降低，非黏土矿物试样——石英和长石的 ψ_0 较小而 ψ_d 基本为零；高岭土的 ψ_0 值稍高于膨润土，而 ψ_d 值基本为零。

由 Gouy—Chapman 理论的换算结果表明，土颗粒的电位随着溶液中离子浓度的增大而降低，不同成分的土样具有不同的电位，其中表面电位 ψ_0 与中间电位 ψ_d 的大小与表面电荷密度有关，ψ_d 还受到颗粒的间距的影响。一般而言，高岭土不具有内表面，而阳离子交换量也低于膨润土，但因为阳离子单纯位于外表面上，而外表面虽小，电荷密度仍然可观，使高岭土的表面电位 ψ_0 稍高于膨润土；由单位质量土的含水量与其比表面积之比可估算土颗粒之间的水层厚度(包含结合水与自由水)，高岭土的水层厚度约为 3.2×10^{-6} cm，石英的约为 2.7×10^{-6} cm，长石的约为 3.8×10^{-6} cm，而膨润土的约为 1.4×10^{-7} cm，可以定性判断高岭土、石英以及长石颗粒之间距离大于膨润土颗粒，因此颗粒之间的相互影响非常微弱，中间电位基本为零。

2.5　土体微结构定量分析的 PCAS 图像处理技术

Particles and Cracks Analysis System(PCAS)是南京大学开发的一款针对岩体颗粒及裂隙(线)网络识别和定量分析的专用软件，如图 2-16 所示。它支持图像采集、增强、标定、图像处理、计数、测量、分析、图像标注、图像数据库、报表生成器等功能。

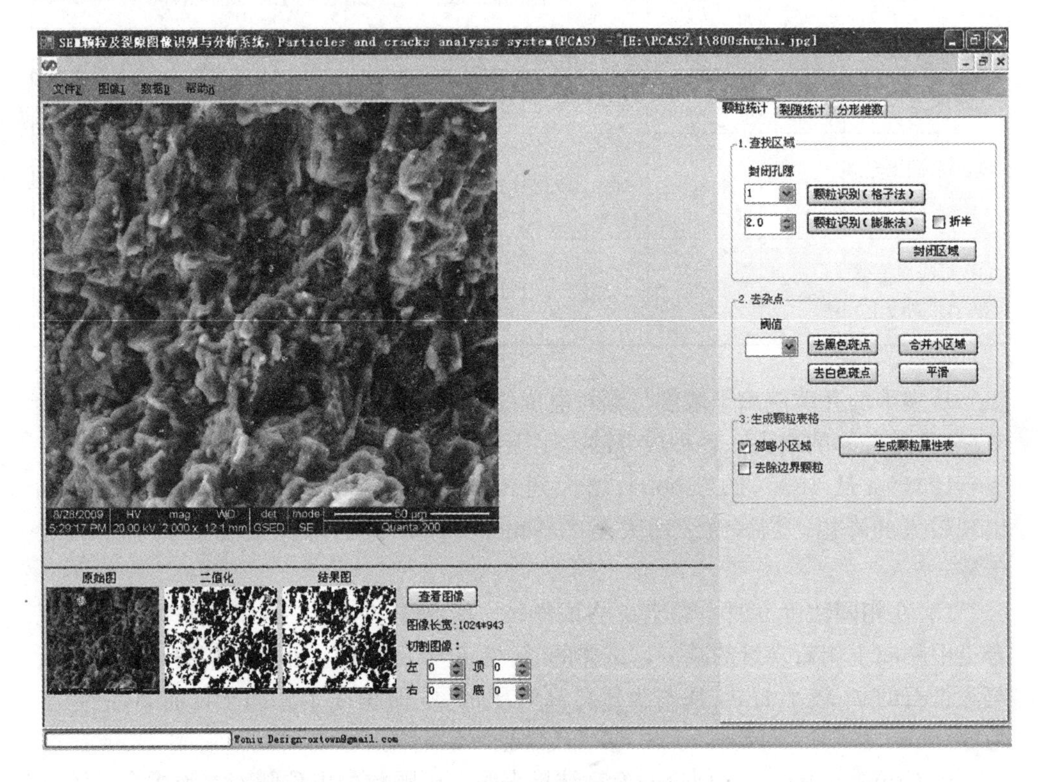

图 2-16 PCAS 图像处理界面

PCAS 图像处理功能强大，自动化水平高。软件提供视场平衡、背景校正及多种等效对比增强技术，加强图像的色彩质量和对比度，提供了自动检查和手动阈值功能进行图像分割，图像显示方便，阈值调试过程能实时清晰观察图像的变化。此外，还可锐化、柔化、羽化和强化目标边缘，并提供强大的图像形态学处理功能，如腐蚀、膨胀、开运算、闭运算、骨架化、分支修剪、分支与结点、形态学间距和转折点等，形态学操作能对重叠或成簇的目标物进行识别和有效分离。在颗粒识别上，可以自动封闭小孔隙识别出颗粒，得到每个颗粒的长度、宽度、周长、面积、费雷特方向、形状因子、分形维数、定向性等参数。同理，也能得到孔隙的相应参数；该软件还可以自动识别出裂隙网络中的节点和线，得到各裂隙的面积、长宽、方向、两端点位置，进而得到盒维法分形维数和玫瑰图等。对于测量数据可以用直方图、频谱图、伪彩色显示测量结果，以及基于测量结果对被测目标分离、提取和自动分类、归类和统计，通过动态数据交换将测量结果输出至 Word、Excel 等做进一步分析。

2.5.1　图像预处理与阈值分割

样品含少量水分、观测表面不平整或成分不均等多种因素均会造成拍摄出的图像清晰度不够、亮度不均匀或颗粒与孔隙“混淆”等现象，此时若直接进行后期处理，获取的微观结构参数结果往往是不合理的。因此，为了得到合理准确的微观结构参数，需要先对图像进行预处理和适当调整。在预处理时，首先利用 Photoshop 软件对图像进行重曝光，通过对曝光度、亮度、对比度和灰度系数校正值的调整，使图像达到最佳分析状态；其次，利用 PS 软件的切片工具，剔除原图像中的明显凹陷或凸起部分，选取连续的局部平整部位作为研究对象，从原图像中裁剪出来进行后续操作，目的是最终能获取较为合理准确的土体微观结构参数，如图 2-17 所示。

(a)　　(b)　　(c)

图 2-17　图像预处理

(a)拍摄图像；(b)调整后图像；(c)裁剪后用于分析的图像

所谓图像分割就是将图像表示为物理上有意义的连通区域集合，它是图像分析的最关键的一步，其后图像特征提取、目标识别等的好坏，都取决于图像分割的质量。图像分割方法有阈值法、区域生长法、边缘检测法、人工神经网络法、可变模型法、基于模糊集理论的方法等多种[190,191]，其中广泛应用的是阈值法。

阈值分割法基于图像的灰度进行分割，是一种经典的并行区域分割算法[192~194]。其基本思想是，在图像的灰度取值范围内确定一个阈值，将组成图像的所有像素的灰度值与阈值进行比较，根据比较结果将图像像素分为目标和背景两类。阈值分割简单方便，对目标和背景对比明显的图像分割效果显著。其基本原理是，设原始图像为 $Z(i,\ j)$，以一定的准则在 $Z(i,\ j)$ 中找出灰度值 T 作为分割阈值，将图像分为目标和背景两部分，分割后的二值图像为 $G(i,\ j)$，如式(2-16)所示：

$$G(i,\ j)=\begin{cases}1 & Z(i,\ j)\geqslant T\\0 & Z(i,\ j)<T\end{cases}\tag{2-16}$$

阈值分割的关键是阈值确定，若阈值选得过高，就会将背景误认为是目标；反之，则会将目标误认为背景导致信息丢失[195~197]。在对土体微观结构图像定量分析前，需用二值化法将土体分为颗粒和孔隙两部分，对于一幅 256 级灰度图来说，灰度在 0～T 间的像素是孔隙，T～255 间的像素是颗粒，笔者曾尝试利用局部及全局的手动设定阈值法分割图像，并将局部及全局两种方法得到微结构参数结果进行比对后发现，局部阈值法与真实情况更为接近[198]，在此不赘述。

2.5.2 二值化图像编辑与形态学处理

阈值选取后，还需要进一步对二值化图像进行编辑。用上述阈值分割法只能将土颗粒或孔隙等研究目标较准确地加以区分，但是实际图像中往往会出现若干个研究目标(颗粒或孔隙)紧挨的情况，而二值化图像通常是将其作为一个整体来处理，如图 2-18(a)所示。此时，图 2-18(b)中相同颜色代表同一颗粒，若按照此划分结果来提取微观结构参数，必将导致错误。

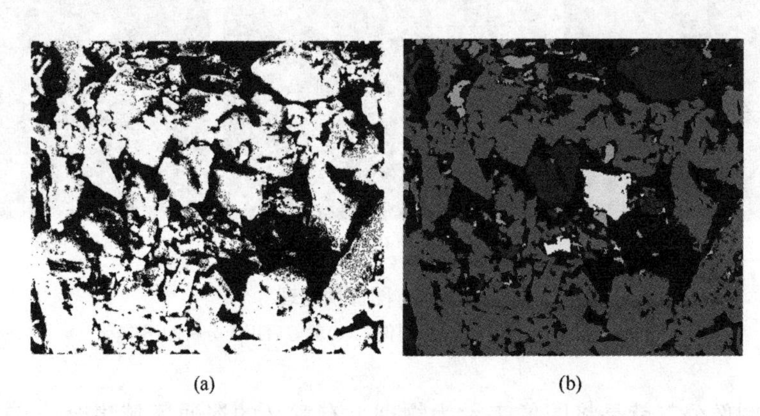

(a) (b)

图 2-18 二值化图像(编辑前)

(a)二值化图像；(b)颗粒划分结果

为减少微结构处理时的“误判”，获取更加真实、可靠的微观结构参数，还需要对分割好的二值化图像进一步编辑，将紧挨的研究目标(颗粒或孔隙)区分开，编辑后图像颗粒的划分结果如图 2-19 所示。

同时，因土样自身团聚或存在制样误差等因素，经常会造成土样的 ESEM 图像存在一些孤立的黑点或亮点。为了提高图像的分析精度，在分析前必须进行去杂操作，即滤除图像分割时存在的一些孤立单点，但不改变研究目标和其对应的结构。经形态学处理后，一些较小孤点会被滤除，研究目标和其对应的结构没有改变，但一些较大孤点，即占据 2～3 个以上的像素的孤点会被保留，可以通过填充内孔将其滤除。

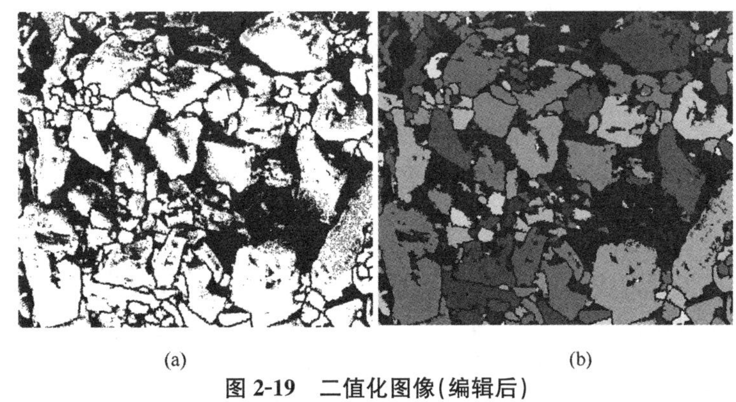

(a)　　(b)

图 2-19　二值化图像(编辑后)

(a)二值化图像；(b)颗粒划分结果

2.5.3　图像的定量分析参数

采用上述 PCAS 图像处理软件可以方便地提取土体中研究对象(即颗粒或孔隙)的数量、大小、形态和定向特征等，从而得知颗粒或孔隙的总面积、总周长、平均面积、平均周长、平均形状系数、等效粒径或孔径等微观结构信息，是一种能同时获得多种微观结构定量信息的方法。现将本文中涉及土体(含颗粒及孔隙)的微观结构定量化参数做如下说明。

(1)面孔隙比(e_m)和面孔隙率(n_m)。

$$e_m = \frac{A_V}{A - A_V} \tag{2-17}$$

$$n_m = \frac{A_V}{A} \times 100\% \tag{2-18}$$

式中　A_V——孔隙所占面积；

　　A——总观察面积。

由式(2-17)、式(2-18)计算得到的 e_m 和 n_m，往往比实际土体中的孔隙比和孔隙率要小，因为通过 ESEM 观察无法统计到团粒内部的孔隙，反映的只是某观察面上的孔隙情况，统计的是团粒间的孔隙状况。另外，计算获得的 e_m 和 n_m 与透明方格纸上的格子边长取值有关，取值越小，格子越小，则精度越高；同时还与图像的放大倍数有关。因此，计算获得的 e_m 和 n_m，只能反映所处理图像的面孔隙特征，能否代表整个土体的孔隙状况还要视具体情况而定。

(2)平均面积 $\overline{A}$。

$$\overline{A} = \frac{1}{n}\sum_{i=1}^{n} A_i \tag{2-19}$$

式中　n——统计颗粒或孔隙数。

(3)平均圆形度 R，即

$$R=\frac{1}{n}\sum_{i=1}^{n}R_i \tag{2-20}$$

$$R_i=4\pi A_i/L_i^2 \tag{2-21}$$

式中 A_i——区域的面积；

L_i——区域的周长；

n——统计颗粒或孔隙数。

R 的取值范围为(0，1)之间，R 值越大，则区域越接近圆形。当 $R=1$ 时，区域就是一个标准圆形。

(4)平均形状系数 F。某一颗粒或孔隙的形状系数定义为：$F_i=C/S$，式中 C 为与颗粒或孔隙等面积的圆周长，S 为颗粒或孔隙的实际周长。而平均形状系数则定义为

$$F=\frac{1}{n}\sum_{i=1}^{n}F_i \tag{2-22}$$

式中 n——统计颗粒或孔隙数。

(5)平均方向角 α。平均方向角是将各级结构单元体的方向角累计之和除以样品中所出现的大小不等形状各异的结构单元体的个数，即

$$\alpha=\frac{1}{n}\sum_{i=1}^{n}\alpha_i \tag{2-23}$$

式中 α——土样的平均方向角；

α_i——样品中第 i 个结构单元体长轴与 X 轴的夹角。

(6)定向角 $\bar{\alpha}$。按照统计学原理，为了使每一个结构单元体在应力水平作用下所起的作用得以充分肯定，充分考虑研究目标(颗粒或孔隙)平面面积权重后的平均方向，基本上能较合理地代表颗粒或孔隙的平均方向，表达式如下：

$$\bar{\alpha}=\frac{1}{n}\sum_{i=1}^{n}W_i\alpha_i \tag{2-24}$$

式中 $\bar{\alpha}$——研究目标(颗粒或孔隙)考虑权重后的平均方向(单位:°)；

W_i——第 i 个研究目标(颗粒或孔隙)的权重；

α_i——第 i 个研究目标(颗粒或孔隙)的长轴与 X 轴的夹角，此时当长轴与 X 轴夹角≤90°时，直接取其值；当长轴与 X 轴夹角＞90°时，则取 $180°+\alpha_i$，α_i 为与 X 轴所夹的锐角，α_i 取负值；$180°+\alpha_i$ 的角度值变化范围为 90°～180°。

(7)概率熵 H_{m}。施斌[4]教授从现代信息系统论中引进一个指标——概率熵，以反映土微观结构单元体排列的有序性。概率熵可用式(2-25)表示：

$$H_{\mathrm{m}}=-\sum_{i=1}^{n}P_i\log_n P_i \tag{2-25}$$

式中 H_{m}——软土颗粒(结构单元体)排列的概率熵；

P_i——结构单元体在某一方位区中呈现的概率，P_i 即为在某一方位上单元体的定向强度；

n——在单元体排列方向[0，N]中等分的方位区数。

如结构单元体的排列方向为 0°～180°，以 10°为单位等分，n 为 18，根据结构单元体在各个方位区上的定向强度，可计算出软土结构排列的概率熵。显而易见：H_m 的取值在[0，1]区间，当 $H_m=0$ 时，表明所有的结构单元体排列方向均在同一方位，显示出单元体排列的有序度最高；当 $H_m=1$ 时，表明单元体完全随机排列，在每一方位区中，结构单元体出现的概率相同，完全无序。H_m 越大，说明结构单元体排列越混乱，有序性降低。土的概率熵提供了一个土体总体结构特征的定量量度指标，可以认为是一种最有前途的定量指标。

2.6　本章小结

利用现有试验设备和试剂，本章总结、探讨了软土强度、固结、渗透特性的各种宏观、微观室内试验原理、方法和步骤，现将主要观点归纳如下：

(1)软土工程特性的宏观、微细观室内试验都是分析软土微细观参数的基础，宏观试验主要应围绕影响软土微细观性质的各种宏观因素开展，微细观试验则应合理选择测试手段，在测试过程中避免扰动，尽量保持其原有结构和物理化学性质。

(2)应变控制式直剪仪具有原理简单、操作简便等优点，可以便捷测定软土的抗剪强度及其强度指标，在实际岩土工程中应用广泛。

(3)渗流固结法是一种利用固结仪对试样进行标准固结试验确定出固结系数，并通过太沙基固结理论间接求出试样的渗透系数的方法，属于间接测试法。

(4)颗粒的比表面积是反映软土表面特性的重要指标，其测试方法主要分为仪器法和吸附法两大类。常用的吸附剂有乙二醇乙醚、氮气和甘油等，具体采用乙二醇乙醚吸附法(即 EGME 法)测出土样的总比表面积。

(5)与颗粒的比表面积类似，阳离子交换量(CEC)也是能反映软土的表面特性的重要指标，常用的测试方法包括离子吸附法和电位滴定法，其中离子吸附法主要有 Mehlich 法、Schofield 法和乙酸铵交换法等，具体采用乙酸铵交换法测试土样的阳离子交换量(CEC)。

(6)X 射线衍射分析法(即 XRD)是一种利用晶体形成的 X 射线衍射对物质进行内部原子在空间分布状况的结构分析方法，可用于土壤的物相鉴定。采用德国布鲁克 D8 ADVANCE 型 X 射线衍射仪对典型软土进行物相的定量分析。

(7)利用 QUANTA 200 扫描电镜对软土进行 ESEM 测试，通过 ESEM 试验可以获得软土试样固结前、固结后各个观察面上的环境扫描图片(即 ESEM 图片)，可用于面孔隙比、平均圆形度、平均形状系数等微结构参数的分析与提取。ESEM试验中，制备观察样、拍摄和处理 ESEM 图片是关键所在。

(8)压汞测试分析法(即 MIP 法)是一种测试原理较简单的研究土体孔隙尺度及分布的静态测试法。采用 AutoPore 9510 型全自动压汞仪测试土样的孔隙尺度及分布情况，计算机控制程序可以完成全过程的数据采集和试验曲线绘制。试验前需要对样品进行冷冻干燥预处理，试验中必须保持密封，而后进行样品的低、高压测试。

(9)南京大学开发的 PCAS 图像分析处理软件可对 ESEM 图像进行处理和分析，并便捷提取土体研究对象(颗粒或孔隙)的数量、大小、形态和定向特征等微观结构的定量分析参数。在图像处理过程中，图像阈值的选取是决定提取 ESEM 图像信息是否准确的关键。

第3章　珠江三角洲软土工程性质的成因与微观因素分析

3.1　概　述

国内外对软土均无统一定义，我国的建筑、公路、铁路等部门对软土的定义也不尽相同。软土一般指天然含水量大、压缩性高、承载能力低的一种软塑到流塑状态的黏性土，如淤泥、淤泥质土以及其他高压缩性的饱和黏性土、粉土等。我国《岩土工程勘察规范》(GB 50021—2009)规定天然孔隙比大于或等于1.0，且天然含水量大于液限的细粒土应判定为软土，包括淤泥、淤泥质土、泥炭、泥炭质土等。《软土地区岩土工程勘察规程》(JGJ 83—2011)中第2.1.1条规定软土的判别应符合下列要求：①天然孔隙比大于或等于1.0；②天然含水量大于液限；③具有高压缩性、低强度、高灵敏度、低透水性和高流变性，且在较大地震力作用下可能出现震陷的细粒土，包括淤泥、淤泥质土、泥炭、泥炭质土。

我国沿海地区广泛分布淤泥质海岸，按沉积环境细分有滨海相沉积的天津塘沽，浙江温州、宁波等地，溺谷相沉积的闽江口平原，三角洲相沉积的长江三角洲、珠江三角洲等。在地质上属第四纪全新世Q4土层，多数为饱和正常压密黏土，土的类别多为淤泥、淤泥质黏土、淤泥质亚黏土，在南方部分地区还有淤泥混砂层。这类土具有高含水量、大孔隙、高压缩性、低强度、低渗透性、中高灵敏度等特征，一般均符合软土定义。

研究土性指标特征是岩土工程参数取值和可靠度分析的基础，也是确定地基基础设计分项系数的主要技术参数之一[199,200]。而软土区域特性明显、工程性质应用复杂，相比渤海湾、长江三角洲、闽江三角洲地区的软土，珠江三角洲软土含水量更高、土质更软，因此，准确地确定软土参数对于软土工程有着重要意义。本章通过对珠江三角洲软土成因的地质与水文环境、矿物成分、颗粒特征、微观特征等区域特性的分析，将该区域软土微观因素与其特殊的宏观工程特性联系，为今后该地区软土工程的开展提供借鉴作用。

3.2 珠江三角洲软土成因的地质与水文环境分析

珠江三角洲简称珠三角，根据《珠江三角洲经济区现代化建设规划纲要》提到的珠江三角洲范围，包括广州、深圳、珠海、佛山、江门、中山、东莞、惠州、肇庆的市区以及番禺、增城、花都、从化、南海、顺德、三水、高明、鹤山、新会、台山、开平、恩平、高要、四会、惠阳等县级市和斗门、惠东、博罗县，总面积达 41 596 平方千米。其发展过程及古海岸线位置如图 3-1 所示。

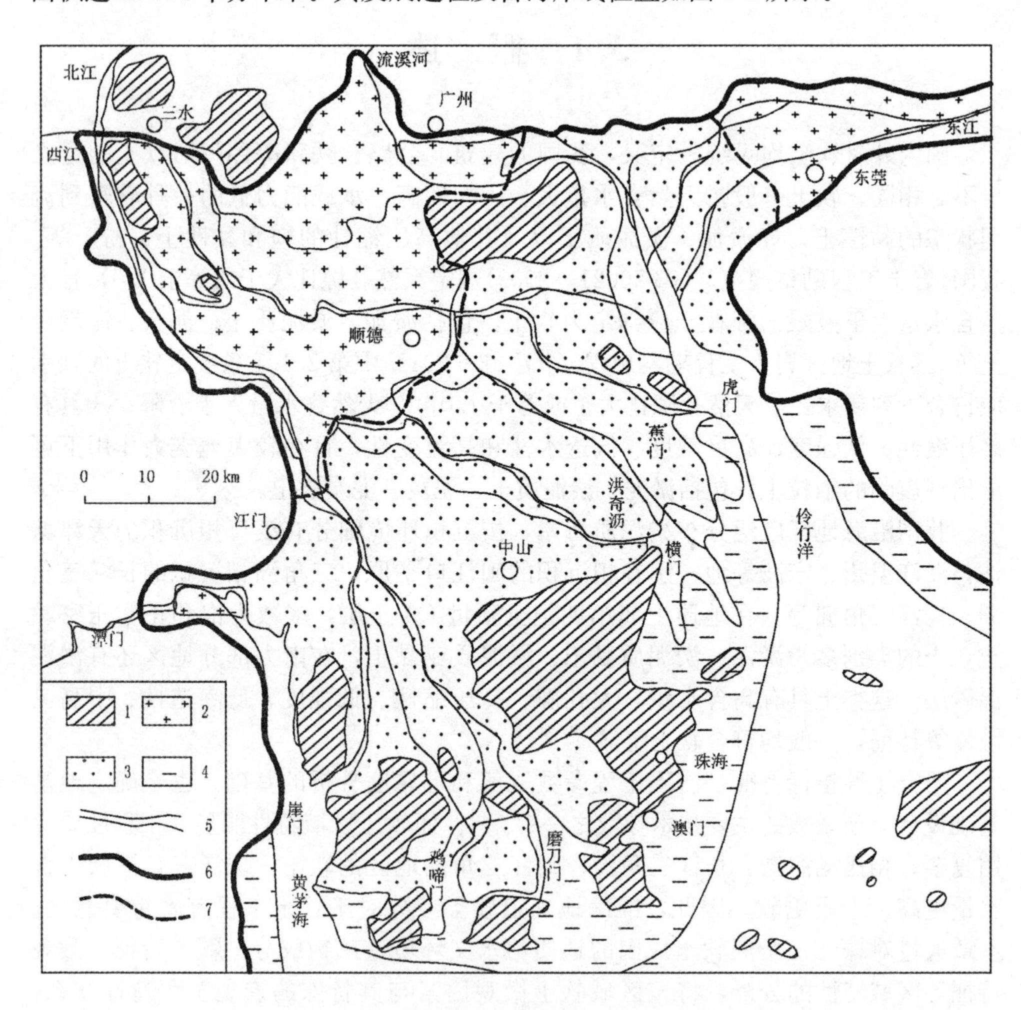

图 3-1 现代珠江三角洲发展过程及古海岸线位置

1. 丘陵；2. 早期三角洲；3. 晚期三角洲；4. 浅滩；
5. 河道；6. 距今 6 000 年的古海岸线；7. 距今 2 500 年的古海岸线

3.2.1　珠江三角洲软土的沉积环境

软土沉积是在弱水动力条件下，土体中的细颗粒物质沉积而成饱和的第四纪松软土层。珠江三角洲软土的形成与沉积环境的演变，主要受控于海平面的升降变化及引起的海岸线的变迁，两次大规模的海侵（分别距今 30 000～22 000 年、12 000～6 000 年）和其间一次大规模的海退，导致构成新、老两套三角洲沉积。同时，珠江三角洲水网密布，河流纵横，珠江口有五江汇流，西江干流、北江干流、东江干流、东平水道、莲沙容水道、小榄水道、潭江水道等数百条水道，形成河口区水网密集、汊道繁多的特点。珠江水系在三角洲平原有虎门、洪奇沥、蕉门、横门、磨刀门、鸡啼门、虎跳门、崖门八个口门出海。由于华南河口区域普遍是弱潮环境，潮高一般不超过 2 m，且河流水量充裕，河流比降小，这种环境特别适合软土的发育。

珠江三角洲的沉积类型丰富，软土的沉积特征很大程度上取决于沉积环境的差异，特别是两次大规模的海侵和一次大规模的海退对软土沉积带来较大的影响。

3.2.1.1　海侵时软土的沉积形成

海水入侵时，海面不断上升，河口位置逐渐向大陆退缩导致河口高程抬高，河水的搬运能力减弱，导致河水携带的大量物质沉淀在河口位置。受回水影响，在河口上游的洼地积水形成沼泽或湖泊等。此时，河流携带的细颗粒物质在这种相对静止的环境中逐渐沉积。湖沼中的水草等植物腐烂后产生大量的有机物质，因此，在此种环境沉积的软土，富含有机质和腐木。软土在地层分布上一般呈现透镜体状分布于山间低洼地，厚度变化较大，而在海岸线附近则沉积浅海相的淤泥，其中富含海相生物化石。

3.2.1.2　海退时软土的沉积形成

全新世海侵以后，海平面基本稳定，从河流流域来的沉积物向海方向淤积发展形成现代三角洲。在海侵结束后的一段时间内，河流动力未来得及向海扩展，河口区大部分以潮汐动力为主。因而，早期现代珠江三角洲发育成淤泥质潮滩和潮成三角洲，使得流域内的粗颗粒物质在河口位置沉积，而细颗粒沉积物却可以进入河口湾或溺谷。软土此时的主要沉积相为泻湖或三角洲相，软土中夹砂和海生物化石较多。秦汉以后，三角洲向海推进的速度加快，西江、北江河口三角洲呈朵状向海推进，三角洲发展以河流动力控制为主，三角洲沉积具有明显的海退式三层结构，如磨刀门大桥桥址区附近的软土结构。

图 3-2 所示即为珠江三角洲某高速公路地层勘察钻孔柱状图与沉积旋回规律的对比图，旋回沉积的明显规律就是淤泥中混有粉细砂或软土层中夹有薄砂层。

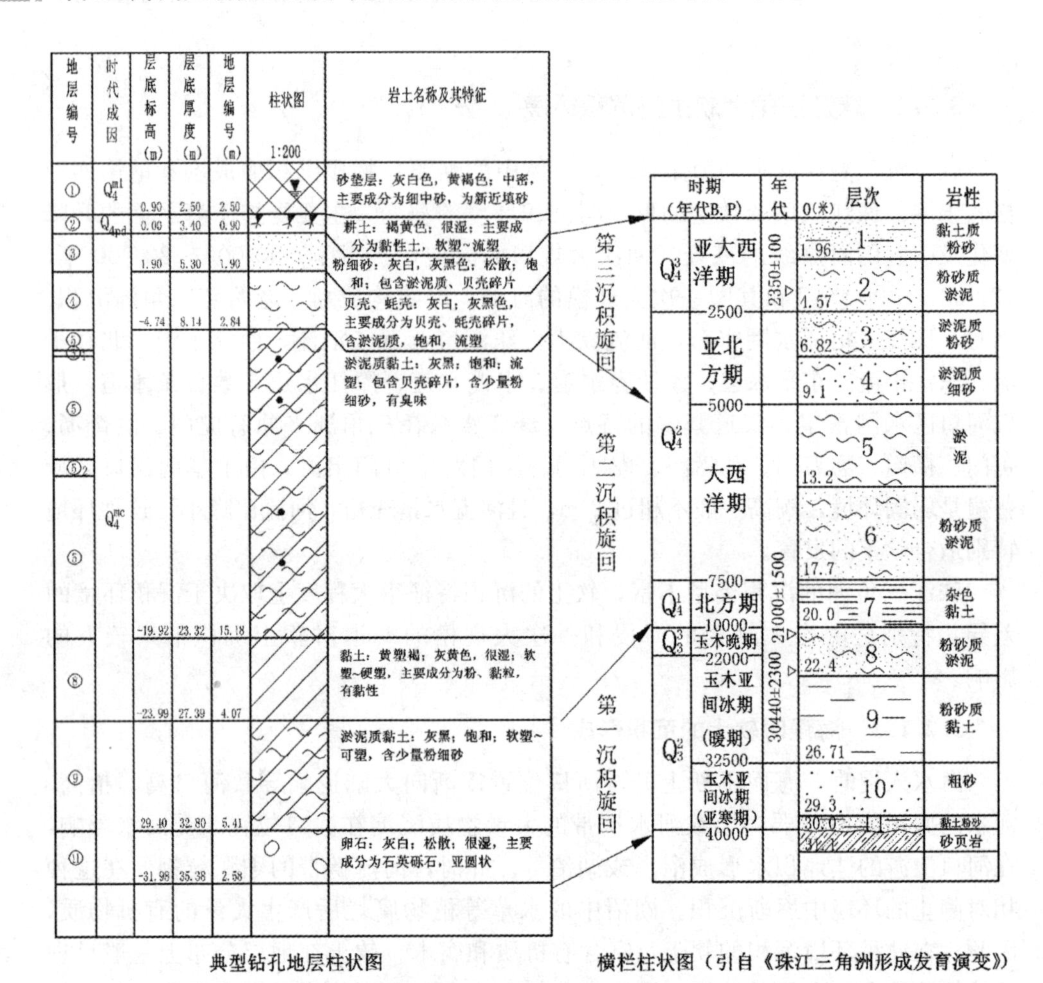

图 3-2　珠江三角洲某高速公路地层勘察钻孔柱状图与沉积旋回规律的对比图

3.2.2　珠江三角洲软土区域分布特征

珠江三角洲内软土分布广泛，就收集的软土地质勘查资料，对三角洲内软土分布进行分析，现按三角洲的东、南、西北、中四个地区来阐述软土在各区的分布范围和特征。

3.2.2.1　珠江三角洲东部地区

珠江三角洲东部地区软土主要分布在东江冲积平原。该区域地势平坦宽阔，海拔高层一般为 1.2～2.8 m。平原区为第四系河流相松散冲积层，在地表粉质黏土下断断续续分布着两层软土(淤泥、淤泥质土)，第一层软土厚度变化较大，为 0.4～6.8 m，下卧层以砂层为主，局部为粉质黏土。东江冲积平原周围的山间洼地零星分布有沼泽相软土，埋深 0.8～5.4 m，淤泥厚度 0.3～5.6 m，下卧层多为粉质黏土，局部为砂。

3.2.2.2　珠江三角洲南部地区

珠江三角洲的南部地区，地处珠江三角洲平原的前缘，由于受到北东向新华夏系和华夏系断褶构造带的影响，形成了丘陵台地与冲积平原相间的地貌格局，地势总体上由西北向东南倾斜。由珠海、中山、江门、深圳等地的工程地质勘查资料发现，软土主要分布在西江下游河流的冲积平原，主要由淤泥、淤泥质土及淤泥质砂组成，以淤泥和淤泥质亚黏土为主，颜色以灰色、深灰色为主，含腐殖质、贝壳及夹粉细砂薄层，顶部普遍分布有亚黏土(可塑状，厚 0.5～3.0 m)，软弱下卧层多为亚黏土、砂性土或砾石。该区软土厚度为 0.6～45.3 m，平均厚度约 20 m，呈现由西江河床至两岸山前逐渐变薄的趋势。

3.2.2.3　珠江三角洲西、北部地区

珠江三角洲的西、北部地区，主要指三水盆地、肇庆市东的新兴江冲积平原、流溪河平原。其中，三水盆地地形平坦，软土为淤泥和淤泥质黏土，属三角洲相沉积淤泥或淤泥质土。一般分两层，上层为灰黑色流塑状的淤泥，厚度为 2～7 m，少数低洼部位达到 9～11 m；下层软土为淤泥质黏土，厚度为 2～5 m，局部地段缺失，两层软土间夹杂厚 5～10 m 的亚黏土或亚砂土。

新兴江冲积平原地形开阔平坦，略微向南东倾斜，地面标高 6.1～7.8 m，软土分布广泛，其厚度和底面埋深变化较大，属三角洲相沉积淤泥或淤泥质土。一般软土厚 0.5～15 m，底面埋深 2.0～16.1 m。局部有厚薄不均的双层软土分布，有尖灭再现现象。软土为淤泥及淤泥质土，上覆盖层主要为亚黏土、亚砂土、细砂、粗砂等，局部为筑填土及粉砂，下卧层为亚黏土，局部为粗砂、全风化砂岩和强风化含砾砂岩。而肇庆市白诸镇以西为低缓丘陵，地形起伏较大。软土断续分布于山间洼地和谷地，厚度较薄，局部地段厚度分布较厚，变化较大，软土以沼泽相沉积，主要为淤泥及淤泥质亚黏土，局部为泥炭土和淤泥质粉细砂，软土厚 0.3～8.0 m，底面埋深 6.14～18.0 m。

流溪河平原在不同深度范围断续分布着 1～2 层的淤泥、淤泥质土或软塑状的黏性土。软土通常呈青灰色、灰色或灰黑色，为软塑或流塑状态，局部夹有泥炭和腐木，为河滩相、沼泽相等沉积。一般软土平面分布不均，面积较小，厚度小于 10 m 且不连续。软土的形态以层状、带状或透镜体状为主，夹杂粉细砂层和泥炭等有机质。

3.2.2.4　珠江三角洲中部地区

珠江三角洲中部地区，主要是指广州市区、佛山、番禺、中山以北江门以东的地区，该区域软土地基普遍存在。其基本趋势为：软土分布由西北往东南逐渐增厚，西北部广佛高速的软土层厚度一般小于 5 m，而本区东南部的中江、京珠高速灵山试验段软土厚超过 20 m；靠近河涌部位软土层较厚，地层下一般也有两层

软土分布，上层为第二次海侵的三角洲相沉积物，软土主要为淤泥和淤泥质土且夹杂透镜体或条带状砂，并含有牡蛎、贝壳；下层软土为第一次海侵的沉积物，一般为淤泥质黏土，局部含有腐木。两层软土之间为黏土、亚黏土或砂，为海退时期原沉积物受风化而在原有母质基础上发育成的“花斑黏土”或河流相沉积物。

总而言之，珠江三角洲软土分布十分广泛，历史上发生过两次大规模的海侵，在河海相互作用下，软土的沉积呈现阶段性和多样性的特点，滨海环境下的浅海相、三角洲相、溺谷相，陆地环境下的河湖相、谷地相均有发育。

3.2.3 珠江三角洲软土与长江三角洲软土地质成因比较

由于各地区软土，其形成过程中都受多种成因作用，因此软土地貌类型也是多种成因交错，各软土的土性特征(微观结构、粒度成分以及矿物成分)自然有所差异，在宏观土层分布表现上也各有不同。表 3-1 所示为珠江三角洲与长江三角洲代表区域软土地质成因情况。

表 3-1 珠江三角洲与长江三角洲代表区域软土地质成因情况

地区	地质成因	土层分布特征
广州	第四纪在江水与海潮复杂交替作用下形成的三角洲相软土	沿层理面夹有薄层粉细砂，土质均匀性较差，垂直向上厚度变化不均，干后呈薄饼状散开
深圳	第四纪在河、海动力作用下形成的滨海相、河流相软土	淤泥层夹杂薄层粉砂，平面分布不规则，厚薄不均，有机质含量较高
上海	第四纪在江、河、湖和海动力作用下形成的三角洲相软土	条带状结构，中间夹薄层粉砂，间断而不连续，多呈透镜体，厚薄不均
宁波	第四纪早中期以陆相与海相交互形成的滨海相软土	淤泥层含粉细砂土层，平面上有所差异，垂直向具有明显的分选性

由表 3-1 可知，两三角洲各地软土的地质成因存在差异，致使土层特征存在区别。如上海地处长江三角洲东南前缘，属三角洲冲积平原，软土层在滨海相陆域层位分布稳定，仅在黄浦江、苏州河沿线，受河道侵蚀淤积影响，局部区域第③层淤泥质粉质黏土层缺失或变薄。岩性基本为上部第③层淤泥质粉质黏土，下部第④层淤泥质黏土。软土层呈条带状结构，中间夹薄层粉砂，间断而不连续，多呈透镜体，厚度不均，大部分地区软土层层顶埋深在 4.0 m 左右，土层厚度一般在 10～20 m。

相比之下，广州软土虽同为第四纪海相沉积层，但由于在复杂的海侵、海退与江水的共同作用下，经历了沉积、冲刷、再沉积的反复作用过程，构成广州地区的复杂地层，使得其土层的均匀性极差，平面分布不规则，沿层理面夹有薄层粉细砂，垂向上厚度变化不均，存有夹层或透镜体的特点，土层最厚可达五十余

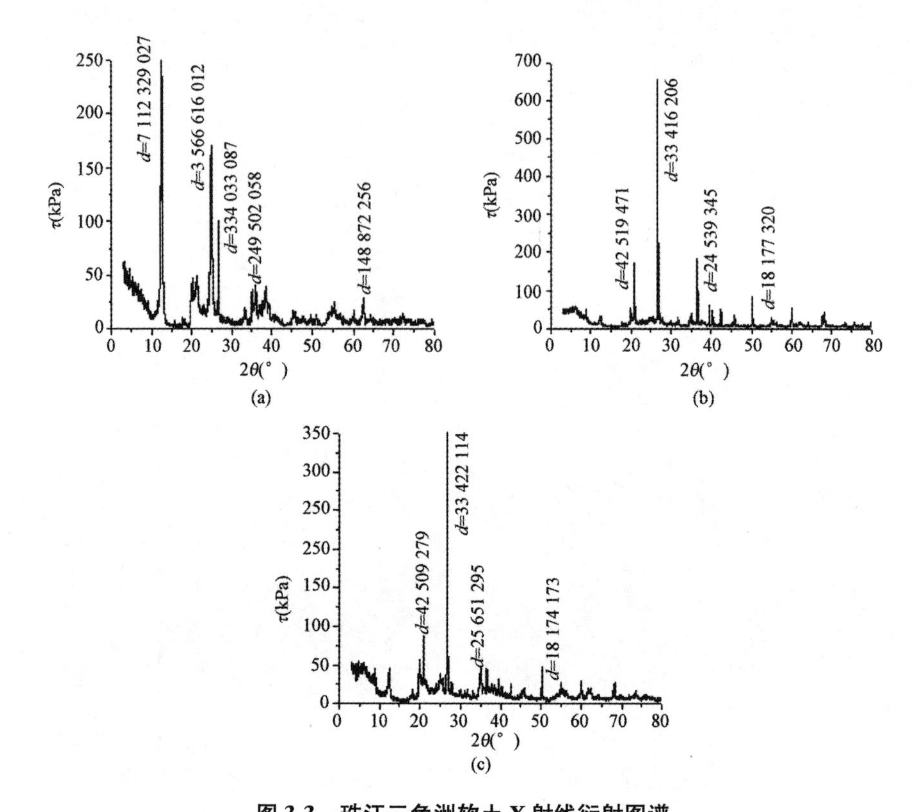

图 3-3　珠江三角洲软土 X 射线衍射图谱

(a)金沙洲(JSZ)淤泥质黏土；(b)番禺(PY)淤泥；(c)深圳(SZ)淤泥质土

由表 3-2 及图 3-3 可知，珠江三角洲地区软土粗颗粒的造岩矿物主要为石英、云母、长石及少量绿泥石，软土中的黏土矿物成分以蒙脱石、高岭石、白云母为主。现就软土中几种典型的黏土矿物、非黏土矿物的特征进行简单分析。

(1)蒙脱石。蒙脱石[$2Al_2(Si_2O_{10})(OH)_2 \cdot nH_3O$][图 3-4(a)]的相邻晶胞之间的距离较大，层间键是由范德华力和平衡结构所缺电荷的阳离子形成的，这些键是弱键，连接较弱，水分子易渗入，能形成较细的黏粒，因此比表面积较大，总比表面积可达 700～840 m²/g，亲水性较强，膨胀性显著，能吸附相当厚的结合水膜，在法向应力作用下颗粒间主要由强度较低水膜连接而缺少直接接触点，故压缩性较高，抗剪强度较低。

(2)高岭石。高岭石[$Al_2Si_2O_5(OH)_3$][图 3-4(b)]由于具有氧同氢氧基或氢氧基同氢米歇尔氧基的面对面层，这就导致层次间的氢键结合和范德华力结合，形成强的结合键，水分子不能自由地渗入，因此，能形成较粗的黏粒，比表面积小，总比表面积为 10～20 m²/g，亲水性弱，压缩性较低，抗剪强度较大。

(3)白云母。白云母[$(KiSiAl) \cdot Mg \cdot O_{10}(OH)_2$][图 3-4(c)]的工程性质介于高岭石与蒙脱石之间，由此可知，黏土矿物对土的工程性质的影响是矿物种类及含量比例关系综合影响的结果。

(4)石英。石英[SiO_2][图 3-4(d)]是无机矿物质，常含有少量杂质成分，如 Al_2O_3、CaO、MgO 等，为半透明或不透明的晶体，一般为乳白色，质地坚硬，其物理性质和化学性质均十分稳定。

图 3-4　软土中典型的黏土矿物与非黏土矿物

(a)蒙脱石；(b)高岭石；(c)白云母；(d)石英

由表 3-2 可知，典型珠江三角洲软土中黏土矿物的含量均超过 50%(金沙洲淤泥质黏土除外，为 43.4%)，其中蒙脱石含量最高的是三水淤泥，含量达 28.9%，蒙脱石含量最低的珠海淤泥，也有 18.4%，而蒙脱石是吸水性极强的黏土矿物，一旦土中具备了这种成分，土的含水量将急剧上升。由此可知，高蒙脱石含量是导致珠江三角洲淤泥高含水量的重要原因之一。

3.3.1.2　矿物成分对土体液、塑限的影响分析

液限、塑限和缩限是描述黏性土的物理状态改变的三个界限含水量，其中限定黏性土可塑状态范围的液限和塑限在实际应用中非常重要，是黏性土物理特性的重要指标之一。为了研究珠江三角洲软土矿物成分与土体液塑限的关联性，现取天然软土矿物成分测试中含量较高的黏土矿物(蒙脱石、高岭石)和非黏土矿物(石英、长石)进行液塑限测试，并将其与天然软土的液限、塑限测试结果一并列于表 3-3 中。

表 3-4　珠江三角洲地区软土的颗粒尺度分布试验结果

土样名称	颗粒组成(%)			
	黏粒 <0.002 mm	黏粒 0.002～0.005 mm	粉粒 0.005～0.05 mm	砂粒 0.05～2 mm
南沙软土	22.8	34.3	31.8	11.1
广州金沙洲软土	18.9	21.1	45.5	14.5
广州大学城软土	24.0	24.9	40.2	10.9
广州番禺软土	22.1	30.5	31.4	16.0
深圳皇岗口岸软土	39.5	25.7	20.6	14.2
深港西部通道软土	48.1	29.3	19.5	3.1
湛江软土	26.0	23.0	35.8	15.2

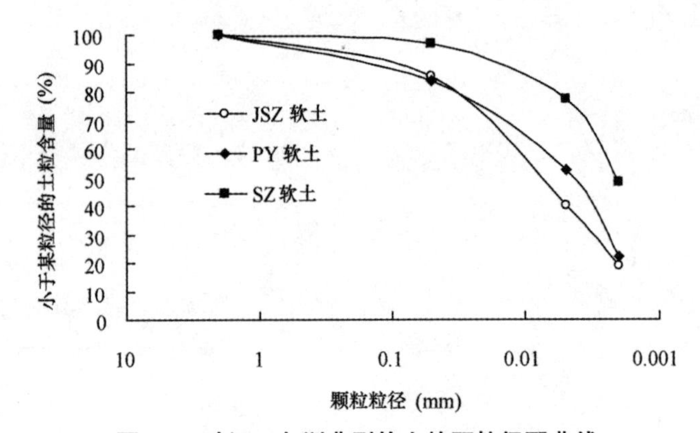

图 3-6　珠江三角洲典型软土的颗粒级配曲线

从表 3-4 和图 3-6 可知，比较广州软土(JSZ 软土、PY 软土)与深圳软土(SZ 软土)，广州软土中粉粒含量比深圳软土要高，而黏粒含量较低，因此广州软土的吸水能力相对要弱，土的渗透性较好，其工程特性相对于深圳软土也要好一些。

3.5　珠江三角洲软土的微观特征分析

珠江三角洲近代环境下沉积的软黏土由于受沉积环境的影响，以高孔隙性和结构连接、排列(黏土矿物之间的连接、黏粒与粉粒之间的连接和排列)为主要特征。故其工程性质差，具有较强的结构性，受扰动后结构遭到破坏，使强度大幅下降，与天然土强度相差较大，直接影响到工程的稳定性。因此，在软土地基上修建工程，必须考虑软土微结构破坏给工程带来的极大影响，尽量减少对原状软黏土的扰动。

3.5.1　珠江三角洲软土微观结构特征分析

用环境扫描电镜，获得珠江三角洲地区有代表性的软土天然状态下的近百张结构照片后，经过归类、筛选，将其在天然状态下的微观结构大致划分为以下 5 个类型：蜂窝状结构、絮状结构、海绵状结构、骨架状结构、凝块状结构等，图 3-7 即为珠江三角洲地区几种典型的软土微观结构照片。同时，天然土中往往带有裂隙[图 3-7(f)]。

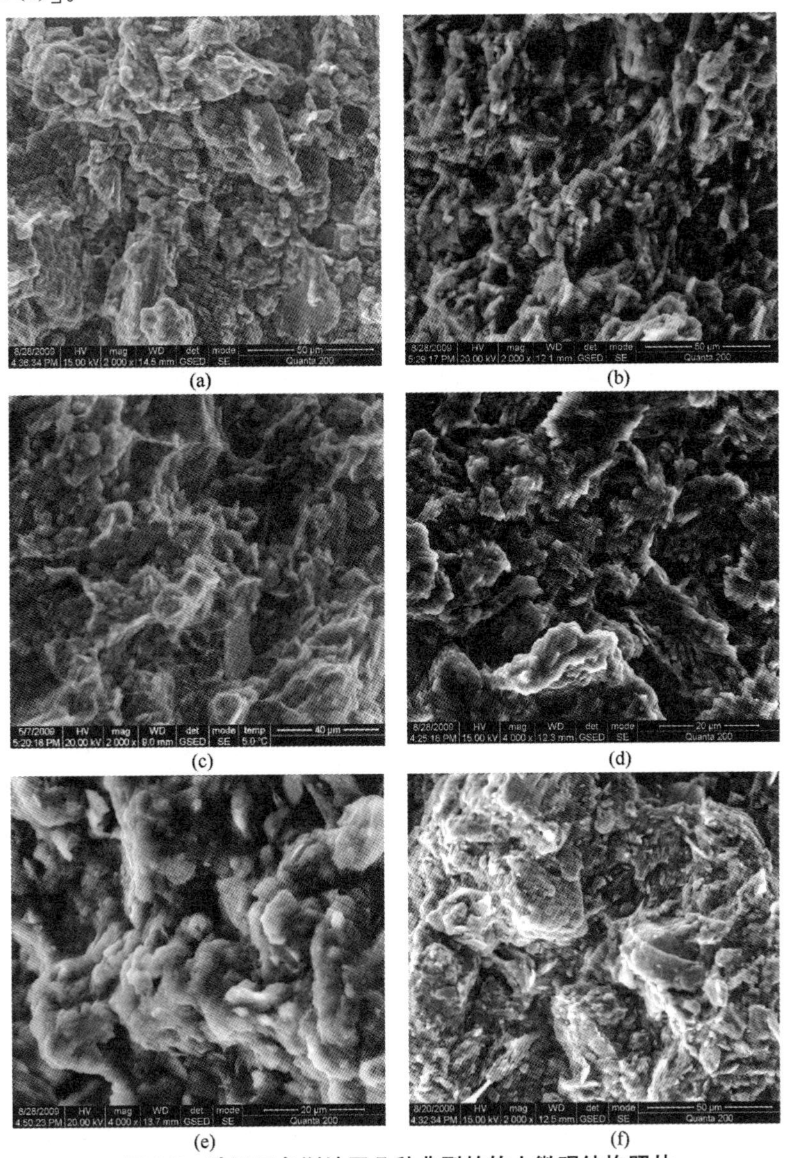

图 3-7　珠江三角洲地区几种典型的软土微观结构照片

(a)蜂窝状结构；(b)絮状结构；(c)海绵状结构；
(d)骨架状结构；(e)凝块状结构；(f)结构中的裂隙

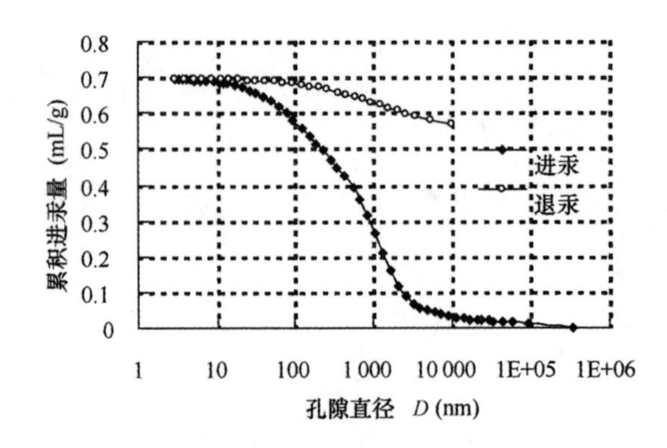

图 3-9　累积进汞量—孔径分布曲线(典型软土—PY 软土样)

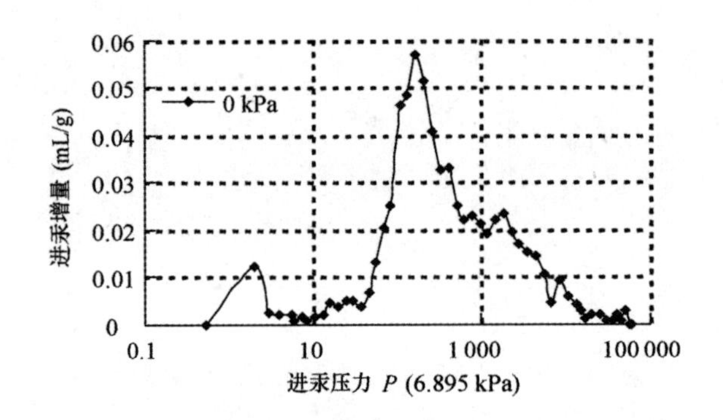

图 3-10　进汞增量—压力分布曲线(典型软土—PY 软土样)

由图 3-10 可知，珠江三角洲软土的大孔隙(团粒间孔隙)与超微孔隙(颗粒内孔隙)的数量较少，天然软土孔隙以中、小孔隙居多，即以团粒内孔隙、颗粒间孔隙为主，孔隙结构参数的详细分析可见第 5 章。

3.5.2.2　孔隙尺度分布对渗透性影响测试

为研究孔隙尺度分布对软土渗透性的影响，对两组软土试样(孔隙比相同而孔隙分布特征不同)进行渗透试验，测试结果见表 3-5。

表 3-5　孔隙尺度分布对渗透性影响测试

序号	样品成分	孔隙比	孔隙尺度分布(%)					渗透系数 $k/(\times10^{-7}\mathrm{cm\cdot s^{-1}})$
			大孔隙	中孔隙	小孔隙	微孔隙	超微孔隙	
1	PY 重塑样	1.52	10.9	22.8	46.8	17.3	2.2	5.71
2	SZ 重塑样	1.52	3.5	12.3	33.9	41.2	9.1	3.83

由表 3-5 可知，在孔隙比相同但孔隙尺度分布不同的情况下，软土的渗透性出现明显差异。番禺(PY)重塑样以中小孔隙为主，大孔隙的比分也占到 10.9%，渗透系数为 5.71×10^{-7} cm/s；而深圳(SZ)重塑样以小、微孔隙为主，大孔隙的比分只有 3.5%，故渗透性只有前者的 2/3 左右。这说明大、小、微孔隙对渗透性产生不同效应，大孔隙连通性好，利于渗流，微孔隙连通性低且受结合水膜阻碍使渗透性变差，因此可知，孔隙尺度和分布(大小孔隙比例)对渗流固结影响显著。

3.6　珠江三角洲软土工程性质分析

珠江三角洲软土形成的地质水文因素、物质因素和结构性因素等共同决定了该区域软土的工程性质。珠三角的软土比天津、江浙、福建等地的软土的含水量 w_0 和孔隙比 e_0 都要高，也就是说，广州黄埔、深圳河、深圳机场、番禺、佛山、顺德、中山、斗门、肇庆南岸的软土，特别是围垦筑堤的软土是国内报道过的工程问题中最软的土[205]。

3.6.1　典型软土的物理力学指标统计

表 3-6 所示为按区域划分的珠江三角洲地区典型软土物理、力学性质指标(部分)，表 3-7 所示为其指标统计结果(样本数 147)。经分析，将珠三角软土的工程性质概括如下：

(1)天然含水量高。各类软土的天然含水量为 40.1%～152%，其中淤泥、淤泥质土的含水量一般为 50%～80%，液限一般为 35.6%～93.9%。天然含水量一般大于液限，多属于流动状态。

(2)天然密度小、孔隙比大。天然湿密度变化范围一般在 1.43～1.92 g/cm^3，均值 1.56 g/cm^3，大多在 1.3～1.74 g/cm^3，干密度变化范围在 0.43～1.36 g/cm^3，均值 0.92 g/cm^3。天然孔隙比大于 1.0，变化范围在 1.01～4.52。可见，软土密度较小，孔隙比较大，对建筑工程的沉降影响较大。

(3)压缩性高。各类软土的压缩系数 a_{1-2} 大多在 0.5～3.5 MPa^{-1}，其中淤泥、淤泥质土的压缩系数 a_{1-2} 一般为 0.7～1.5 MPa^{-1}，最大可达 4.5 MPa^{-1}，且随含水量、孔隙比、液限的增大而增大，此类高压缩性软土受力后沉降较大。

(4)抗剪强度低。软土的抗剪强度与排水固结条件、加载速度密切相关。直剪快剪的内摩擦角变化范围为 0.7°～14.1°，平均为 6.5°，黏聚力为 0.6～18.1 kPa，主要集中在 5～15 kPa。抗剪强度低是影响地基承载力和边坡失稳的主要原因，因此在珠三角地区软土地基修筑路堤、土坝、油罐以及深基坑开挖等工程，都需要进行软土地基处理或基坑支护。

续表

地区	软土名称	含水量	天然密度	孔隙比	液性指数	压缩系数	固结系数		渗透系数		快剪		慢剪		工程名称(地点)
							垂直	水平	垂直	水平	黏聚力	内摩擦角	黏聚力	内摩擦角	
		w	ρ	e	I_L	a_v	C_v $\times 10^{-3}$	C_H $\times 10^{-3}$	k_v $\times 10^{-6}$	k_H $\times 10^{-7}$	c_u	φ_u	c_{cu}	φ_{cu}	
		%	$g \cdot cm^{-3}$	/	/	MPa^{-1}	$cm^2 \cdot s^{-1}$	$cm^2 \cdot s^{-1}$	$cm \cdot s^{-1}$	$cm \cdot s^{-1}$	kPa	°	kPa	°	
珠江三角洲南部地区	淤泥	57.4	1.66	1.52	2.6	1.31	—	—	—	—	5.37	4.5	—	—	江门新礼大桥(江门礼乐镇)
	淤泥	80.5	1.52	2.04	—	2.3	0.84	—	5.84	—	—	—	—	—	深圳机场
珠江三角洲西部、北部地区	淤泥	56.1	1.61	1.58	1.46	1.15	0.86	4.25	1.18	6.35	4.6	4.39	12.09	16.21	广梧高速马安段(肇庆马安镇)
	淤泥	62.28	1.65	1.75	1.66	1.31	0.95	5.65	0.87	4.55	3.26	3.59	8.99	14.14	广梧高速马安段(肇庆马安镇)
	淤泥	65.91	1.53	1.89	1.83	1.46	0.91	4.51	2.27	8.38	4.41	4.11	8.88	15.62	广梧高速马安段(肇庆白诸镇)
	淤泥质粉质黏土	48	—	1.328	1.59	0.66	—	—	—	—	9.5	7.3	—	—	广梧高速河口段(云浮市思劳镇)
	淤泥质粉质黏土	43.97	—	1.21	2.86	0.79	—	—	—	—	8.7	7.9	—	—	广梧高速河口段(云浮市思劳镇)
	淤泥	87	—	2.25	—	3.01	0.45	—	—	—	4.2	3.3	—	—	广三高速公路试验段(三水区西南桥)
	泥炭土	152	1.43	3.899	2.33	—	—	—	—	—	2.1	3.4	—	—	广肇高速肇庆段

续表

地区	软土名称	含水量	天然密度	孔隙比	液性指数	压缩系数	固结系数		渗透系数		快剪		慢剪		工程名称(地点)
							垂直	水平	垂直	水平	黏聚力	内摩擦角	黏聚力	内摩擦角	
		w	ρ	e	I_L	a_v	C_v $\times10^{-3}$	C_H $\times10^{-3}$	k_v $\times10^{-6}$	k_H $\times10^{-7}$	c_u	φ_u	c_{cu}	φ_{cu}	
		%	$g\cdot cm^{-3}$	/	/	MPa^{-1}	$cm^2\cdot s^{-1}$	$cm^2\cdot s^{-1}$	$cm\cdot s^{-1}$	$cm\cdot s^{-1}$	kPa	°	kPa	°	
珠江三角洲中部地区	淤泥	86.8	1.48	2.376	1.83	2.53	—	—	0.69	8.31	3.5	2.7	—	—	万科金沙洲居住小区一期(广州金沙洲)
	淤泥	89.8	1.43	2.23	1.80	2.63	—	—	0.66	8.21	5.5	2.15	—	—	万科金沙洲居住小区二期(广州金沙洲)
	淤泥	61.2	—	1.62	2.92	1.47	0.99	—	—	—	10.8	10.9	13.8	17.7	佛山市谢边立交(佛山市谢边)
	淤泥	47.7	1.72	1.318	2.29	0.89	—	—	—	—	5.2	1.4	—	—	北滘至乐从公路主干线(佛山市北滘镇)
	淤泥质粉质黏土	49.3	1.66	1.42	1.33	1.01	—	—	1.94	18.3	6	4.7	—	—	万科顺德新城区住宅楼(佛山顺德新城区)
	淤泥	115.11	1.43	3.15	2.26	2.82	—	—	—	—	3.17	1.75	—	—	华南新城住宅楼(番禺区南村镇)
	淤泥	77.63	1.65	1.95	2.19	2.08	0.19	0.17	—	—	5.81	2.58	—	—	南沙亭角立交(番禺南沙亭角)
	淤泥质粉质黏土	53.2	—	1.367	1.87	1.07	4.65	4.96	2.36	—	13.2	11.7	—	—	京珠高速灵山段(番禺灵山)

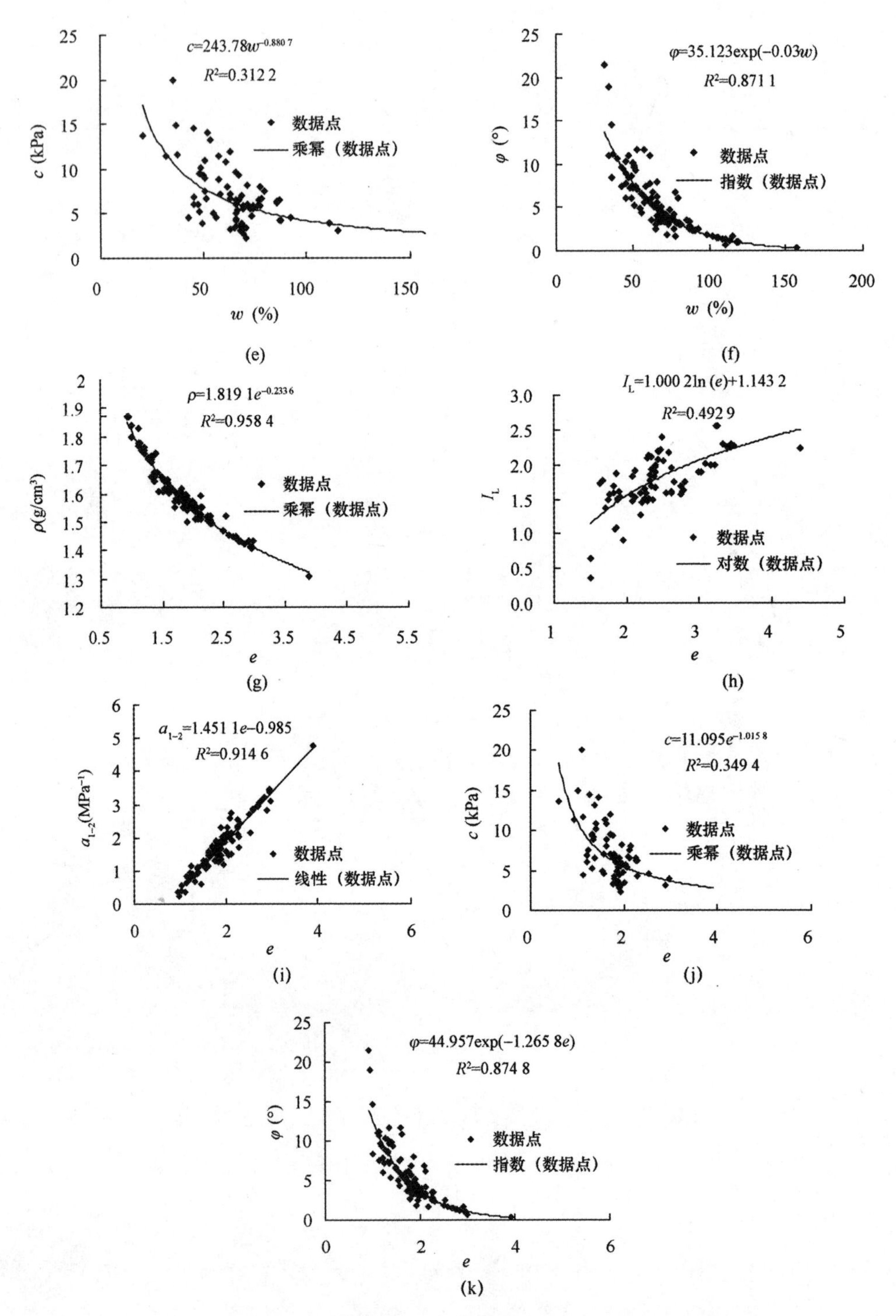

图 3-11　珠江三角洲地区软土物理力学性质指标的拟合结果(续)

(e) $w—c$；(f) $w—\varphi$；(g) $e—\rho$；(h) $e—I_L$；

(i) $e—a_{1-2}$；(j) $e—c$；(k) $e—\varphi$

表 3-8　珠江三角洲地区软土的物理力学性质指标统计关系

样本数	自变量	因变量	回归方程	方程类型	相关系数平方 R^2	统计量 F
147	w	e	$e=0.0238w+0.189$	线性函数	0.986 9	10 999.0
147	w	ρ	$\rho=3.8979w^{-0.2129}$	乘幂函数	0.976 8	6 147.1
147	w	I_L	$I_L=0.9158\ln(w)-2.1187$	对数函数	0.495 9	143.6
136	w	a_{1-2}	$a_{1-2}=0.0351w-0.7485$	线性函数	0.933 8	2 003.0
132	w	c	$c=243.78w^{-0.8807}$	乘幂函数	0.312 2	59.0
132	w	φ	$\varphi=35.123\exp(-0.03w)$	指数函数	0.871 1	878.5
140	e	ρ	$\rho=1.8191e^{-0.2336}$	乘幂函数	0.958 4	3 363.6
140	e	I_L	$I_L=1.0002\ln(e)+1.1432$	对数函数	0.492 9	141.9
136	e	a_{1-2}	$a_{1-2}=1.4511e-0.985$	线性函数	0.914 6	1 520.8
132	e	c	$c=11.095e^{-1.0158}$	乘幂函数	0.349 4	69.8
132	e	φ	$\varphi=44.957\exp(-1.2658e)$	指数函数	0.874 8	908.3

注：统计量 $F=R^2(n-k-1)/[(1-R^2)k]$，其中 n 是样本容量，k 是变量数；F 为服从 $F(1, n-2)$ 的分布，$\alpha=0.02$。

学术界对土体天然密度、含水量、土体黏聚力、内摩擦角之间的关系正进行大量的研究[206~208]，但各地区土的物理力学性质有着较大差异。由图 3-11 可知，珠江三角洲软土的含水量与孔隙比、含水量与压缩系数、孔隙比与压缩系数的线性关系较好，在实际工程中可以按照含水量的大小来估算软土的孔隙比，其他各参数也可利用回归方程得出。由表 3-8 的统计关系结果显示，相关系数值越接近 1，其相关性越好。以孔隙比和含水量作为自变量，与其他物理力学性质指标的参数进行相关性分析，相关性结果显示：

(1)含水量与孔隙比。根据表 3-8，软土的饱和度均值为 0.987，近似为 1，土中孔隙充满孔隙水，因此对于饱和土体，孔隙所占体积越大，含水量也就越大，饱和土体孔隙比与含水量应呈线性关系。从图 3-11(a)软土含水量与孔隙比的关系曲线看出，软土含水量与孔隙比线性拟合程度非常高，其关系式为

$$e=0.0238w+0.189 \tag{3-5}$$

当土体饱和时($S_r=1$)，土粒相对密度 $G_s=e/w$，由于土粒相对密度(即直线斜率)变化幅度很小，因此对于珠三角地区的淤泥质饱和黏土，可以比较简便迅速地

孔隙水)、颗粒特征及微观特征等区域特性进行分析，并研究区域软土特殊工程特性的微细观机理。现将主要观点归纳如下。

(1)与长江三角洲一带软土相比，珠江三角洲软土由于两次大规模的海侵、海退，在河、海相互作用下，软土的沉积类型具有多样性和阶段性的特点，独特的地质、地理成因(江水与海潮复杂交替)而形成软土的区域性特性，使珠江三角洲软土成为全国所报道过的工程中遇见的最软的软土。通过归纳珠三角软土的区域分布特征，得出珠江三角洲东、南、西北、中四个分区软土的分布范围和基本特征。

(2)珠江三角洲软土的主要矿物成分为蒙脱石、高岭石、白云母、石英、长石等，其中典型珠江三角洲软土中黏土矿物的含量均超过 50%。黏土矿物试样(蒙脱石和高岭石)的液塑限与塑性指数要明显高于非黏土矿物(石英和长石)试样，其顺序从大到小依次为蒙脱石、高岭石、长石和石英。天然软土中黏土矿物含量较多，非黏土矿物含量较少，其液塑限与塑性指数就较大；同时，本地区软土还富含腐殖质和泥炭，有机物含量高，导致土的亲水性、可塑性较高，压缩性大、透水性及抗剪强度较低。

(3)由颗粒尺度分布试验可知，珠江三角洲软土中主要含黏粒和粉粒，两者含量总体在 84%以上，广州地区软土中粉粒含量比深圳软土要高，而黏粒含量较低，与比表面积测试结果吻合。这说明土颗粒的粒径与比表面积成反比，细颗粒含量越多，土的总比表面积越大，反之就越小。因此广州软土的吸水能力较弱，土的渗透性较好，其工程特性较深圳软土要好些。

(4)通过珠江三角洲软土 ESEM 照片的归类、筛选，将其在天然状态下的微观结构大致划分为蜂窝状结构、絮状结构、海绵状结构、骨架状结构、凝块状结构。同时还发现，天然软土中往往带有裂隙，说明珠江三角洲软土的高孔隙性和不稳定的结构连接和排列是导致土体强度低的主要原因。

(5)从孔隙尺度分布角度来看，珠江三角洲软土的大孔隙(团粒间孔隙)与超微孔隙(颗粒内孔隙)的数量较少，天然软土孔隙以中、小孔隙居多，即以团粒内孔隙、颗粒间孔隙为主。研究发现，孔隙比相同但孔隙尺度分布不同的软土试样，其渗透性出现明显差异，说明大、小、微孔隙对渗透性产生不同效应，大孔隙连通性好利于渗流，微孔隙连通性低且受结合水膜阻碍使渗透性变差，因而孔隙尺度和分布(大小孔隙比例)对渗流固结影响显著。

(6)整理归纳出较全面、系统的珠江三角洲地区软土工程特性数据，其含水量一般在 40.1%～152%；孔隙比一般大于 1.0，最大为 4.52 左右；压缩系数一般在 0.5～3.5 MPa^{-1}，最大可达 4.5 MPa^{-1}；直剪快剪试验的黏聚力为 5～15 kPa 居多，平均内摩擦角 6.5°；垂直渗透系数在$(0.19\sim23.2)\times10^{-6}$ cm/s 之间；灵敏度平均为 5.2，最大可达 8.5，属于中、高灵敏土。

(7)进行了以含水量 w、孔隙比 e 为自变量，其他物理力学参数为因变量的相关性分析，发现天然软土的含水量 w 与孔隙比 e、含水量 w 与压缩系数 a_{1-2}、孔隙比 e 与压缩系数 a_{1-2} 之间的线性关系较明显，通过回归方程估算珠江三角洲地区软土的一些物理力学参数，并利用“偏度、峰度检验法”研究软土的物理力学指标的分布规律，以此确定软土的参数取值，对软土工程开展可靠性分析有重要的意义。

b 轴或 c 轴的柱状或厚板状晶体，两者并不具有黏土矿物的片、层状结构，而以粒状为主，故总比表面积均较小。

表 4-2　珠江三角洲天然软土总比表面积的 EGME 测试结果

试样成分	铝盒 W_0/g	铝盒＋干样 W_1/g	铝盒＋干样＋吸附的 EGME W_2/g	总比表面积	
				$S_s/(m^2 \cdot g^{-1})$	$\overline{S}_s/(m^2 \cdot g^{-1})$
南沙淤泥	8.313 2	9.317 6	9.345 5	94.5	92.8
	8.596 1	9.592 8	9.619 8	92.2	
	9.023 3	10.021 6	10.048 5	91.7	
金沙洲淤泥质黏土	8.678 9	9.684 8	9.713 5	97.0	97.4
	9.027 1	10.031 2	10.059 5	95.8	
	8.593 5	9.595 6	9.624 9	99.3	
番禺淤泥	8.563 4	9.561 6	9.587 4	88.1	89.1
	8.954 1	9.952 0	9.978 3	89.8	
	8.953 2	9.952 5	9.978 7	89.3	
深圳淤泥质土	8.322 7	9.328 9	9.363 2	115.3	115.5
	9.027 7	10.031 5	10.065 6	114.9	
	8.696 3	9.698 3	9.732 8	116.4	

由表 4-2 可见，珠江三角洲各地软土的总比表面积在 89.1～115.5 m^2/g，平均值为 98.7 m^2/g。总体来说，南沙、金沙洲、番禺等广州地区软土的总比表面积较深圳地区比表面积略小。从矿物成分的角度来看，即软土中黏土矿物(如蒙脱石)的相对含量越高，土样的总比表面积就越大，而非黏土矿物(石英和长石)的相对含量越高，软土样的总比表面积也就越小。对比广州番禺软土、深圳软土矿物成分(表 3-2)后发现，两者蒙脱石含量相当(26.5%和 25.1%)，但前者的高岭石、白云母含量较低，长石、石英的含量却远高于后者，故其比总表面积也较小，很好地说明了土颗粒的比表面积测试结果与其矿物成分的组成和含量结果相吻合。

4.2.3　矿物成分对软土强度的影响分析

软土中不同矿物成分因其颗粒特征不同，导致比表面积、表面微电场强度、结合水膜厚度及液塑性指标等均不同，进而影响软土的强度特性[213]。

珠江三角洲典型矿物的人工土样和天然软土样的快剪试验条件参数如表 4-3 所示。在快剪试验中每组试样 4 个，分别施加 100 kPa、200 kPa、300 kPa、400 kPa 的竖向压力，剪切速率为 0.8 mm/min，其中，人工土样以击样法制备，配制的含水量在塑限附近，天然软土为原状样。试样的直径和高度分别为 61.8 mm 和 20 mm，制样方法及快剪试验的操作步骤参考《土工试验方法标准》(GB/T 50123—1999)，保持试验过程中各试样的试验条件一致。图 4-1 所示为各组试样的快剪强度试验曲线，其具体数值列于表 4-4 中。

表 4-3　典型矿物的人工土样和天然软土样的快剪试验条件参数

试样成分	试样数量	干密度 $\rho_d/(g \cdot cm^{-3})$	孔隙比 e	液限 $w_L(\%)$	塑限 $w_P(\%)$	含水量 $w(\%)$
膨润土(主要成分为蒙脱石)	4	0.96	1.59	180.9	52.3	53.9
石英	4	2.23	0.88	16.8	11.1	12.7
番禺淤泥	4	1.36	2.06	42.6	22.9	74.1
深圳淤泥质土	4	1.34	1.52	45.1	19.8	58.3

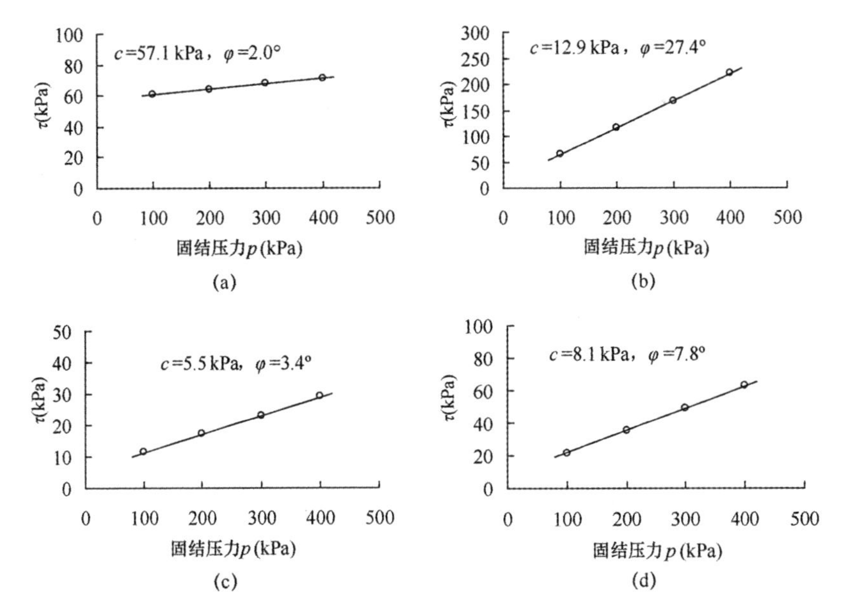

图 4-1　各试样的快剪强度试验曲线

(a)膨润土试样；(b)石英试样；
(c)番禺淤泥试样；(d)深圳淤泥质土试样

表 4-4　试样的抗剪强度及其强度指标

编号	试样成分	各级竖向压力下的抗剪强度 τ/kPa				快剪指标	
		100 kPa	200 kPa	300 kPa	400 kPa	c/kPa	φ (°)
ZJ1	膨润土(主要成分为蒙脱石)	60.2	64.9	67.2	71.1	57.1	2.0

加到 19.4%时，抗剪强度降低了 2.2%～7.9%；当含水量超过塑限达到液限时，试样强度出现大幅度下降，而广州粉质黏土在液限(w_L=28.5%)时的强度是含水量为 7.3%时的 37.2%～43.0%，南沙淤泥土在液限(w_L=41.6%)时的抗剪强度是含水量为 12.9%时的 29.9%～34.1%。分析认为，土颗粒之间充填的水在土体剪切过程中起到显著的润滑作用，改变了颗粒间的变形阻力，使土颗粒之间易于发生错动，引起宏观抗剪强度的降低。

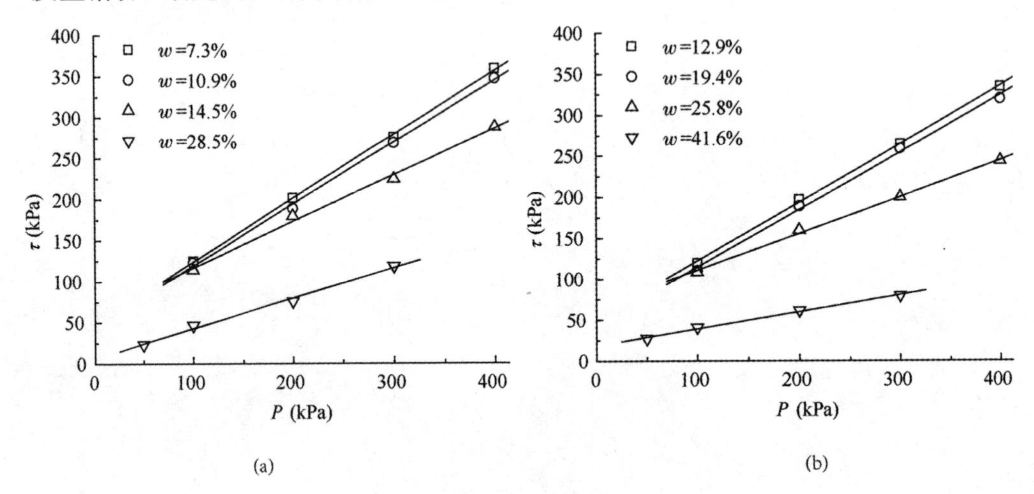

图 4-2　土样快剪强度试验曲线

(a)广州粉质黏土试样；(b)南沙淤泥土试样

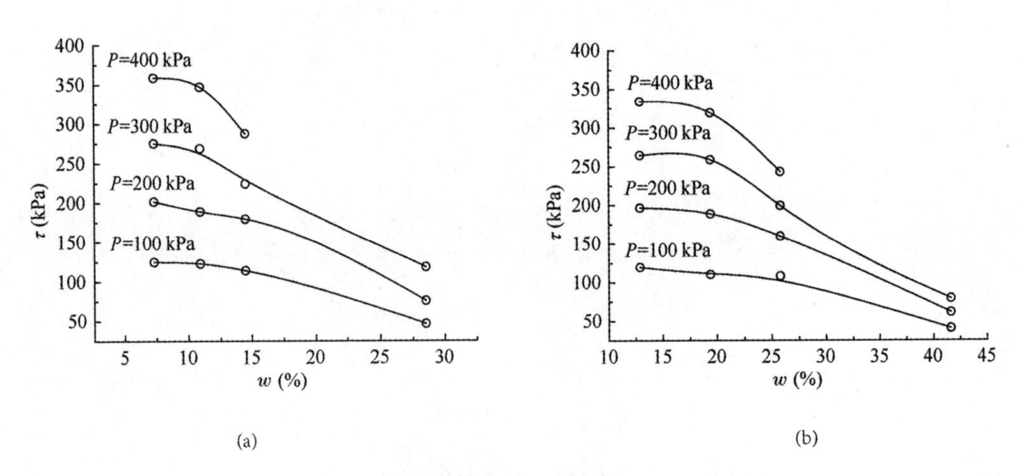

图 4-3　土样抗剪强度随含水量变化的关系曲线

(a)广州粉质黏土试样；(b)南沙淤泥土试样

(2)土体黏聚力随着含水量增大出现先增后减的变化趋势。两种土样的黏聚力在塑限以下稍有降低，在塑限附近出现峰值，之后黏聚力随着含水量继续增大急剧减小，如图 4-4 所示。两种天然土在液限附近时的黏聚力分别是各自峰值时的 9.8%和 28.1%。由于颗粒间的胶结与吸附作用提供黏性土的黏聚力，这两种作用的主导地位会随含水量的增加而逐步改变，并且在某一临界含水量时对黏聚力的贡献最大，含水量的持续增加反而会削弱这些作用致使黏聚力逐步丧失。

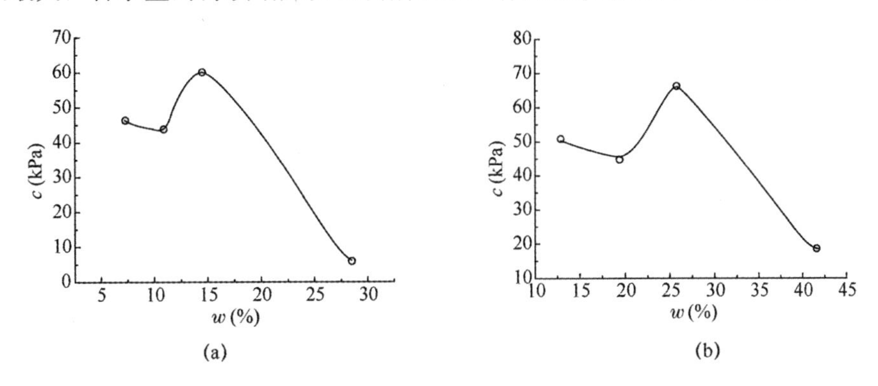

图 4-4　土样黏聚力随含水量变化的关系曲线

(a)广州粉质黏土试样；(b)南沙淤泥土试样

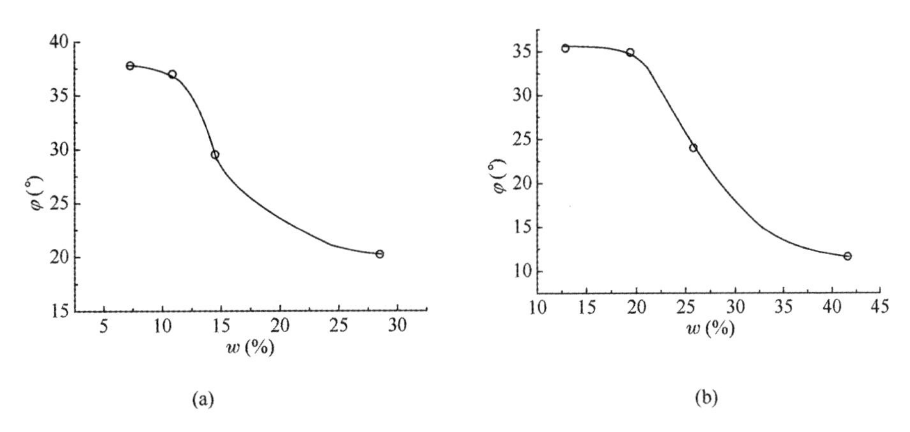

图 4-5　土样内摩擦角随含水量变化的关系曲线

(a)广州粉质黏土试样；(b)南沙淤泥土试样

表 4-6　两种试样的抗剪强度及其指标

编号	试样成分	含水量 w(%)	各级竖向压力下的抗剪强度 τ/kPa				快剪指标	
			100 kPa (50 kPa)	200 kPa (100 kPa)	300 kPa (200 kPa)	400 kPa (300 kPa)	c/kPa	φ(°)
ZJ5	广州粉质黏土	7.3	124.9	201.7	275.2	358.6	46.4	37.8
ZJ6		10.9	122.8	188.9	268.8	346.9	43.8	37.0

100 kPa、200 kPa、300 kPa 和 400 kPa 的固结压力，控制剪切速率为 0.8 mm/min。孔隙液的溶质为分析纯级 NaCl 颗粒，溶液浓度单位为摩尔浓度(mol/L)。制样方法为击样法，试样的直径和高度分别为 61.8 mm 和 20 mm，在试验前经抽气饱和处理。试验采用固结快剪法，试验仪器及操作步骤按照《土工试验方法标准》(GB/T 50123—1999)中的规定进行，各试样的试验条件保持一致。

表 4-7　各试样的主要指标参数

编号	试样成分	NaCl 溶液浓度 n /(mol・L^{-1})	试样数量	干密度 ρ_d/(g・cm^{-3})	孔隙比 e	含水量 w(%)
ZJ13	石英	0.0	4	2.23	0.87	18.1
ZJ14		8.3×10^{-3}	4	2.23	0.87	17.8
ZJ15		8.3×10^{-2}	4	2.23	0.87	18.4
ZJ16		8.3×10^{-1}	4	2.24	0.86	18.1
ZJ17	33.3%膨润土+66.7%高岭土	0.0	4	1.01	1.62	62.3
ZJ18		8.3×10^{-3}	4	1.00	1.63	63.9
ZJ19		8.3×10^{-2}	4	1.00	1.63	62.8
ZJ20		8.3×10^{-1}	4	1.00	1.66	63.0
ZJ21		2.0	4	0.99	1.63	62.2
ZJ22	膨润土	0.0	4	0.95	1.63	69.2
ZJ23		8.3×10^{-3}	4	0.94	1.64	68.8
ZJ24		8.3×10^{-2}	4	0.95	1.62	67.9
ZJ25		8.3×10^{-1}	4	0.94	1.64	68.3
ZJ26		2.0	4	0.95	1.63	65.4

4.4.2　试验结果及分析

图 4-6 所示为各试样的固结快剪强度试验曲线，在各级固结压力下将试样的黏聚力、内摩擦角及抗剪强度随孔隙液浓度的变化趋势如图 4-7、图 4-8 和图 4-9 所

示。具体值列于表 4-8 中。

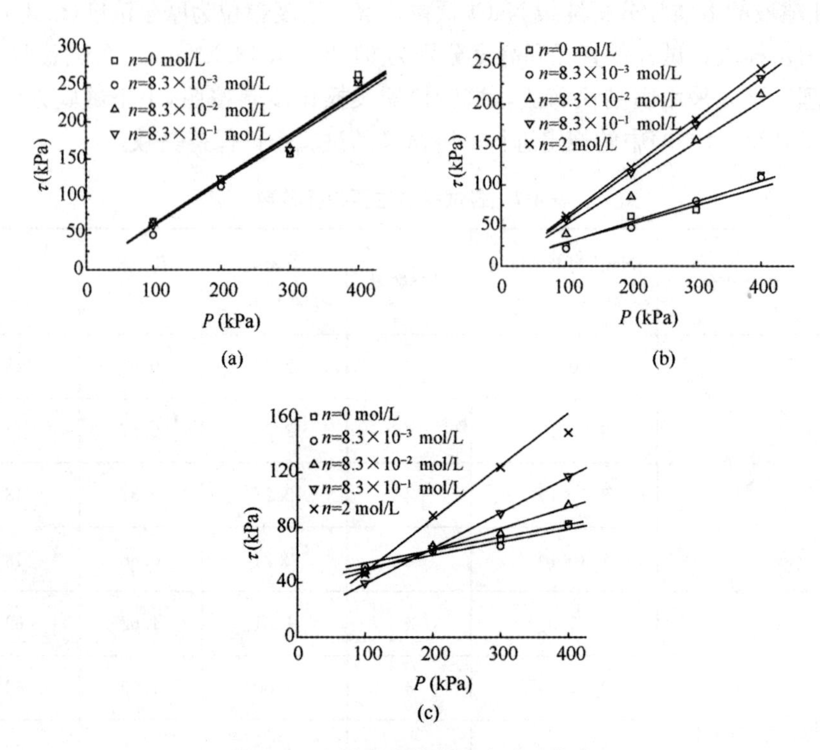

图 4-6　土样固结快剪强度试验曲线

(a)石英试样；

(b)33.3%膨润土+66.7%高岭土试样；

(c)膨润土试样

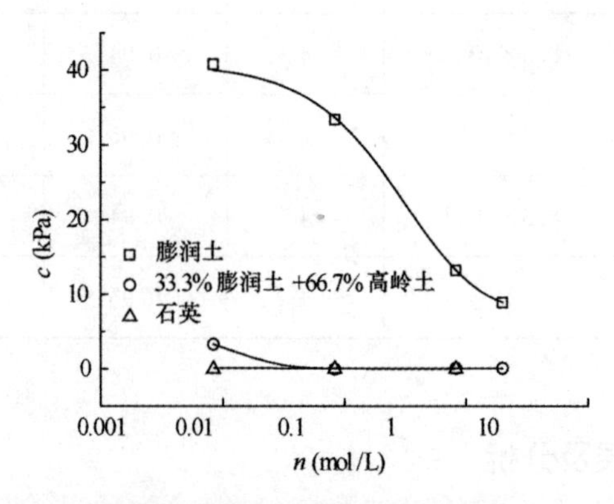

图 4-7　人工土试样的黏聚力随孔隙液浓度变化的关系曲线

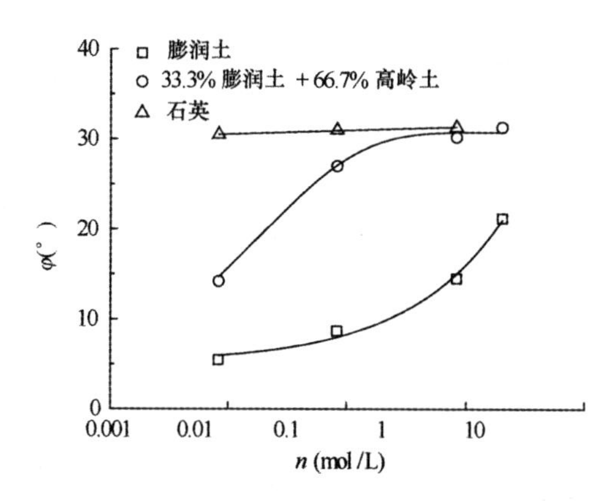

图 4-8　人工土试样的内摩擦角随孔隙液浓度变化的关系曲线

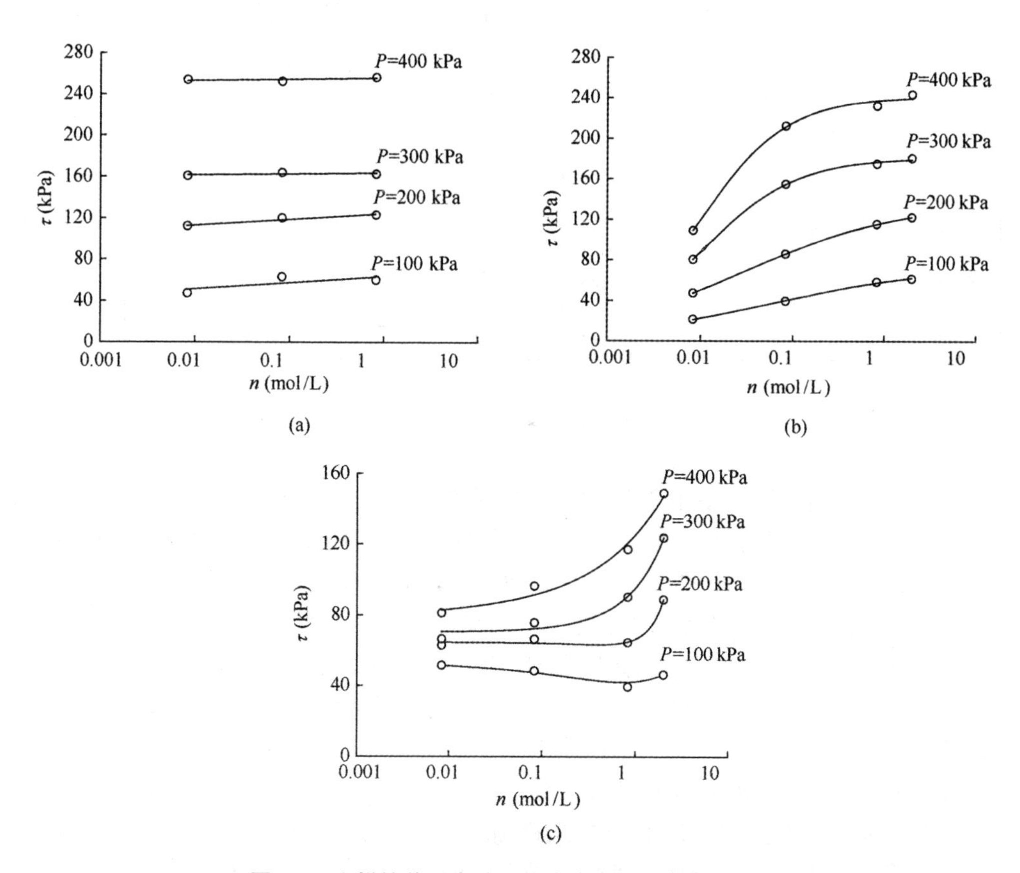

图 4-9　土样抗剪强度随孔隙液浓度变化的试验曲线

(a)石英试样；(b)33.3％膨润土＋66.7％高岭土试样；(c)膨润土试样

表 4-8　人工土试样的抗剪强度及其强度指标

编号	试样成分	孔隙液浓度 $n(\text{mol}\cdot\text{L}^{-1})$	各级固结压力下的抗剪强度 τ(kPa)				固结快剪指标	
			100 kPa	200 kPa	300 kPa	400 kPa	c/kPa	φ(°)
ZJ13	石英	0.0	66.3	118.8	158.1	264.1	0	31.5
ZJ14		8.3×10^{-3}	50.1	111.1	161.8	255.0	0	31.6
ZJ15		8.3×10^{-2}	64.0	121.2	165.1	253.4	0	31.1
ZJ16		8.3×10^{-1}	61.1	124.1	163.7	256.6	0	31.4
ZJ17	33.3%膨润土+66.7%高岭土	0.0	23.3	62.3	69.8	112.7	6.6	12.9
ZJ18		8.3×10^{-3}	22.6	48.3	81.5	110.2	3.3	14.3
ZJ19		8.3×10^{-2}	39.2	86.6	156.0	213.3	0.15	27.1
ZJ20		8.3×10^{-1}	59.5	116.7	176.1	233.4	0.13	30.3
ZJ21		2.0	62.5	123.4	181.6	244.7	0.12	31.4
ZJ22	膨润土	0.0	48.0	65.5	72.5	83.7	45.9	5.3
ZJ23		8.3×10^{-3}	52.4	63.9	67.5	82.1	40.9	5.6
ZJ24		8.3×10^{-2}	49.1	67.6	76.8	97.2	33.8	8.6
ZJ25		8.3×10^{-1}	39.6	65.8	91.6	118.2	13.3	14.4
ZJ26		2.0	47.3	88.9	124.8	150.1	9.0	21.1

从测试结果来看，不同孔隙液浓度试样的抗剪强度及其指标参数具有如下特点：

(1)各级固结压力下，孔隙液浓度变化对各人工土试样强度的影响存在显著差异。随着孔隙液浓度增大，由图 4-6(a)和图 4-9(a)分析可知，石英试样的强度基本保持不变；由图 4-6(b)和图 4-9(b)分析可知，混合土试样的抗剪强度表现为非线性增长，但随着孔隙液浓度增大其增长速度渐缓并趋于稳定；由图 4-6(c)和图 4-9(c)分析可知，膨润土试样的抗剪强度则出现非线性加速增长的趋势。

(2)由图 4-7 和图 4-8 可知，随着孔隙液浓度的提高，石英试样的黏聚力、内摩擦角等二个强度指标基本不随孔隙液浓度的变化而改变；膨润土试样的黏聚力则迅速降低，内摩擦角则迅速增大；33.3%膨润土+66.7%高岭土的混合土试样其黏聚力逐渐下降至 0 kPa，内摩擦角逐渐增大，总体上趋于稳定。

(3)研究表明，人工土的强度性状受孔隙液浓度的影响程度与其矿物成分密切相关，根据孔隙液浓度 $n=0\sim2$ mol/L 范围内人工土试样的强度变化趋势分析，可将石英、33.3%膨润土+66.7%高岭土的混合土和膨润土三种试样分别归类为非增长型、稳定增长型及快速增长型。

(4)根据图 4-7 的人工土试样黏聚力随孔隙液浓度变化的关系曲线，尝试从微细观角度分析孔隙液浓度对土体黏聚力的影响。孔隙液中的离子通过颗粒表面微电场改变结合水膜厚度，在饱和状态下，随着离子浓度的增加，结合水含量减少，即结合水膜变薄，而自由水含量相对增加，由吸附水中阳离子扩散导致的渗透压力(即土粒间排斥力)增加，静吸附力降低，颗粒趋于分散，宏观黏聚力表现为减小状态。因此，膨润土等黏土矿物由于颗粒微小能吸附很厚的结合水膜，则受孔隙液浓度变化影响比较明显，黏聚力的变化也越明显；反之，如石英等非黏土矿物的离子作用效果微弱，则黏聚力基本不受影响；而 33.3%膨润土＋66.7%高岭土组成的混合土，其离子作用居于两者之间，则黏聚力趋向稳定。

4.5　土体强度特性的微细观分析

4.2～4.4 节从矿物成分、含水量、孔隙液浓度 3 方面对人工土和天然软土进行强度特性影响试验，分析表明结合水是引起土体强度特性改变的重要物质因素之一。Gouy—Chapman 双电层理论指出[188]，结合水膜厚度的改变很大程度上与颗粒表面微电场有关。不同矿物成分、孔隙液离子浓度均会影响颗粒表面微电场的强弱，从而引起结合水膜发生变化，含水量在某种程度上能表征结合水膜的厚度。下面从微细观角度对影响土体强度特性的物理化学机制进行初步分析。

4.5.1　结合水性质与微电场强度的关系分析

当土体处于干燥状态时，阳离子被固定在带负电的黏土颗粒表面，中和黏粒表面负电荷的剩余阳离子和与它们相联系的阴离子以盐的形式存在于颗粒表面。当黏土颗粒遇水时，盐类发生溶解，吸附在颗粒表面的高浓度阳离子将出现扩散趋势，而颗粒表面的负电场与阳离子之间的静电吸引抑制阳离子的逸散，导致颗粒表面附近形成了离子吸附层和扩散层的双电层，具体如图 4-10 所示。由于水为极性分子，在电场作用下形成定向排列，吸附层形成具有很大黏滞阻力的强结合水膜，水膜具有类固体性质，几乎不能流动；扩散层形成黏滞阻力较强结合水稍小的弱结合水膜，虽在静电引力影响范围内，但黏滞阻力仍较大，流动性较低。

由图 4-10 可以看出，强结合水分布在靠近土颗粒表面的吸附层中，而弱结合水分布在吸附层以外的扩散层中，双电层厚度可认为就是结合水膜厚度。双电层的厚度与带电土颗粒的表面电位有很大关系，一般认为土颗粒的表面电位越高，双电层越厚，结合水膜也就越厚。

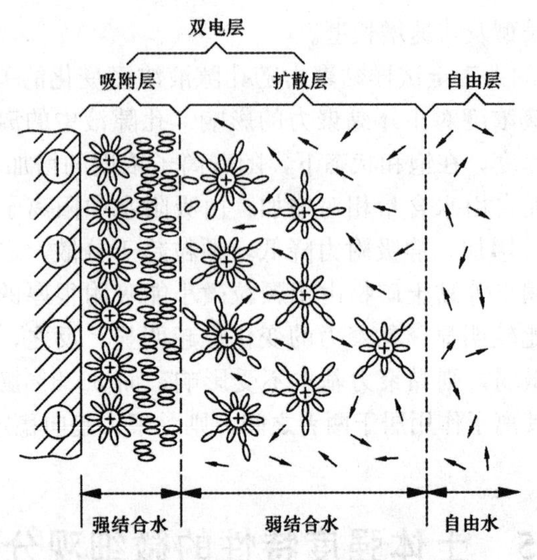

图 4-10　黏土结合水的双电层示意图

根据 Gouy－Chapman 理论，当颗粒表面电位 ψ 小于 25 mV 时，距离颗粒表面 x 处的电位 ψ 可用式(4-1)表示：

$$\psi=\psi_0\exp(-Kx) \tag{4-1}$$

其中，

$$K^2=\frac{8\pi ne^2v^2}{\varepsilon kT}(\mathrm{cm}^{-2}) \tag{4-2}$$

根据 Gouy－Chapman 理论，对单一平面的双电层及相互作用的双电层这两种模型而言，其表面电位 ψ_0 与颗粒表面电荷密度 σ 的关系可分别用式(4-3)和式(4-4)表示[188,189]：

单一平面的双电层：

$$\sigma=\left(\frac{2\varepsilon nkT}{\pi}\right)^{1/2}\sinh\left(\frac{ve\psi_0}{kT}\right) \tag{4-3}$$

相互作用的双电层：

$$\sigma=\left(\frac{\varepsilon nkT}{2\pi}\right)^{1/2}\left[2\cosh\left(\frac{ve\psi_0}{kT}\right)-2\cosh\left(\frac{ve\psi_d}{kT}\right)\right]^{1/2} \tag{4-4}$$

式中　ε——介电常数；

n——孔隙液离子浓度；

k——Boltzmann 常数；

T——绝对温度；

v——离子化合价；

e——电子电荷。

利用式(4-3)和式(4-4)计算时，可取计算参数 $\varepsilon=80.0$(水)，$k=1.38\times10^{-23}$ J·K^{-1}，$v=\pm1$，$T=290$ K，$e=1.602\times10^{-19}$ C。

由式(4-1)可知，颗粒表面电位随距离按指数曲线呈下降态势，扩散电荷的重心与平面 $x=1/K$ 一致，因此可将 $1/K$ 定义为双电层厚度，即结合水膜的厚度。

由式(4-2)～式(4-4)可知，当颗粒表面电荷 σ 恒定时，孔隙液浓度 n 减小将引起颗粒表面电位 ψ_0 增加，而双电层的厚度即结合水膜的厚度 $1/K$ 会增加。

有科学家通过对黏土表面吸附结合水的研究后，提出如下观点：在水—土相互作用下，结合水的结构异于自由水，具有似晶体结构的特点，如非牛顿流体、较高的黏滞性和低于流动的临界梯度[215]。土中的吸附结合水可以看作具有黏滞性的类固体物质，是土体具有黏聚力的重要来源。

4.5.2　结合水含量与微细观参数的定量分析

由前述式(4-2)的分析可知，颗粒表面微电场的变化可引起结合水膜厚度的改变，从而导致颗粒的吸附结合水含量发生变化。因此，研究认为影响颗粒表面微电场的重要因素即影响颗粒吸附结合水含量的重要因素。本节主要讨论微细观参数，如比表面积、孔隙液浓度、介电常数、阳离子化合价等变化与结合水膜厚度的关系。

4.5.2.1　比表面积

比表面积参数与土颗粒的表面活性、界面特性密切相关，当颗粒粒径达到微米级时，随着比表面积增大，颗粒的表面活性提高，表面与界面性质发生了很大改变，对结合水的吸附能力也大幅度提高。液限、塑限参数可以表征土颗粒表面的吸附结合水量，不同矿物成分的颗粒由于比表面积差异较大，颗粒的表面活性不同，因而吸附结合水量不同，表现为宏观液、塑限指标的明显差异。表 4-9 汇总了各单一成分人工土的比表面积与液塑限值。由表 4-9 可知，四种单一成分人工土中，长石的比表面积最小，为 4.5 m^2/g，其液限、塑限与塑性指数也最低，分别为 12.6%、6.8%和 5.8%。石英的比表面积次小，高岭土次高，膨润土最高。由此，也从一个侧面表明颗粒的吸附结合水量按照从低到高顺序为：长石＜石英＜高岭土＜膨润土。

表 4-9　人工土的比表面积与液塑限值

试样成分	平均粒径 /μm	比表面积 /($m^2 \cdot g^{-1}$)	液限 w_L (%)	塑限 w_P (%)	塑性指数 I_P (%)
长石	9.471	4.5	12.6	6.8	5.8
石英	10.563	6.6	15.7	9.1	6.6
高岭土	3.457	17.6	60.2	34.6	25.6
膨润土	9.459	426.9	187.9	56.1	131.8

4.5.2.2　孔隙液浓度

取孔隙液的离子浓度 n 从高到低分别为 2.0 mol/L、8.3×10^{-1} mol/L、5.0×

10^{-1} mol/L、8.3×10^{-2} mol/L、8.3×10^{-3} mol/L、8.3×10^{-4} mol/L、8.3×10^{-5} mol/L 时，取计算参数 $\varepsilon=80.0$(水)，$k=1.38\times10^{-23}$ J·K^{-1}，$v=\pm1$，$T=290$ K，$e=1.602\times10^{-19}$ C，利用公式(4-2)分别计算出不同浓度孔隙液中的双电层厚度即结合水膜的厚度 $1/K$，如图 4-11 所示，具体数值如表 4-10 所示。由图 4-11 和表 4-10 可知，颗粒表面微电场受孔隙液浓度影响，导致结合水膜厚度的改变。浓度孔隙液较高时，由于颗粒表面电位较低，双电层厚度即颗粒表面结合水膜厚度将较薄；减小孔隙液浓度导致颗粒表面电位上升，双电层厚度迅速增大，即颗粒表面的结合水膜厚度明显增厚。由表 4-10 可知，$n=8.3\times10^{-5}$ mol/L 时结合水膜厚度约为 $n=2.0$ mol/L 时的 160 倍；由图 4-11 可以看出，当孔隙液浓度 $n<8.3\times10^{-2}$ mol/L 时，结合水膜厚度随孔隙液浓度变化曲线陡降明显，当孔隙液浓度 $n>8.3\times10^{-2}$ mol/L 时，随孔隙液浓度增大，其结合水膜厚度减小速度显著放缓且趋于稳定。

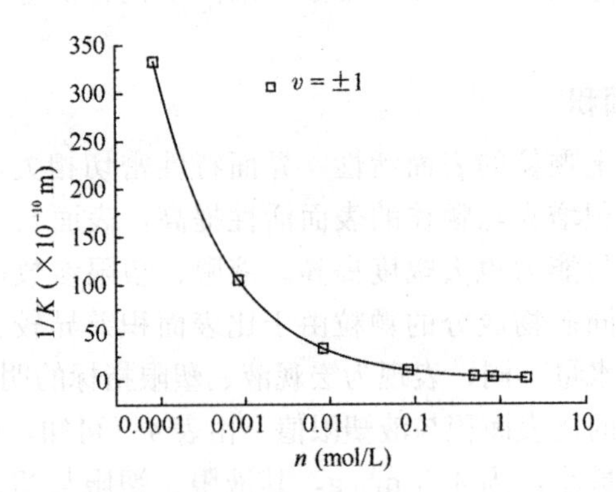

图 4-11　结合水膜厚度随孔隙液浓度变化曲线(一价阳离子)

表 4-10　结合水膜厚度与孔隙液浓度的关系

序号	孔隙液浓度 n/(mol·L^{-1})	结合水膜厚度 $1/K$($\times10^{-10}$ m)
1	2.0	2.1
2	8.3×10^{-1}	3.3
3	5.0×10^{-1}	4.3
4	8.3×10^{-2}	10.5
5	8.3×10^{-3}	33.3
6	8.3×10^{-4}	105.2
7	8.3×10^{-5}	332.6

4.5.2.3　介电常数

颗粒表面的双电层厚度即结合水膜的厚度 $1/K$ 除受孔隙液浓度影响外，还受孔隙液介电常数的影响，同理根据式(4-2)可知，$1/K$ 随介电常数 ε 增加而增加，图 4-12 所示是不同一价阳离子浓度的乙醇(ε=24.3)溶液和水(ε=80.0)与结合水膜厚度的关系曲线，具体数值如表 4-11 所示。由表 4-11 可知，同一浓度下，水介质的结合水膜厚度约为乙醇介质的结合水膜厚度的 1.81 倍。

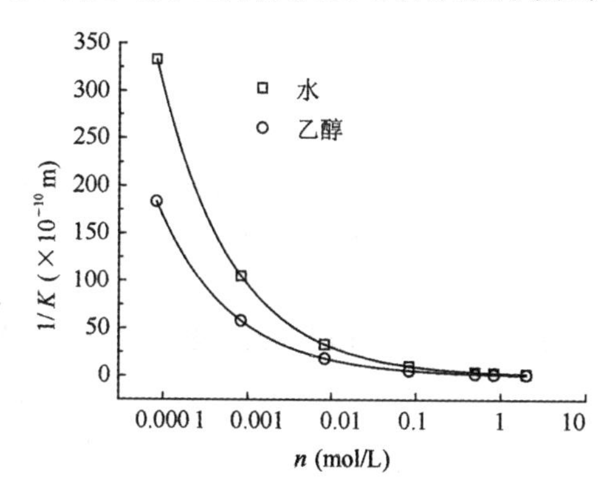

图 4-12　不同介电常数时结合水膜厚度随孔隙液浓度的变化曲线

表 4-11　不同介电常数时结合水膜厚度与孔隙液浓度的关系

孔隙液浓度 $n/(\mathrm{mol\cdot L^{-1}})$	结合水膜厚度 $1/K(\times10^{-10}\ \mathrm{m})$	
	水	乙醇
2.0	2.1	1.2
8.3×10^{-1}	3.3	1.8
5.0×10^{-1}	4.3	2.4
8.3×10^{-2}	10.5	5.8
8.3×10^{-3}	33.3	18.3
8.3×10^{-4}	105.2	58.0
8.3×10^{-5}	332.6	183.3

4.5.2.4　阳离子化合价

同理，根据式(4-2)可知，阳离子化合价也会影响双电层的厚度即结合水膜的厚度。利用式(4-2)计算出各浓度下含一价、二价、三价阳离子孔隙液相应的结合水膜厚度，图 4-13 所示，具体数值如表 4-12 所示。

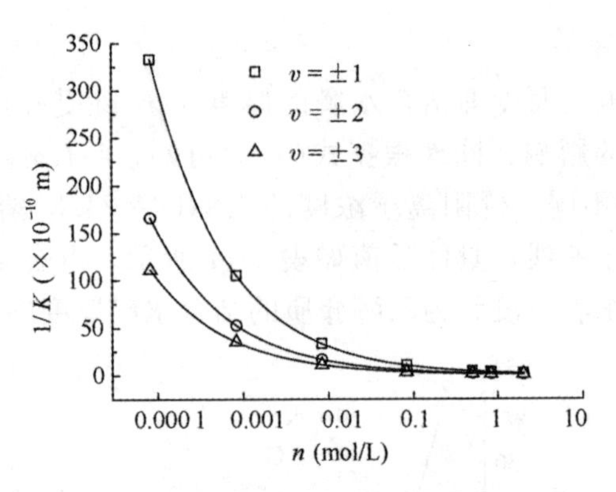

图 4-13　一价、二价、三价阳离子时结合水膜厚度随孔隙液浓度的变化曲线

表 4-12　各浓度一价、二价、三价阳离子时结合水膜厚度与孔隙液浓度的关系

孔隙液浓度 n(mol·L^{-1})	各价离子对应的结合水膜厚度 $1/K$(×10^{-10}m)		
	v=±1	v=±2	v=±3
2.0	2.1	1.1	0.7
8.3×10^{-1}	3.3	1.7	1.1
5.0×10^{-1}	4.3	2.1	1.4
8.3×10^{-2}	10.5	5.3	3.5
8.3×10^{-3}	33.3	16.6	11.1
8.3×10^{-4}	105.2	52.6	35.1
8.3×10^{-5}	332.6	166.3	110.9

由表 4-12 计算可知，随着孔隙液浓度 n 递减，结合水膜厚度迅速增厚；在相同孔隙液浓度下，阳离子价数越高，对结合水膜的影响越大，含二价和三价阳离子的孔隙液中结合水膜厚度分别为一价阳离子孔隙液中的 1/2 和 1/3。

4.5.3　对强度特性影响的微细观解析

从宏观领域来看，软土的强度取决于土体各种物理状态变量，如结构、密度、组成成分与含水量等的大小及组合，当其中某个或者多变量发生变化时，土体的抗剪强度及其指标就会发生改变。从微观领域来看，软土的强度实际上是由变形时颗粒之间的摩擦性质、胶结黏聚状态以及结合水的性质等因素决定的，各种因素之间相互不独立，存在着复杂的相互作用。其中，摩擦作用又细分为固体间的直接摩擦、润滑摩擦以及介于两者间的复合摩擦。下面从微细观角度对强度特性产生的机理进行探讨。

4.5.3.1　颗粒间的摩擦与胶结黏聚作用

经典的摩擦黏聚理论[188]认为无论是片状颗粒还是块状颗粒，其颗粒表面都是由连续的凹陷和凸起曲面构成的，颗粒之间会通过各自的凸起体形成接触点，在法向应力 N 的作用下，凸起体形成接触面，而颗粒间的滑动阻力正是由接触面积和接触处的抗剪强度提供的，如图 4-14 所示为颗粒间的凸起体接触。

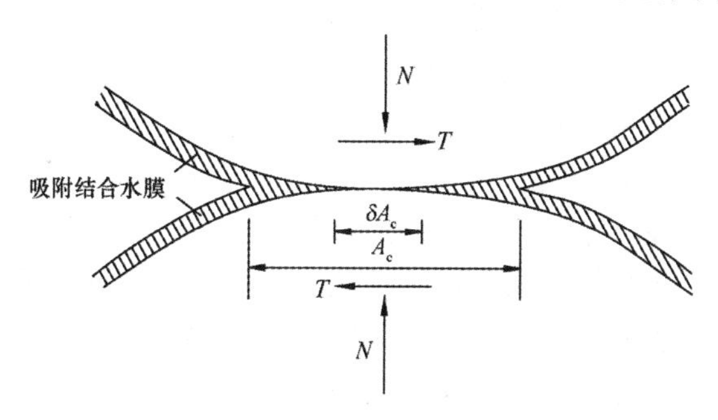

图 4-14　颗粒间的凸起体接触

接触处的强度 T 和摩擦系数 μ 可以用式(4-5)表示：

$$T=A_c[\delta\tau_m+(1-\delta)\tau_c] \tag{4-5}$$

$$\mu=\tan\varphi_u=T/N \tag{4-6}$$

式中　A_c——总接触面积；

δ——颗粒间直接接触的面积百分数；

τ_m——颗粒间直接接触处的强度；

τ_c——吸附结合水膜的强度；

φ_u——颗粒间纯滑动摩擦的内摩擦角。

实际上，因 δ 和 τ_c 不易直接测出，因此难以用式(4-5)进行定量计算，但由式(4-5)可知，颗粒间的抗剪强度 T 由颗粒间的直接摩擦和吸附结合水膜的润滑摩擦两部分组成。当法向应力(即正应力)一定的情况下，颗粒的表面特性与结合水的性质决定了颗粒间抗剪强度和内摩擦角的大小。由前述可知，不同的矿物成分其比表面积可相差几个数量级，如黏土矿物的总比表面积一般可达数十至数百 m^2/g，而非黏土矿物通常只有几 m^2/g。拥有大比表面积的矿物颗粒往往具有活跃的表面能，可以吸附更多结合水，导致不同矿物颗粒的表面特性产生差异，从而表现出不同的摩擦性状。4.2 节对单一矿物成分的人工土和天然土进行的直剪试验表明，矿物成分对试样的强度特性有显著的影响。就膨润土和石英而言，膨润土的主要成分是蒙脱石，为黏土矿物，其颗粒比表面积远远高于石英(见 4.2.2 节)，能吸附相当厚的结合水膜，在法向应力作用下颗粒间主要由强度较低水膜连接而缺少直接接触点，试样表现出的抗剪强度偏低，内摩擦角也较小；而石英颗粒的总比表面积仅为膨润土的1.6%，只吸附很薄的结合水膜，颗粒间主要靠强度较高的直接接触形成摩擦阻力，因而试样的抗剪强度和内摩擦角较高。天然土体因富含多种矿物成分，其所表现出的强度特性因是各种成分综合作用的结果，当黏土矿物(如蒙脱石)含量较高而非黏土矿物(如石英、长石)含量较低时，试样就表现出较低的强度和内摩擦角。

除了摩擦作用外，由胶结和吸附作用形成的黏聚力也是土体强度的重要组成部分之一。颗粒间的黏聚力由表观黏聚力和真黏聚力两部分组成[188]。其中，表观黏聚力主要源于：①土颗粒表面上的水的吸引力和表面张力联合作用形成的毛细管应力；②颗粒之间紧密堆积形成的机械咬合力。

相比而言，真黏聚力与应力无关，它主要源于：①当粒间间距小于25Å时，粒径<1 μm的颗粒之间产生的静电引力和范德华电磁引力；②有机化合物、碳酸盐和诸如二氧化硅、氧化铝和氧化铁等氧化物的胶结作用而形成的颗粒间化学键；③在吸附水的参与下颗粒间在固结后保持的主价键结合和黏聚。对于矿物颗粒而言，蒙脱石等黏土矿物颗粒表面具有较厚的黏滞性结合水膜，可产生强烈的吸附作用，形成较高的黏聚力。结合水膜对石英等非黏土矿物颗粒的吸附作用很弱，其黏聚力主要靠颗粒紧密堆积产生的机械咬合力及毛细管应力。可以认为，结合水的吸附作用是影响黏土矿物颗粒黏聚力的重要因素，而机械咬合力与毛细管应力则是非黏土矿物形成黏聚力的主要来源。对于天然土的黏聚力则主要体现了其中黏土矿物的影响，当天然软土中蒙脱石、高岭石等黏土矿物含量越高，试样的黏聚力越大，反之，石英、长石等非黏土矿物含量越高，其黏聚力越小。比较4.2节中的番禺淤泥和深圳淤泥质土，前者的非黏土矿物含量远高于后者，则表现出其黏聚力也较小。

针对指定工程区域，由于其地基土的矿物成分、天然密度等参数在施工范围内的分布基本相对固定，此时土体的强度主要受各种可变因素如含水量、温度等影响，在这些因素中含水量的作用尤其突出。当含水量发生改变时，上述的摩擦作用与胶结、吸附作用就会产生持续不断的变化，使土体的强度特性发生改变。由4.3节不同含水量的广州粉质黏土和南沙软土的直剪试验结果可知，试样抗剪强度及其强度指标与含水量并非呈简单的增减关系。如前所述，颗粒间相对滑动的阻力即抗剪强度是由颗粒间的直接摩擦和吸附结合水膜的润滑摩擦两者共同承担的：土体含水量增加使颗粒表面的吸附结合水膜变厚，导致粒间直接接触的面积δA_c减小而水膜的接触连接面积$(1-\delta)A_c$增大，由于直接接触的强度τ_m要远远高于吸附结合水膜的强度τ_c，因此颗粒接触处的强度T降低，宏观上表现为土体的抗剪强度与内摩擦角随土体含水量的增加而降低。同时，土体的黏聚力与孔隙水含量密切相关，对特定的天然土而言，可认为其组成成分不变，孔隙液的离子浓度随含水量增加而降低的情况：当含水量处于较低水平时，土体的黏聚力由颗粒间的胶结状态起主导作用，随含水量的增加，土体由干燥逐步过渡到湿润状态，颗粒间由碳酸盐、有机物和氧化物等产生的胶结作用逐步被软化，粒间机械咬合力也逐渐减弱，黏聚力呈现出少量下降，如表4-6中试样ZJ6、ZJ10，由图4-4可知；当含水量处于较高水平时，土体黏聚力的主导因素由颗粒间的胶结作用转向颗粒间的吸附作用，此时，随着含水量的进一步增加，自由水含量增加且孔隙水的离子浓度降低，由吸附水中阳离子扩散导致的渗透压力(即土粒间排斥力)增强，静吸附力减小，颗粒趋于分散，水的润滑作用也大大削弱了机械咬合力，黏聚力呈现急剧下滑趋势，如表4-6中试样ZJ8、ZJ12，由图4-4可知；当含水量处于某一临界状态w_{cr}时，由图4-4分析判断可知，w_{cr}应处于塑限附近，颗粒间的胶结作用和吸附作用对黏聚力的贡献作用相当，由于此时的含水量较低，孔隙水主要为吸附的强结合水，吸附水中阳离子扩散导致的渗透压力随距离增大迅速衰减，而粒间力为范德华吸引力占明显优势，因此，在临界含水量w_{cr}附近黏聚力反而随含水量的提高而呈现略微的上升趋势，由图4-4和表4-6中试样ZJ7、ZJ11均可知。总体来说，含水量提高将导致土体的抗剪强度与内摩擦角随之降低，而黏聚力呈现稍微下降，进而略微上升增至峰值后，最后急剧下降的态势。

4.5.3.2　吸附结合水的作用

在颗粒、水、电解质系统中，颗粒表面的吸附结合水是由带电颗粒表面微电场使水中各种离子在静电吸引和逸散趋势的作用下达到平衡状态而形成的，由前述对结合水性质与微电场的关系以及各种影响因素的讨论，表明结合水对土体物理力学等性质的影响源于颗粒表面微电场的变化从而引起结合水性质的改变。为分析颗粒表面微电场对抗剪强度的影响，需要测试颗粒的表面电荷密度并以此计算表面电位，从Gouy—Chapman理论出发，基于相互作用的双电层模型对颗粒表面电荷密度与表面电位进行了换算，以4.4节固结快剪试验的土样为例，将换算结果汇总于表4-13。根据该表的换算结果，将4.4节中的黏聚力c、内摩擦角φ、抗剪强度τ随孔隙液浓度n变化的结果图4-7～图4-9(即$c-n$、$\varphi-n$、$\tau-n$的关系)转化为其随颗粒表面电位ψ_0变化的关系曲线(即$c-\psi_0$、$\varphi-\psi_0$、$\tau-\psi_0$的关系)，具体如图4-15～图4-17所示。

表4-13　不同孔隙液浓度下各人工土样的颗粒表面电位ψ_0与中间电位ψ_d

试样成分	含水量 w(%)	孔隙液浓度n /(mol·L^{-1})	阳离子交换量Γ /($\times10^{-3}$meq·m^{-2})	表面电位ψ_0 /mV	中间电位ψ_d /mV
石英	17.8	8.3×10^{-3}	0.326	93	0.086
	18.4	8.3×10^{-2}		42	0
	18.1	8.3×10^{-1}		14	0

续表

试样成分	含水量 w(%)	孔隙液浓度 n /(mol·L^{-1})	阳离子交换量 Γ /(×10^{-3}meq·m^{-2})	表面电位 ψ_0 /mV	中间电位 ψ_d /mV
33.3%膨润土+66.7%高岭土	63.9	8.3×10^{-3}	1.662	166	56
	62.8	8.3×10^{-2}		106	10
	63.0	8.3×10^{-1}		57	0.006
	62.2	2.0		41	0
膨润土	68.8	8.3×10^{-3}	1.722	176	96
	67.9	8.3×10^{-2}		114	35
	68.3	8.3×10^{-1}		61	2
	65.4	2.0		43	0.11

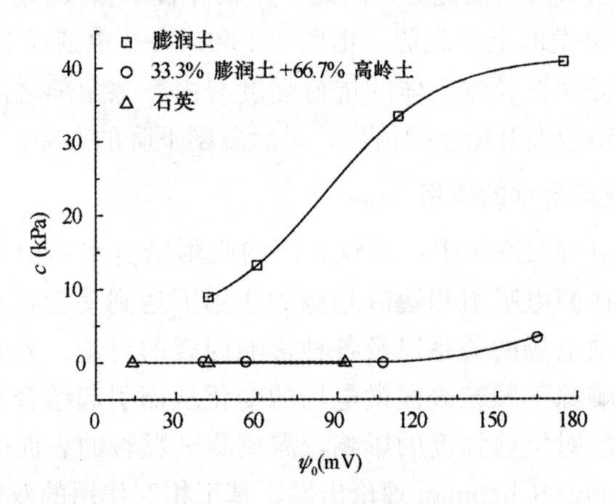

图 4-15　人工土试样的黏聚力随表面电位变化的关系曲线

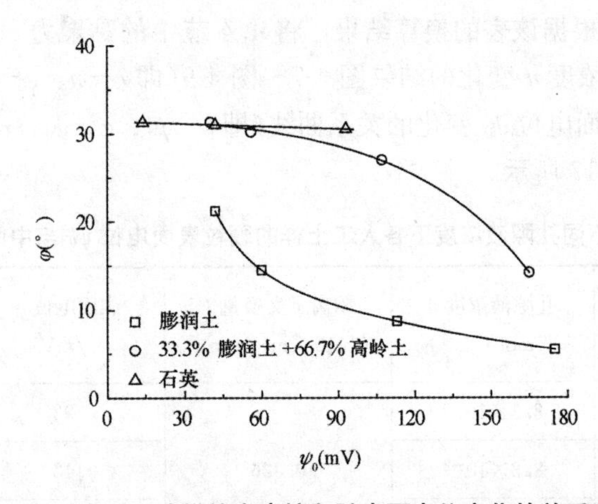

图 4-16　人工土试样的内摩擦角随表面电位变化的关系曲线

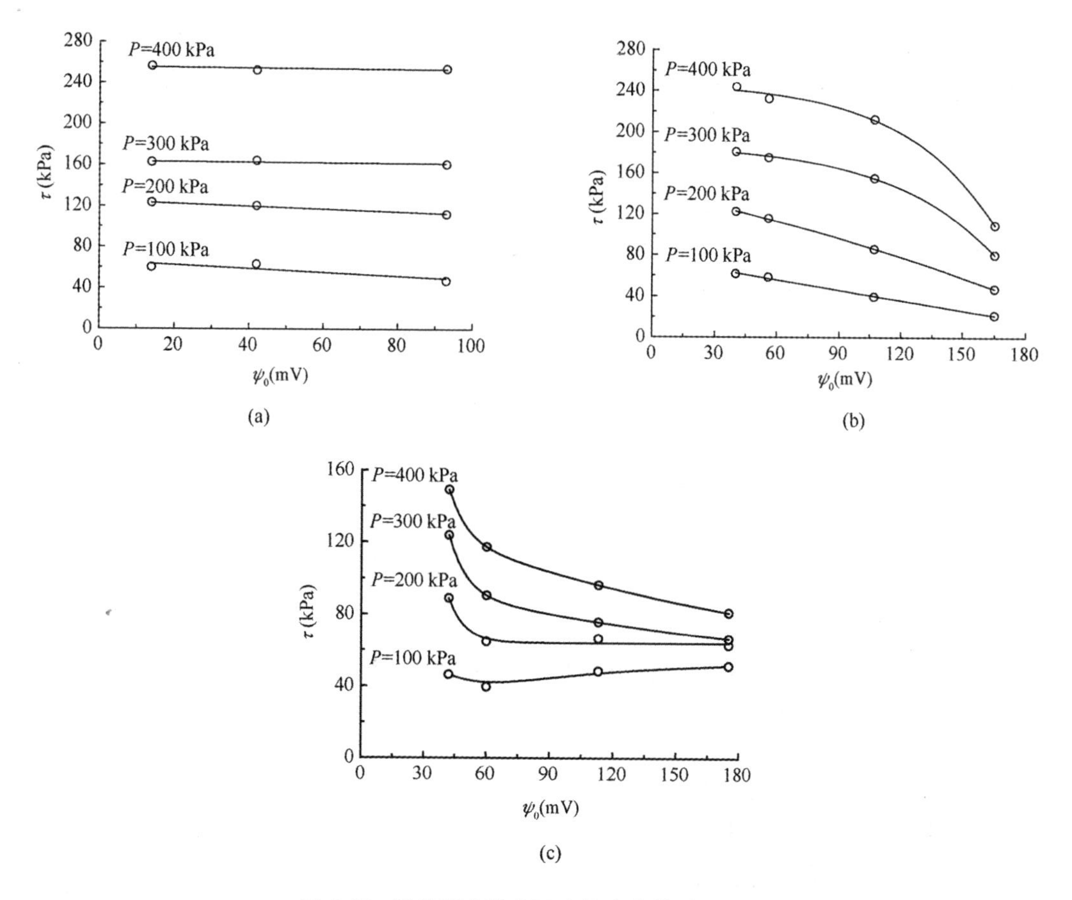

图 4-17　抗剪强度随表面电位变化的关系曲线

(a)石英试样；(b)33.3%膨润土+66.7%高岭土试样；(c)膨润土试样

平板扩散双电层理论指出，吸附结合水膜厚度与离子浓度的平方根成反比，即吸附结合水膜厚度随颗粒表面电位的增大而增加，随孔隙液离子浓度的升高而减小。从表 4-13 的换算结果来看，各成分试样的表面电位与中间电位的变化趋势表征了颗粒表面结合水膜的变化情况，即随着孔隙液浓度的提高，颗粒的表面电位与中间电位降低，结合水膜变薄；其中，石英试样的电位最低而且中间电位基本接近零；33.3%膨润土＋66.7%高岭土的混合土试样次之但衰减迅速，膨润土试样的表面电位与中间电位最高而衰减最慢，表明了结合水膜厚度的排序：膨润土＞混合土＞石英。图 4-15～图 4-17 建立了试样的黏聚力、内摩擦角、抗剪强度与表面电位的对应关系，其变化趋势与 4.4 节中的图 4-7～图 4-9 基本对应。也就是说，在各级固结压力下，随着颗粒表面电位的降低或孔隙液浓度的提高，各试样的抗剪强度及其强度指标参数的变化趋势分化明显。图 4-15、图 4-16 表明，随着孔隙液浓度的提高，石英试样的黏聚力、内摩擦角基本不变；33.3%膨润土＋

66.7%高岭土的混合土试样的黏聚力逐渐下降，内摩擦角逐渐增大，总体上都趋于稳定；膨润土试样的黏聚力随孔隙液浓度的提高迅速降低，内摩擦角则迅速增大。图 4-17 表明，在各级固结压力下，随着孔隙液浓度的提高，石英试样的强度基本保持不变；33.3%膨润土＋66.7%高岭土的混合土试样的抗剪强度的增长速度减缓而趋于稳定；而膨润土试样的抗剪强度随着孔隙液浓度的提高(表面电位的下降)出现加速增长的趋势。对各种成分的试样在孔隙液浓度 $n=0\sim2$ mol/L 范围内的变化趋势进行分类，可将石英、混合土、膨润土试样分别归类为非增长型、稳定增长型和快速增长型。以下从颗粒、水、电解质系统的相互作用关系进行分析，如图 4-18 所示。

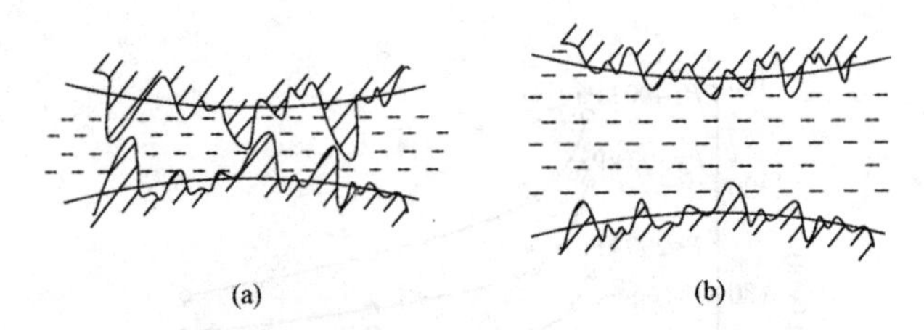

图 4-18　结合水膜厚度对土颗粒间错动的影响

(a)颗粒吸附较薄的结合水膜；(b)颗粒吸附较厚的结合水膜

由于石英属于非黏土矿物，表面活性小，液塑限低，可以看作惰性较大的物质，颗粒之间相互作用的本质属于物理作用。石英颗粒的表面电荷密度和比表面积远低于蒙脱石及高岭石等黏土矿物，吸附结合水膜比较薄，如图 4-18(a)所示。颗粒之间缺乏黏聚力，因此孔隙液浓度对其强度特性几乎不产生影响，但颗粒间因直接接触而使抗剪强度与内摩擦角一直维持在较高的水平。

而膨润土的主要成分蒙脱石属黏土矿物，具有较大的表面电荷密度和比表面积，表面活性高，能形成较厚的具有黏滞性的吸附结合水膜，如图 4-18(b)所示，产生较大的静吸附力，使颗粒间的黏聚力增强，在一定的固结压力作用下颗粒之间的接触点较少而易于滑动，因而表现出较低的抗剪强度、内摩擦角以及较高的黏聚力；孔隙液浓度的增大引起结合水膜迅速变薄，自由水相对含量增加，由结合水中阳离子扩散导致的渗透压力(粒间排斥力)增加，使静吸附力下降，削弱了颗粒间的黏聚性，固结压力使颗粒间的接触点增加，剪切变形阻力增大，如图 4-18(a)所示，表现为抗剪强度与内摩擦角的迅速提高。

高岭土中的主要成分高岭石同属黏土矿物，其表面带电量、比表面积、液塑限及表面活性均次于膨润土，当膨润土与高岭土混合后，形成的结合水膜厚度有限，静吸附力较弱，在高饱和度条件下，高岭土颗粒的表观黏聚力下降剧烈，因而提供的总黏聚力较弱；随着孔隙液浓度的增大，颗粒间的凸面容易相互接触使抗剪强度与内摩擦角增大至稳定状态，如图 4-18(a)所示。

4.6　本章小结

本章通过对单一成分及混合成分的极细颗粒人工土和天然土的强度特性试验，以及相应的颗粒、水、电解质系统及 Gouy—Chapman 理论分析，从微细观角度解释了影响土体强度特性的各种因素，现将主要结论归纳如下：

(1)矿物成分及含量是影响土体强度特性的重要因素之一。对于单一成分的试样，随着竖向压力提高，土样的抗剪强度逐渐增大，比较而言，非黏土矿物石英试样比黏土矿物蒙脱石试样的强度增幅大；天然软土因其黏土矿物成分含量较高且含水量较高，使其抗剪强度及指标均较低。对强度影响的微细观，实质上是由各种成分颗粒之间的摩擦与胶结、吸附作用共同决定的。膨润土颗粒间主要靠黏滞性的结合水膜连接，静吸附力高，颗粒间以润滑摩擦为主，抗剪强度与内摩擦角很低而黏聚力较高；石英粒间直接接触较多而吸附水膜很薄，静吸附力非常微弱，主要靠直接摩擦和机械咬合力抵抗颗粒间的滑动，其抗剪强度与内摩擦角较高，但缺乏黏聚力。人工混合土及天然土的强度特性则是各种矿物成分综合作用的体现。

(2)含水量也是影响土体强度特性的重要参数。总体而言，土体的强度及其指标随着含水量的增加而降低，但它们之间存在非线性的关系。微细观分析认为，颗粒之间的抗剪强度可视为由强度较高的粒间直接摩擦和强度较低的结合水膜间润滑摩擦两部分按一定权重共同组成，颗粒表面的结合水膜随含水量的增加而变厚，使颗粒间的摩擦性状由以直接摩擦为主导逐渐过渡到以润滑摩擦为主导，在宏观上表现为抗剪强度和内摩擦角的降低。黏聚力是由土中各种胶结物质和颗粒间的胶结、吸附作用以及机械咬合力等共同组成的，含水量在塑限附近时有利于胶结、吸附作用的充分发挥，使土体的黏聚力达到最大值。此后，随着含水量的进一步增大，反而会导致胶结力的丧失，粒间排斥力增强，机械咬合作用被大大削弱，土体的黏聚力就出现大幅度降低。

(3)同理，孔隙液离子浓度也是影响土体强度特性的重要参数。黏土颗粒因具有较大的比表面积与表面电荷密度，在水的作用下，可溶盐离子通过颗粒表面微电场的作用可改变结合水膜的厚度，在宏观上引起土体强度特性的改变。黏土矿物通过土颗粒表面的结合水影响试样的强度。结合水膜的厚度随土颗粒表面电位的改变而改变，电位升高厚度变厚；反之，电位降低厚度变薄，从而引起颗粒间的摩擦性质和胶结、吸附作用的改变，使试样的抗剪强度及其强度指标——黏聚力和内摩擦角发生变化。

第5章　软土固结特性的微细观参数试验与分析

5.1　概　述

土体可认为由固体颗粒和孔隙两部分组成，其宏观工程性质除了与其物质成分、颗粒成分等因素密切相关外，土体的微观结构因素如颗粒大小、形状、分布、排列和连接方式、微颗粒聚合体的形态、尺度和胶结形式、孔隙率及孔隙的大小及尺度[205,206]等对其起到支配和控制作用。相对于孔隙而言，固体颗粒在固结过程中认为其几乎不可压缩，故本章重点研究孔隙微观参数及其变化对固结特性的影响。

研究表明，土体孔隙的变化受到外界条件的影响较大[10]，如对原始土层的扰动、黏性土含水量增加引起的膨胀等会使土体孔隙体积增大[216,217]；反之，材料机具的超载、黏性土失水收缩等因素会使土体孔隙体积减小。同时，土体的孔隙形状和尺度分布等也会随之改变。可以认为，孔隙变化是土体固结变形的内因，是决定土体宏观物理力学性质改变的重要因素，无论是土体的强度特性还是固结特性，都不同程度地受到土体微观孔隙结构变化的影响。

由于软土具备特殊的诸如地质与水文环境、矿物成分、颗粒特征、微观特征等不同的区域特性，本章以番禺、深圳两种天然软土为研究对象，通过MIP试验测试试样的孔隙尺度及分布等特征，研究天然软土在固结前及固结过程中的孔隙比、孔隙尺度分布、连通性和曲折性等微细观参数的变化规律，将其与基于ESEM试验的图片分析结果进行比对，从微观角度探讨土体孔隙特征对宏观固结特性的影响，用以指导软土工程设计和施工实践。

5.2　软土孔隙特征参数的试验研究

MIP试验用到的土样为天然番禺软土(下用PY软土表示)、深圳软土(下用SZ软土表示)，各试样的矿物成分与3.3.1节相同，其物理力学性质指标如表5-1所示。MIP 试验的基本原理及试样制备方法参照 2.3.5 节，在此不再赘述。

表 5-1　MIP 试验天然软土试样的主要物理力学指标

土样种类	土样名称	相关物理、力学指标							
		天然密度 ρ_0/(g·cm^{-3})	天然含水量 w(%)	孔隙率 n(%)	液性指数 I_L	压缩系数 a_{1-2} /MPa^{-1}	黏聚力 c /kPa	内摩擦角 φ(°)	渗透系数 k_v /(×10^{-7}cm·s^{-1})
番禺软土	淤泥	1.51	74.1	67.3	1.59	1.48	5.50	3.30	2.8
深圳软土	淤泥质土	1.62	58.3	60.3	2.23	1.01	8.1	7.8	1.9

5.2.1　孔隙特征测试结果

软土的物理力学性质如渗透性、固结特性与土的微孔隙特征密切相关，本节利用 MIP 法测试天然软土的微孔隙大小及尺度分布特征，图 5-1～图 5-6 所示为 PY 和 SZ 原状天然软土的包括累积进汞量一进汞压力分布曲线、累积进汞量一孔径关系曲线、进汞增量一进汞压力关系曲线、进汞增量一孔径关系曲线、进汞增量对孔径的变化率一孔径关系曲线、累积孔隙面积一孔径关系曲线各种压汞试验曲线。

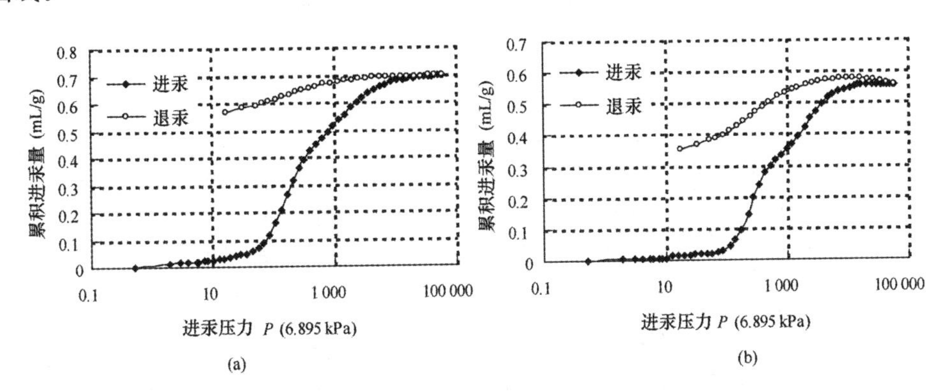

图 5-1　软土的累积进汞量一进汞压力分布曲线

(a)PY 软土(p=0 kPa)；(b)SZ 软土(p=0 kPa)

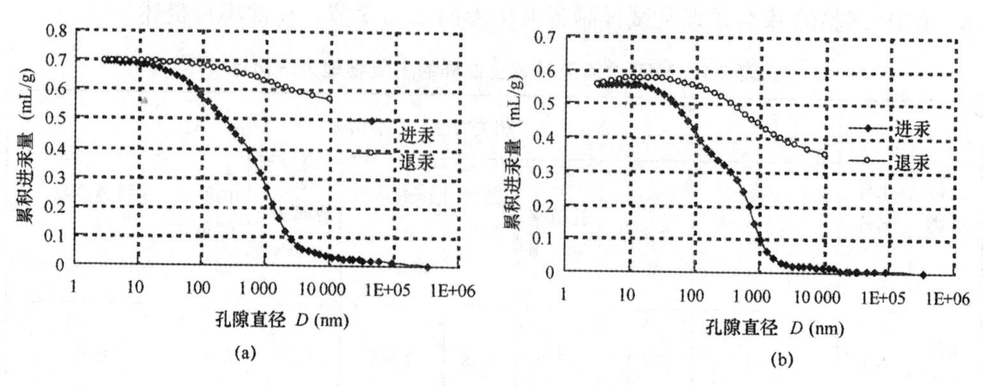

图 5-2　软土的累积进汞量—孔径关系曲线

(a)PY 软土(p=0 kPa)；(b)SZ 软土(p=0 kPa)

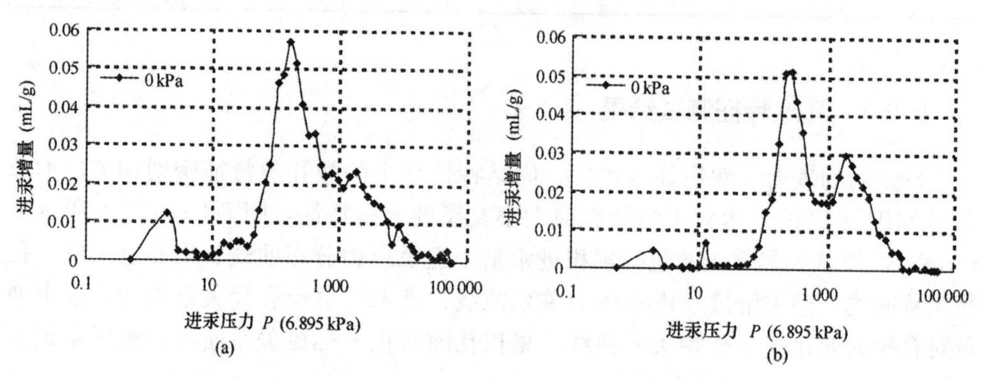

图 5-3　软土的进汞增量—进汞压力关系曲线

(a)PY 软土(p=0 kPa)；(b)SZ 软土(p=0 kPa)

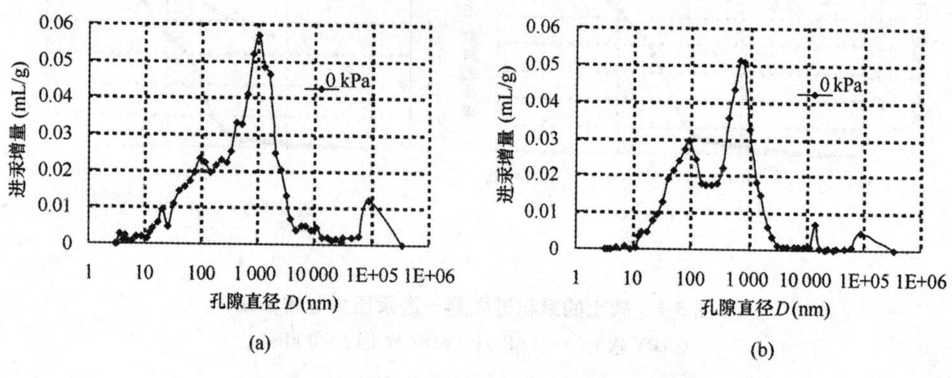

图 5-4　软土的进汞增量—孔径关系曲线

(a)PY 软土(p=0 kPa)；(b)SZ 软土(p=0 kPa)

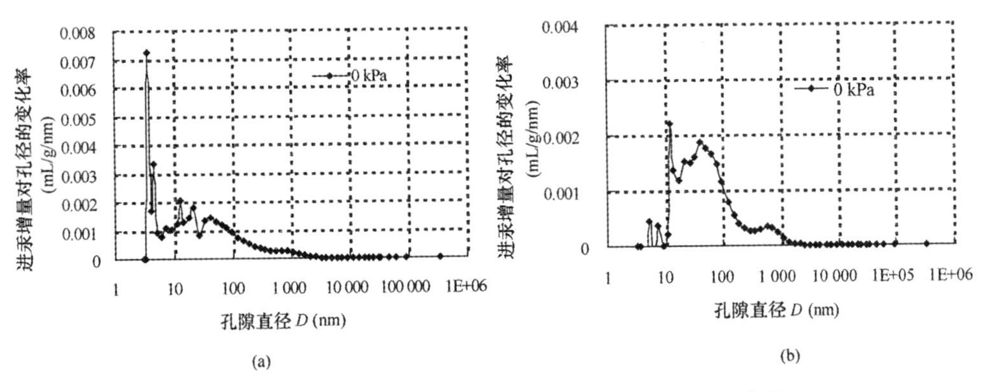

图 5-5　软土的进汞增量对孔径的变化率一孔径关系曲线

(a)PY 软土(p=0 kPa)；(b)SZ 软土(p=0 kPa)

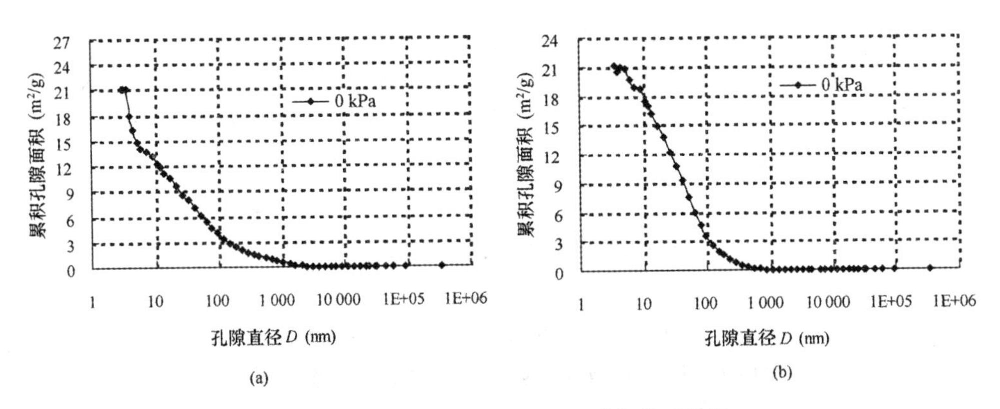

图 5-6　软土的累积孔隙面积一孔径关系曲线

(a)PY 软土(p=0 kPa)；(b)SZ 软土(p=0 kPa)

5.2.2　软土孔隙特征的结果分析

5.2.2.1　土样累积进汞量曲线分析

对应 5.2.1 节中图 5-1 所示的土样累积进汞量一进汞压力分布曲线、图 5-2 所示的土样累积进汞量一孔径关系曲线，分别在表 5-2、表 5-3 中列出具体数值。

表 5-2　不同进汞压力时各土样累积进汞量(mL/g)(p=0 kPa)

土样	进汞压力(1 psia=6.895 kPa)						
	20	110	1 200	3 600	25 000	40 000	60 000
PY 软土	0.035	0.161	0.534	0.633	0.692	0.694	0.698
SZ 软土	0.016	0.045	0.369	0.495	0.555	0.557	0.557

表 5-3　不同压汞孔径对应的各土样累积进汞量(ml/g)(p=0 kPa)

土样	孔径/nm							
	90 000	10 000	2 500	1 000	150	50	6	3
PY 软土	0.011	0.035	0.090	0.266	0.534	0.631	0.692	0.698
SZ 软土	0.005	0.023	0.029	0.110	0.369	0.495	0.557	0.557

由图 5-1 或表 5-2 可知，两种土样的累积进汞量随进汞压力变化的规律类似，现总结如下：

(1)对于番禺、深圳两种土样，累积进汞量均随进汞压力增大而逐渐增大，表明随着进汞压力增大，汞逐渐被压入孔径越来越小的孔隙中。当进汞压力达到最大值 60 000 psia，即 413.7 MPa 时，两种土样的累积进汞量分别为 0.698 mL/g 和 0.557 mL/g。

(2)对于不同地区的天然原状软土，由于孔隙结构特征存在差异性，致使相同进汞压力下，不同土样呈现的累积进汞量差异明显，这表明不同土样的孔隙特征及分布具有显著差别。由表 5-2 可知，PY 软土较 SZ 软土的最终累积进汞量要大 0.141 mL/g，前者是后者的 1.25 倍。说明 PY 软土结构更为松散，孔隙率(比)要大于 SZ 软土，由表 5-2 也可加以印证；由图 5-1、图 5-2 均可知，软土的进汞、退汞曲线不重合，说明软土内部均存在墨水瓶状孔隙、残留孔隙等连通性较差的孔隙，导致退汞不充分。

由图 5-2 或表 5-3 分析可知，土样在压汞孔径相同时，其累积进汞量也明显不同。当压汞孔径相同时，压入的汞量越多(即累积进汞量越多)，说明该软土中大于该孔径的孔隙含量越多。由图 5-2、图 5-4 的孔隙特点并参考 Shear 对孔隙的划分[198,218]，将本地区软土的孔隙划分成大孔隙(D>10 000 nm)、中孔隙(2 500 nm<D<10 000 nm)、小孔隙(400 nm<D<2 500 nm)、微孔隙(30 nm<D<400 nm)和超微孔隙(D<30 nm)五种。

由表 5-3 可知，当压汞孔径为 10 000 nm 时，PY 软土的累积进汞量达到 0.035 mL/g，而 SZ 软土累积进汞量只有 0.023 mL/g，前者是后者的 1.5 倍，说明 PY 软土的大孔隙含量要远多于 SZ 软土；当孔径为 2 500 nm，前者是后者的 3.1 倍，说明前者的中孔数量也要多于后者。由表 5-3 分析可知，软土中的微孔隙和超微孔隙(特别是超微孔隙)很难被汞压入(3 nm 孔径对应的进汞压力已达 60 000 psia，即 413.7 MPa)。因此可知，在一般水头压力下类似孔径小于 30 nm 的超微孔隙几乎很难发生渗流，这类孔隙含量越多，土体的渗透性越差。

5.2.2.2　土样进汞增量、进汞增量对孔径的变化率、累积孔隙面积曲线分析

根据对图 5-3～图 5-6 所示的各土样的进汞增量—进汞压力关系曲线、进汞增量—孔径关系曲线、进汞增量对孔径的变化率—孔径关系曲线和累积孔隙面积—孔径关系曲线分析可知：

(1)由软土的进汞增量—进汞压力关系曲线(图 5-3)可以看出，其形状类似于多峰曲线。当进汞压力处于较小及较大状态时，进汞增量均很小，只有压力适中时，进汞增量才出现峰值。总体说明，番禺、深圳两种天然软土的大孔隙(主要为团粒间孔隙)和超微孔隙(主要为颗粒内孔隙)的数量较少，天然软土的孔隙以中、小孔隙的比分占优，即以团粒内孔隙和颗粒间孔隙为主。其中，PY 软土的进汞增量—进汞压力关系曲线的峰值点明显左偏于 SZ 软土，说明后者在小孔隙范围内的分布更为集中。同理，由图 5-4 软土的进汞增量—孔径关系曲线、图 5-5 软土的进汞增量对孔径的变化率—孔径关系曲线分析，也可得出相同结论。

(2)从图 5-6 的天然原状软土的累积孔隙面积—孔径关系曲线可知，PY 软土最终的累积孔隙面积为 21.103 m^2/g，而 SZ 软土为 21.157 m^2/g，前者略小于后者，说明虽然 SZ 软土的孔隙率要明显小于 PY 软土，但 SZ 软土微孔隙、超微孔隙的数量要远多于 PY 软土，使得其累积孔隙面积相对反超，比 PY 值要大一些。

5.2.2.3　土样孔隙大小、尺度分布分析

根据前述软土的孔隙划分标准及 5.2.1 节关于孔隙的测试结果，可换算出软土最大孔径、最小孔径、平均(等效)孔径以及孔径尺度分布等孔隙分析特征参数。表 5-4 所示即换算后的土样孔隙尺度分布情况。

表 5-4　土样等效孔径和孔隙尺度分布情况(p=0 kPa)

土样	等效孔径/nm	孔隙尺度分布(%)				
		大孔隙 >10 000 nm	中孔隙 2 500～10 000 nm	小孔隙 400～2 500 nm	微孔隙 30～400 nm	超微孔隙 <30 nm
PY 软土	1 735	4.4	8.3	48.0	33.5	5.8
SZ 软土	1 273	2.7	1.7	45.4	45.0	5.2

由表 5-4 的土样等效孔径和孔隙尺度分布情况可知：

(1)对两种典型原状软土(PY 软土和 SZ 软土)而言，均以孔径尺度为 400～2 500 nm、30～400 nm 的小孔隙和微孔隙含量为主，占比分别为 48.0%、45.4% 和 33.5%、45.0%，等效孔径分别为 1 735 nm 和 1 273 nm，属于极细颗粒土的范畴，前者等效孔径是后者的 1.36 倍；两者的大、中孔隙和超微孔隙的比分均较少。其分析结果也与图 5-1 软土的累积进汞量—进汞压力分布曲线、图 5-2 软土的累积进汞量—孔径关系曲线的两端平缓、中间陡峭形态相吻合。

(2)对于不同地区的原状天然软土，其孔隙尺度和分布存在明显差异。PY 软土的孔隙尺度的主要分布范围是 400～2 500 nm，也就是以团粒内孔隙和颗粒间孔隙为主，团粒间的大孔隙比分较 SZ 软土稍多，占到 4.4%，颗粒间的微孔隙的比分占到 33.5%，颗粒内的超微孔隙比分仅为 5.8%；而 SZ 软土的孔隙尺度的主要分布范围是 400～2 500 nm，是以颗粒间孔隙为主导的，而团粒间大孔隙、团粒内

的中孔隙和颗粒内的超微孔隙的比分均很少，分别占到2.7%、1.7%和5.2%。相比而言，SZ 软土孔隙在小、微孔隙的比分更集中，为90.4%，PY 软土为81.5%，SZ 软土的孔隙尺度更小。这说明本节 MIP 试验结果与第 3 章软土矿物成分、第 4 章比表面积等测试结果均保持一致。由表 3-2 可知，PY 和 SZ 软土中黏土矿物含量分别为54.3%和78.3%；由表 4-2 可知，两者的总比表面积分别为89.1 m^2/g 和115.5 m^2/g，微细观参量的相互印证可以说明 SZ 软土的黏土矿物含量较高致使颗粒较细，比表面积较大，因此，颗粒间形成的孔隙尺度也相对较小。

5.2.2.4 孔隙连通性、曲折性分析

除了孔隙率、孔隙尺度分布等参数会对软土的宏观工程特性产生影响外，孔隙形状特征如连通性和曲折性等会对其工程特性产生重要影响。如若软土中存在较多的封闭孔隙，这类孔隙会阻塞渗流通道，进而导致其渗透性大幅下降；如若软土中存在较多的类似细喉管、大腹腔组成的“墨水瓶”状孔隙或形状曲折的孔隙，均会影响其渗透性，进而影响其强度和变形特性等。本节利用退汞效率与曲折因子来衡量孔隙的连通性和曲折性特征。

“退汞效率”是指在压汞仪的额定压力范围内，从最大注入压力降低到最小压力时，从土样内退出的汞体积与最大注入压力时注入的汞体积的百分比。因为孔隙实际上是粗细相间的，粗的部分称作孔腹，细的部分称作孔喉或喉道。孔腹与孔喉半径的比值，称作孔喉比，通常用其衡量孔隙开度的非均匀程度。孔隙开度越均匀，孔喉比就越小，最小值为 1。当孔喉比的取值为 1 时，表明孔隙为均匀圆管。如果孔喉比很大，如墨水瓶状孔，即使大孔隙也无法产生高渗透性，这就是所谓的“瓶颈”效应。孔喉比是反映孔隙形状的重要指标之一，也是影响孔隙退汞效率的主要原因。退汞效率随孔喉比的增加而下降，而退汞效率是反映孔隙连通性的重要指标，其值越高，说明土体内部孔隙的连通性越好；反之，连通性越差。曲折因子是指土中孔隙两端的实际距离与孔隙两端的直线距离之比，是衡量孔隙曲折程度的重要指标，其值越大，说明孔隙越曲折。

根据前述 5.2.1 节 MIP 试验的孔隙特征测试结果，可得到各土样的退汞效率和曲折因子，如表 5-5 所示。

表 5-5　各土样的退汞效率和曲折因子(p=0 kPa)

土样	退汞效率(%)	曲折因子
PY 软土	18.6	1.752
SZ 软土	38.4	1.795

由表 5-5 可知，比较而言，PY 软土的退汞效率要明显低于 SZ 软土，即前者的退汞曲线更加平缓(如图 5-1、图 5-2 所示)，从一个侧面说明 PY 软土的孔隙结构的复杂性和变异性要更高一些。

5.3　基于 MIP 试验的固结过程孔隙特征测试结果与分析

5.3.1　固结试验及结果分析

固结试验的操作步骤和方法按照《土工试验方法标准》(GB/T 50123—1999)进行，主要包括试样制备、固结仪校正、试样安装、压缩固结、测读固结压缩量等。土样仍为天然番禺软土(PY 软土)和深圳软土(SZ 软土)，各试样矿物成分同前，其物理力学性质指标与表 5-1 相同。图 5-7 所示为 PY、SZ 两土样分级加载、卸载固结的压缩—时间曲线(即 $s-t$ 曲线)。由图 5-7 可知，由于各地所取试样均连续切取，矿物成分、组构、含水量等均比较接近，因此同级压力下的压缩量接近，压缩曲线基本重合，表明同区域的各试样具有基本相同的固结特性。其中，PY 软土在荷载为 800 kPa 时的压缩量较大，达 6.119 mm，SZ 软土较小，为 4.365 mm，这与实测的试样含水量、孔隙比情况一致。

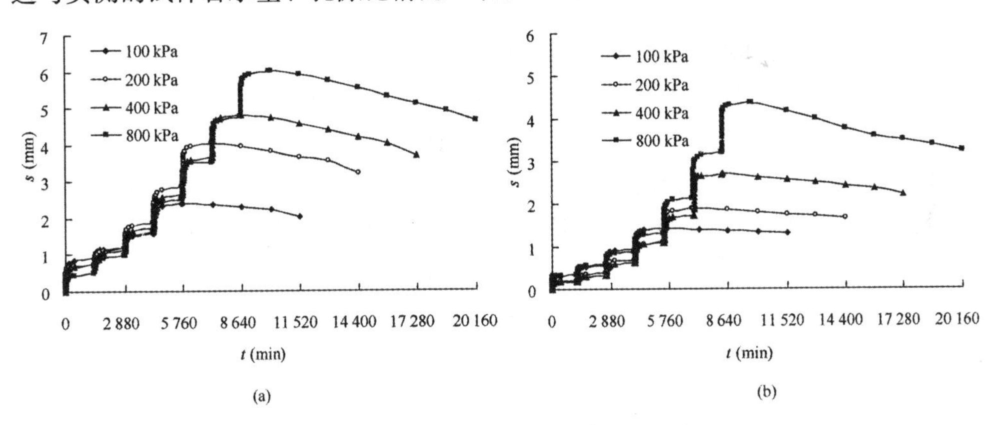

图 5-7　各土样分级加载、卸载固结的压缩—时间曲线($s-t$ 曲线)

(a)PY 软土；(b)SZ 软土

图 5-8 所示为两种试样的孔隙比随荷载变化的关系曲线(即 $e-p$ 曲线)。由图 5-8 可知，两种土样孔隙比减小趋势基本相同，存在倒大现象，荷载较小时，由于天然土结构性“承重骨架”的影响，其压缩变形较小，孔隙比减小不明显，随着荷载的增大，“承重骨架”发生破坏，变形量显著增加，孔隙比减小趋势明显，荷载继续增大又将导致孔隙比减小趋缓。相比之下，PY 软土较 SZ 软土的结构性更为显著。

由图 5-7、图 5-8 分析可知，两种软土样均为高压缩性土，从固结加载的过程中可以得出：

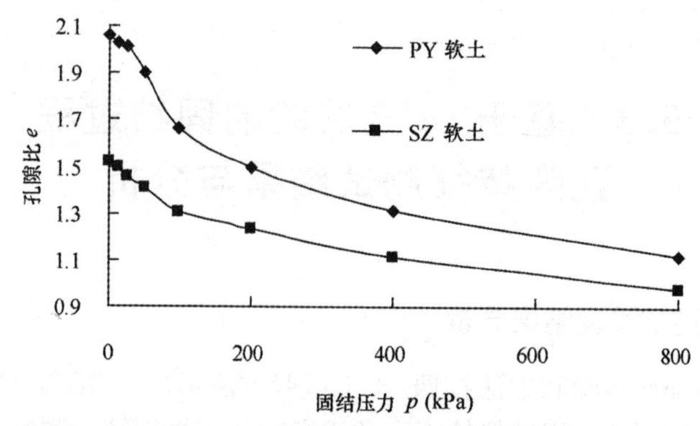

图 5-8　软土样的孔隙比随荷载变化的关系曲线(*e*—*p* 曲线)

(1)PY 软土在加载初期(0～25 kPa)，压缩量变化较小，孔隙比变化不明显，随着荷载增大，*e*—*p* 曲线出现倒大现象，压缩增量明显增大。当荷载达到 100 kPa 时，其压缩量达到 2.593 mm；当荷载超过 200 kPa 后，随荷载增大压缩量变化趋缓，最终压缩量较大，为 6.119 mm。

(2)SZ 软土与 PY 软土类似，只是软土的结构更为密实，故压缩量、孔隙比(率)均较小，800 kPa 时 SZ 软土的孔隙比为 0.981。

5.3.2　MIP 试验的孔隙特征测试结果

固结后试样取出分别进行 MIP 试验和 ESEM 试验(具体见 5.4 节)，MIP 试验的基本原理及试样制备方法参照 2.3.5 节，在此不再赘述。

图 5-9 至图 5-14 所示分别为番禺和深圳原状软土(即 PY 软土和 SZ 软土)在固结过程中的各种 MIP 试验曲线，包括累积进汞量—进汞压力关系曲线、累积进汞量—孔径关系曲线、进汞增量—进汞压力关系曲线、进汞增量—孔径关系曲线、进汞增量对孔径的变化率—孔径关系曲线、累积孔隙面积—孔径曲线。

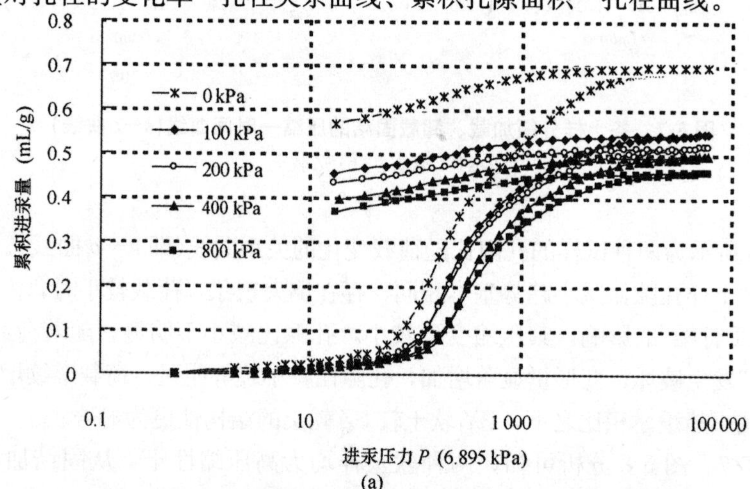

(a)

图 5-9　固结过程中两种软土样的累积进汞量—进汞压力关系曲线

(a)PY 软土

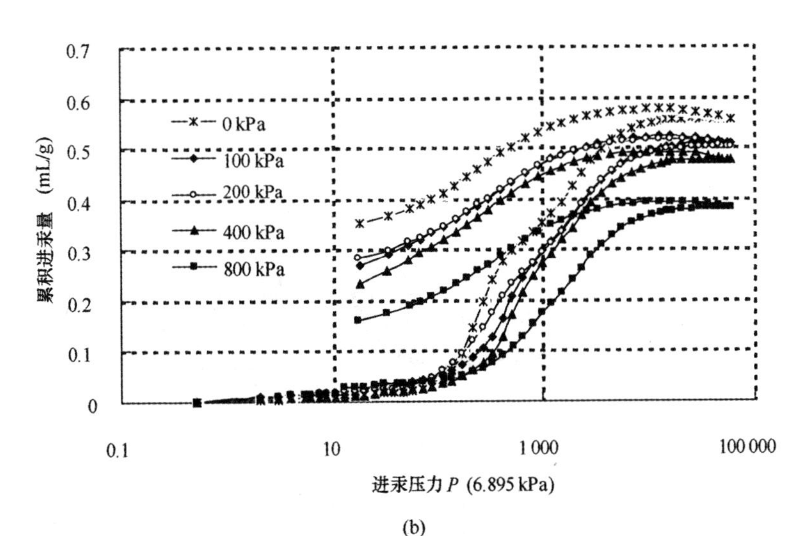

(b)

图 5-9　固结过程中两种软土样的累积进汞量—进汞压力关系曲线(续)

(b)SZ 软土

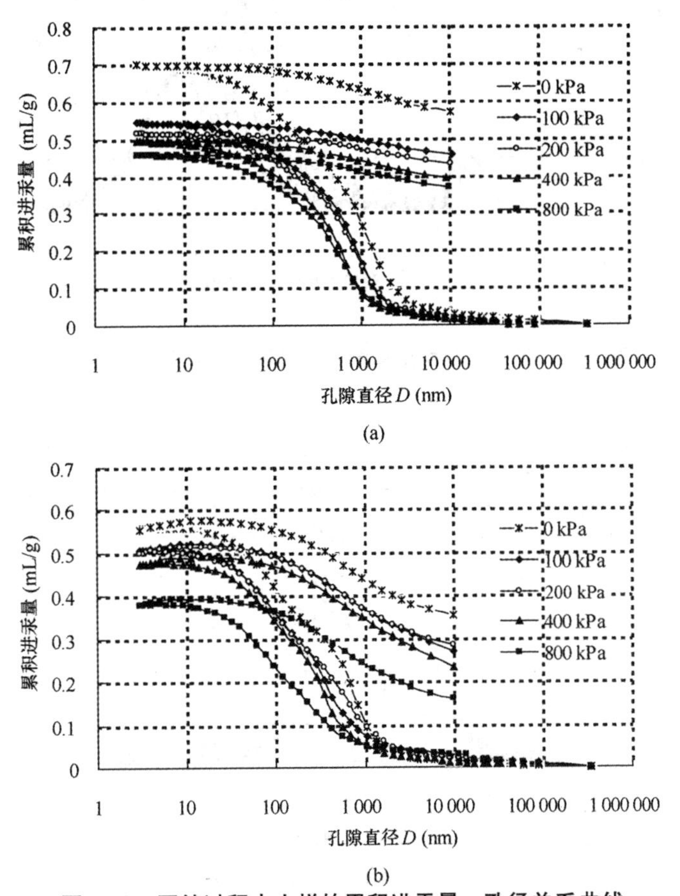

(a)

(b)

图 5-10　固结过程中土样的累积进汞量—孔径关系曲线

(a)PY 软土；(b)SZ 软土

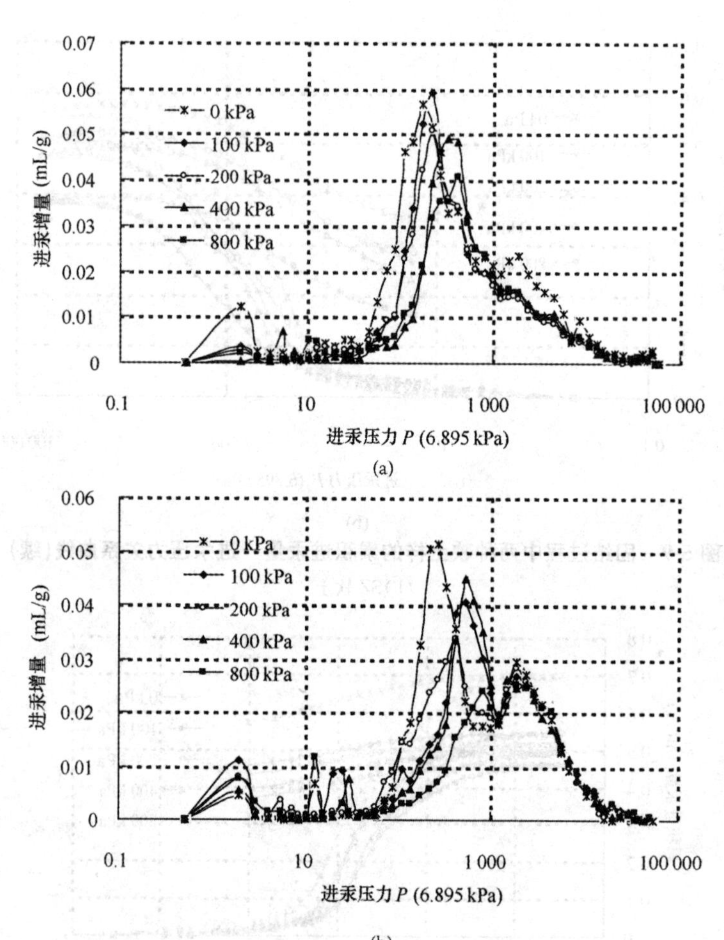

图 5-11　固结过程中土样的进汞增量一进汞压力关系曲线

(a)PY 软土；(b)SZ 软土

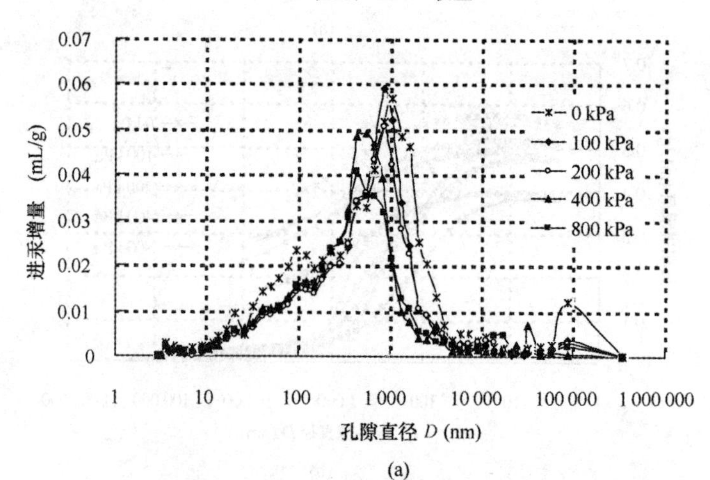

图 5-12　固结过程中土样的进汞增量一孔径关系曲线

(a)PY 软土

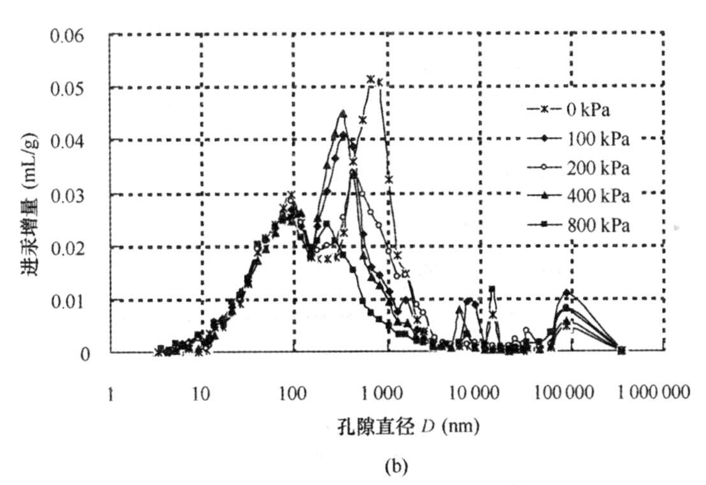

图 5-12　固结过程中土样的进汞增量一孔径关系曲线(续)

(b)SZ 软土

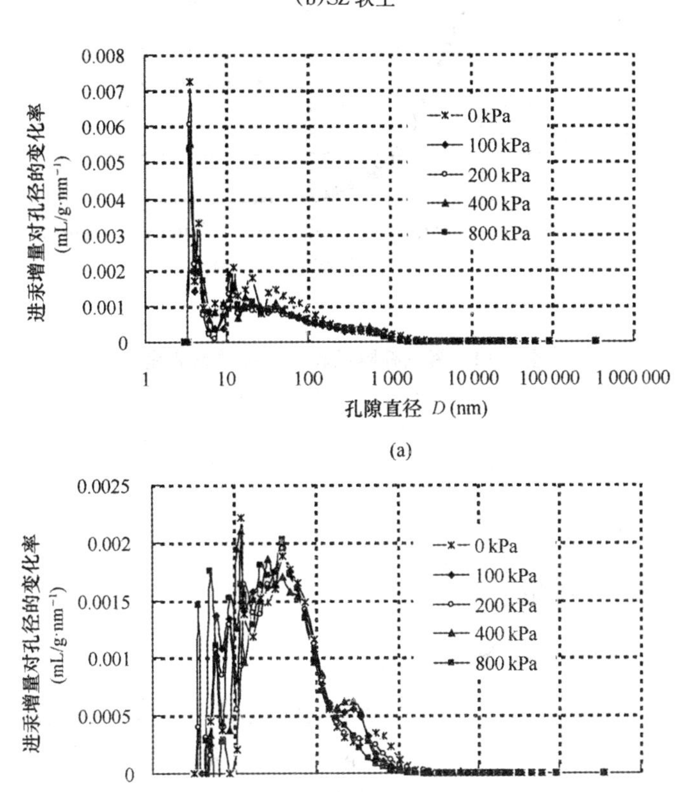

图 5-13　进汞增量对孔径的变化率一孔径关系曲线

(a)PY 软土；(b)SZ 软土

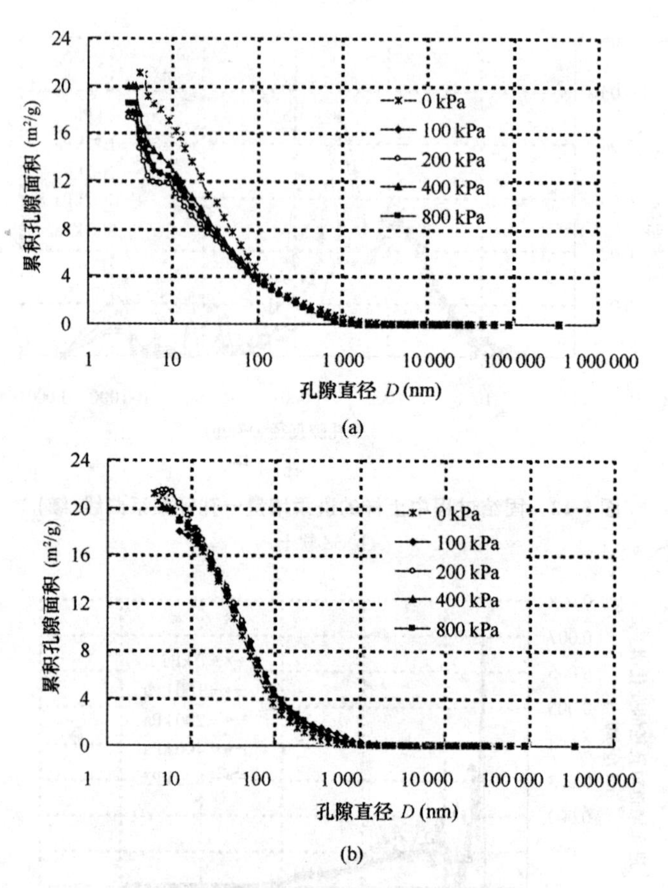

图 5-14　累积孔隙面积—孔径关系曲线

(a)PY 软土；(b)SZ 软土

为了更好地将软土固结前、固结后的变化进行对比，特将固结前 $p=0$ kPa 时的曲线也一并绘入。

5.3.3　孔隙特征测试结果分析

5.3.3.1　土样累积进汞量曲线分析

依据图 5-9 所示的固结过程中两种软土的累积进汞量—进汞压力关系曲线，表 5-6 中列出了不同固结压力下各土样的累积进汞量。为对比起见，将固结前即 $p=0$ kPa 时的数据也一并列出。通过对图 5-9、图 5-10 和表 5-6 的分析可得到如下结论：

(1)固结过程中，PY 原状软土压缩前、后的最终累积进汞量从 $p=0$ kPa 时的 0.698 mL/g 降至 $p=800$ kPa 时的 0.459 mL/g，降幅达 34.2%；SZ 原状软土的最终累积进汞量从固结前的 0.557 mL/g 降至固结后的 0.380 mL/g，降幅达

31.8%。说明软土固结是孔隙水逐渐排出、孔隙结构重新调整的过程，各软土样的孔隙体积都有明显减小。

表 5-6　不同固结压力下各试样的累积进汞量(mL/g)

土样	试样编号	固结压力/kPa	不同进汞压力(1 psia=6.895 kPa)						
			20	110	1 200	3 600	25 000	40 000	60 000
PY 软土	PY—1	0	0.035	0.161	0.534	0.633	0.692	0.694	0.698
	PY—2	100	0.022	0.078	0.436	0.500	0.539	0.543	0.545
	PY—3	200	0.017	0.082	0.413	0.472	0.511	0.513	0.516
	PY—4	400	0.020	0.055	0.379	0.445	0.490	0.493	0.496
	PY—5	800	0.016	0.048	0.348	0.413	0.452	0.456	0.459
SZ 软土	SZ—1	0	0.016	0.045	0.369	0.495	0.555	0.557	0.557
	SZ—2	100	0.023	0.062	0.311	0.436	0.504	0.506	0.507
	SZ—3	200	0.021	0.056	0.316	0.432	0.499	0.500	0.501
	SZ—4	400	0.011	0.036	0.293	0.413	0.472	0.473	0.474
	SZ—5	800	0.009	0.034	0.193	0.308	0.379	0.380	0.380

(2)由图 5-10 分析可知，由于区域性软土的孔隙尺度、孔隙结构存在明显差异，导致固结过程中孔隙调整表现出不同的规律性。对比 PY 软土和 SZ 软土，由于前者的大、中孔隙比分相对较多、等效孔径较大(如表 5-4 所示)，汞易于被压入，而且在低固结压力下大、中孔隙容易湮灭分解成较小的孔隙，因此表现为 $p<200$ kPa 的固结初期，累积进汞量曲线降幅明显。同理，PY 软土的小、微孔隙含量较 SZ 软土而言，相对较少(如表 5-4 所示)，难于被汞压入又难于分解成更小的孔隙，因此表现为 $p>200$ kPa 的固结后期，累积进汞量曲线降幅明显趋缓；而 SZ 软土固结初期，累积进汞量曲线降幅较小，说明其结构相对密实，大、中孔隙含量较少，但固结后期，特别是 $p>400$ kPa 时，累积进汞量曲线降幅明显，说明其小、微孔隙含量远远多于 PY 软土，较小孔隙结构仍在不断调整，向更小孔隙发展。

总体来说，固结过程导致软土孔隙的总体积减小。对比而言，固结使 PY 软土孔隙体积减小的幅度比 SZ 软土更大，说明前者的初始结构相对松散，有较大的初始孔隙比，MIP 试验结果与固结试验计算的孔隙比结论相一致。

5.3.3.2　进汞增量曲线、进汞增量对孔径的变化率曲线分析

由 5.3.2 节图 5-11～图 5-13 进汞增量—进汞压力关系曲线、进汞增量—孔径关系曲线、进汞增量对孔径的变化率-孔径关系曲线均可知，固结过程中，两种天

然软土的孔隙分布发生明显变化，表现为进汞增量一进汞压力关系曲线中的峰值点在不断右移，而进汞增量一孔径关系曲线中的峰值点却在不断左移，表明达到进汞增量峰值(进汞增量峰值对应的孔隙含量最多)所需的进汞压力越来越大，对应的孔径却越来越小。表 5-7 中列出不同固结压力下各试土样达到进汞增量峰值时对应的进汞压力和孔径值。

表 5-7　不同固结压力下各试土样达到进汞增量峰值时对应的进汞压力和孔径值

土样	参数	固结压力/kPa				
		0	100	200	400	800
PY 软土	进汞增量峰值/(mL·g^{-1})	0.057	0.059	0.051	0.049	0.041
	进汞压力/psia	172	216	217	327	417
	孔径/nm	1 050	836	834	554	434
SZ 软土	进汞增量峰值/(mL·g^{-1})	0.051	0.041	0.034	0.045	0.025
	进汞压力/psia	267	416	517	517	1 897
	孔径/nm	678	434	350	350	95

表 5-7 说明固结过程不仅改变了软土的孔隙率，还改变了孔隙的尺度分布。软土孔隙从固结初期以团粒内和颗粒间的小孔隙为主，团粒间的大孔隙、颗粒内的超微孔隙含量均较少的状态，逐步过渡到固结后期的以颗粒间的小孔隙，颗粒内的微孔隙甚至超微孔隙为主发展。固结使得软土的孔隙尺度及分布向微孔隙和超微孔隙方向发展。

固结过程中，PY 软土的优势孔径(即进汞增量峰值所对应的孔径)从固结前(p=0 kPa)的 1 050 nm 逐渐转变为固结后(p=800 kPa)的 434 nm，但仍然位于小孔隙 400～2 500 nm 的孔径范围内；而固结过程中，SZ 软土的优势孔径从固结前(p=0 kPa)的 678 nm(小孔隙范畴)变为固结后(p=800 kPa)的 95 nm(微孔隙范畴)，优势孔径从小孔隙(400～2 500 nm)向微孔隙(30～400 nm)发展。由此也可说明：PY 软土的孔隙尺度分布较 SZ 软土要大一些，后者孔径在小、微孔隙范围内分布更为集中，这与图 5-9、图 5-10 的累积进汞量曲线分析结果一致。

同时，固结过程中图 5-11 和图 5-12 的进汞增量曲线均表现出与 X 轴围成的面积越来越小，说明固结使得软土结构的密实性显著提高，孔隙体积减小，孔隙分布向小、微孔隙甚至超微孔隙发展，汞被压入孔隙变得越来越困难。根据 5.3.2 节的孔隙特征测试结果，可以换算出具体的等效孔径和孔隙尺度分布结果。

5.3.3.3　土样累积孔隙面积曲线分析

图 5-15 为依据图 5-14 得到的两种土样的累积孔隙面积一固结压力关系曲线，

具体数值列于表 5-8 中。

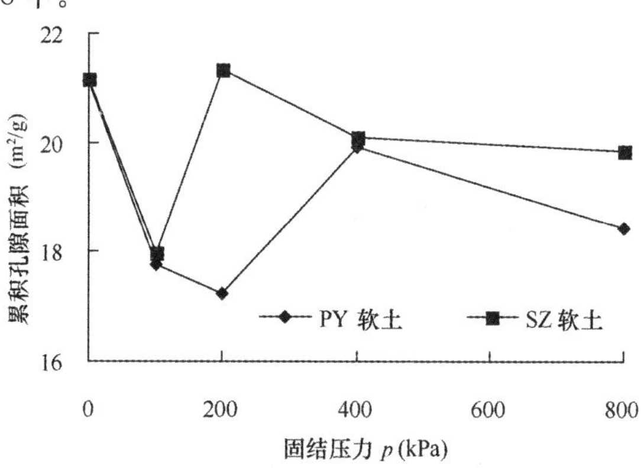

图 5-15　累积孔隙面积一固结压力关系曲线

表 5-8　不同固结压力下各土样的累积孔隙面积　m^2/g

土样	固结压力/kPa				
	0	100	200	400	800
PY 软土	21.103	17.786	17.224	19.926	18.446
SZ 软土	21.157	17.998	21.332	20.083	19.856

通过对图 5-14、图 5-15 和表 5-8 的分析可得如下结论：

(1)固结前，即 $p=0$ kPa 时，PY 软土的累积进汞量 0.698 mL/g 大于 SZ 软土的累积进汞量 0.557 mL/g，但 PY 软土的累积孔隙面积 21.103 m^2/g 却小于 SZ 软土的累积孔隙面积 21.157 m^2/g。由此可以说明：SZ 天然软土的小、微孔隙的比分要超过 PY 软土，PY 软土的等效孔径更大一些，这与 5.2.2 节分析结论吻合。

(2)固结过程中，一方面孔隙总体体积的减少将导致累积孔隙面积有减小趋势，另一方面大孔隙破裂分解成中、小、微孔隙，又会使累积孔隙面积有所增加。因此，固结过程中，孔隙累积面积变化呈现出非单调变化的趋势，如图 5-15 所示，基本呈现先减小、后增大、再减小趋势。分析原因：固结初期，孔隙总体体积的减小占主导作用，故孔隙累积面积减小；固结中期，孔隙破裂使得小、微孔隙数量急剧增加起决定作用，故孔隙累积面积呈现一定涨幅，但不明显；固结后期，两种土样已基本形成相对稳定的密实结构，孔隙数量增加减缓，孔隙累积面积基本表现出减小并趋稳态势。最终，当固结压力达到 800 kPa 时，各土样的累积孔隙面积均小于固结前的土样且各土样的累积孔隙面积趋于一致，均值为 19.2 m^2/g 左右。

5.3.3.4　孔隙连通性和曲折性分析

根据 5.3.2 节试验结果，可以计算各土样的退汞效率和曲折因子，两者随固结压力的变化情况如图 5-16 和图 5-17 所示，具体数值见表 5-9。

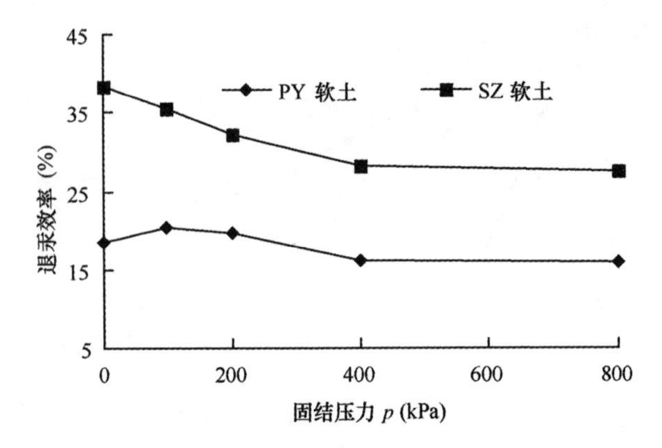

图 5-16 退汞效率与固结压力关系曲线

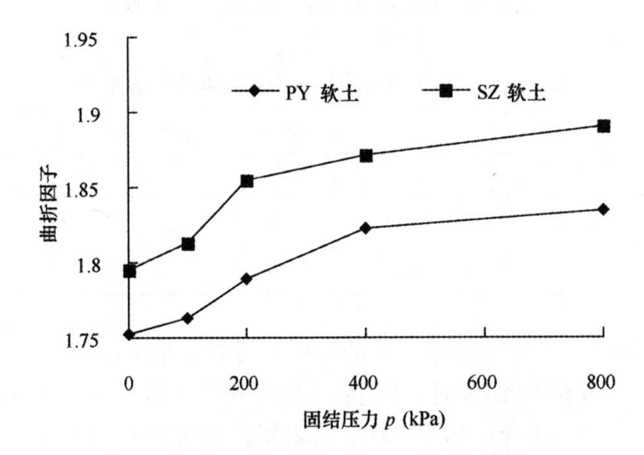

图 5-17 孔隙曲折因子与固结压力关系曲线

表 5-9 不同固结压力下各土样的退汞效率和曲折因子

土样	试样编号	固结压力/kPa	退汞效率(%)	曲折因子
PY 软土	PY—1	0	18.6	1.752
	PY—2	100	20.5	1.764
	PY—3	200	19.7	1.790
	PY—4	400	16.2	1.824
	PY—5	800	15.9	1.835
SZ 软土	SZ—1	0	38.4	1.795
	SZ—2	100	35.5	1.812
	SZ—3	200	32.3	1.856
	SZ—4	400	28.2	1.871
	SZ—5	800	27.6	1.891

通过对图5-16、表5-9分析可知，退汞效率随荷载的变化而随机波动，PY软土试样呈先增大后减小趋势、SZ软土试样呈减小趋势，并无明显规律性。但总体而言，随着固结压力的增加，各软土样最终的(p=800 kPa时)退汞效率较固结前(p=0 kPa时)要小一些。说明固结压力增大的过程本身就是大孔隙破裂，小、微孔隙生成，孔隙体积减小、孔隙尺度改变的孔隙结构破坏—再造—破坏—再造的复杂过程，受多个参数指标的影响，不能仅用退汞效率指标来简单描述。同时，由前述分析可知，退汞效率是反映孔隙连通性的重要指标，其值越高，说明土体内部孔隙孔喉比越小，越接近于1，孔隙的连通性越好；反之，则连通性越差，固结过程中PY和SZ软土的退汞效率分别降低了14.5%和28.1%。也就是说，荷载作用导致孔隙的连通性变得更差了。

由图5-17、表5-9分析可知，对于不同区域软土，孔隙曲折因子的变化规律基本相同。即随着固结压力增大，孔隙曲折因子呈增大并趋稳态势。固结压力p<200 kPa时，涨幅较快，之后随着荷载增大，其变化趋缓并逐渐稳定，固结过程中PY、SZ两种软土曲折因子的增幅分别为4.7%和5.3%，这说明固结过程使孔隙的曲折性略有增加。

5.4　基于ESEM试验的固结过程孔隙特征测试结果与分析

按照2.3.4节所述的ESEM试样制作方法制备天然原状软土的ESEM试样，此过程必须注意几点：

(1)制备毛坯时，尽量选择土样中间的未扰动部位；

(2)制作镜下观察样时，先用刀片环切毛坯后再小心掰出新鲜的、较平整的观察面，非观察面用刀片切取，并控制观察样尺寸在4 mm×8 mm×4 mm左右；

(3)放入保湿缸中养护一周，等结构恢复后再进行观察；

(4)控制样品室温度为5 ℃，压力为650 Pa，选取观察面的平整部位进行观察；

(5)根据需要选择代表性强的水平及竖直切面上的ESEM图像作为分析对象，为使分析结果具有可比性，统一取图像的放大倍数(×2 000倍)、分辨率(0.145 μm/pixel)和分析区域(147.9 μm ×127.6 μm)完全一致。利用Quanta 200环境扫描电子显微镜拍摄的两种软土的水平切面与竖直切面ESEM图片，如图5-18所示。

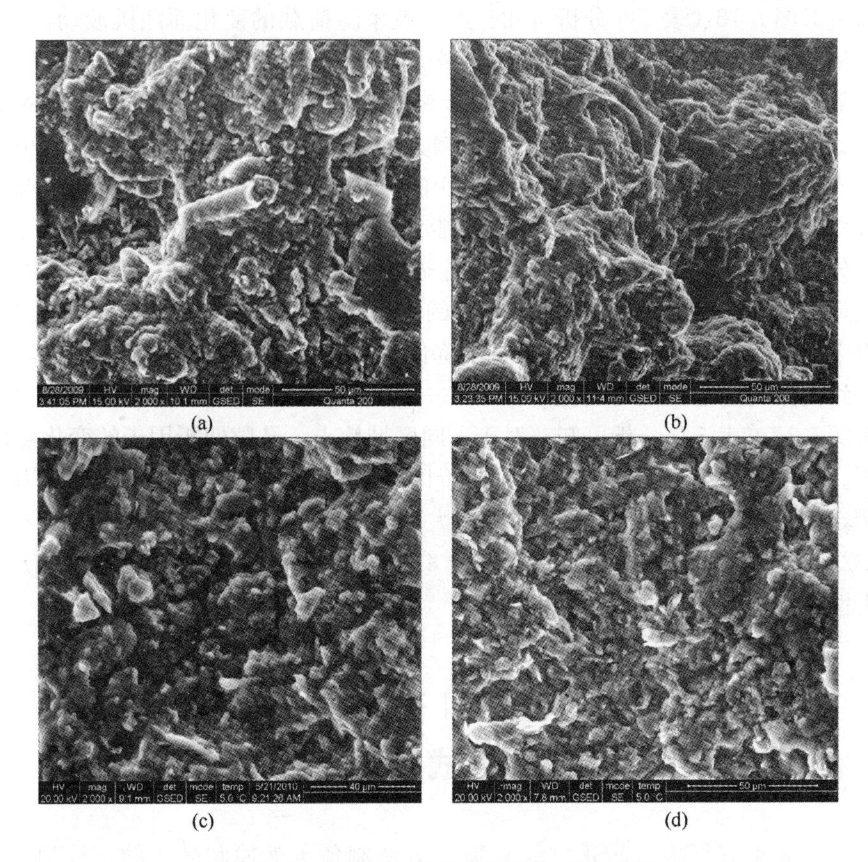

图 5-18　天然软土的 ESEM 图片(×2 000)

(a)PY 软土(水平切面，$p=0$ kPa)；(b)PY 软土(竖直切面，$p=0$ kPa)；

(c)SZ 软土(水平切面，$p=0$ kPa)；(d)SZ 软土(竖直切面，$p=0$ kPa)

注：每张 ESEM 图片最下方的黑色条带中所列为测试的相关参数，具体分析 ESEM 图片时必须切去黑色条带。

5.4.1　固结过程中各软土试样的 ESEM 图片

前文 2.5.3 节已介绍如何通过 ESEM 试验提取软土“结构单元体”的相关微结构参数，类似只要将研究对象改成“孔隙”，即可提取孔隙的相关微结构参数。本节利用固结过程中各天然原状软土试样的 ESEM 图片，各试样物理性质同 5.2 和 5.3 节，在此不再赘述。通过 PCAS 软件提取软土孔隙的相关参数并进行具体分析，以便将两种显微试验(即 ESEM 试验和 MIP 试验)的孔隙测试结果进行比对。图 5-19、图 5-20 所示分别为 PY 和 SZ 软土在各级固结压力下的 ESEM 图片。

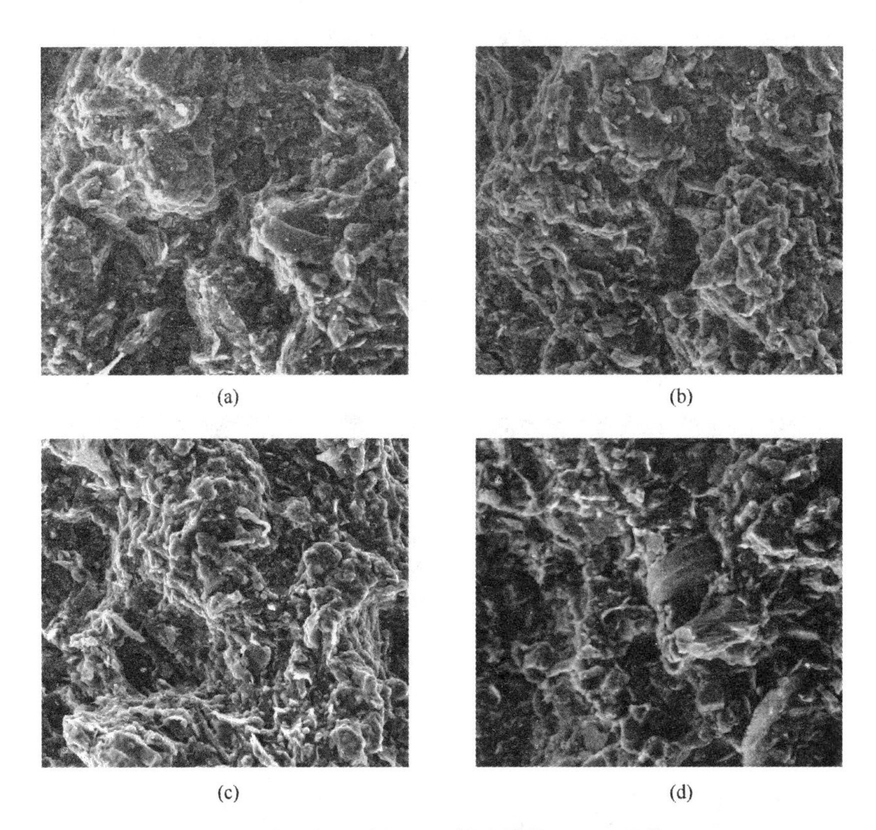

(a)　(b)

(c)　(d)

图 5-19　同固结压力下番禺(PY)软土样的 ESEM 图片(×2 000)

(a)PY－2 土样(100 kPa，竖直切面)；(b)PY－3 土样(200 kPa，竖直切面)；
(c)PY－4 土样(400 kPa，竖直切面)；(d)PY－5 土样(800 kPa，竖直切面)

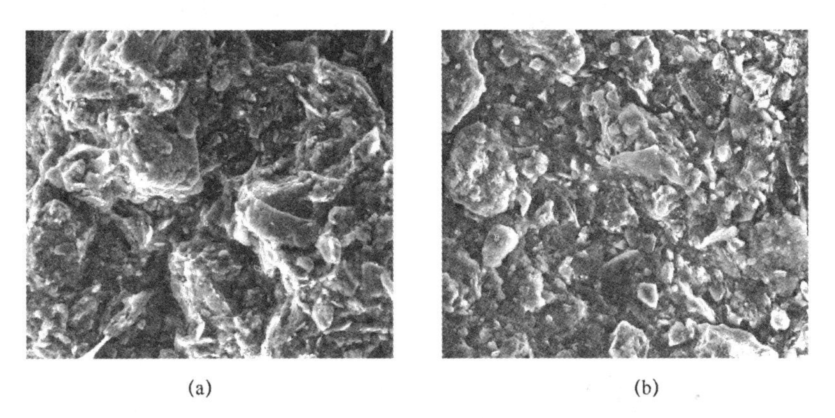

(a)　(b)

图 5-20　不同固结压力下深圳(SZ)软土样的 ESEM 图片(×2 000)

(a)SZ－2 土样(100 kPa，竖直切面)；(b)SZ－2 土样(100 kPa，水平切面)

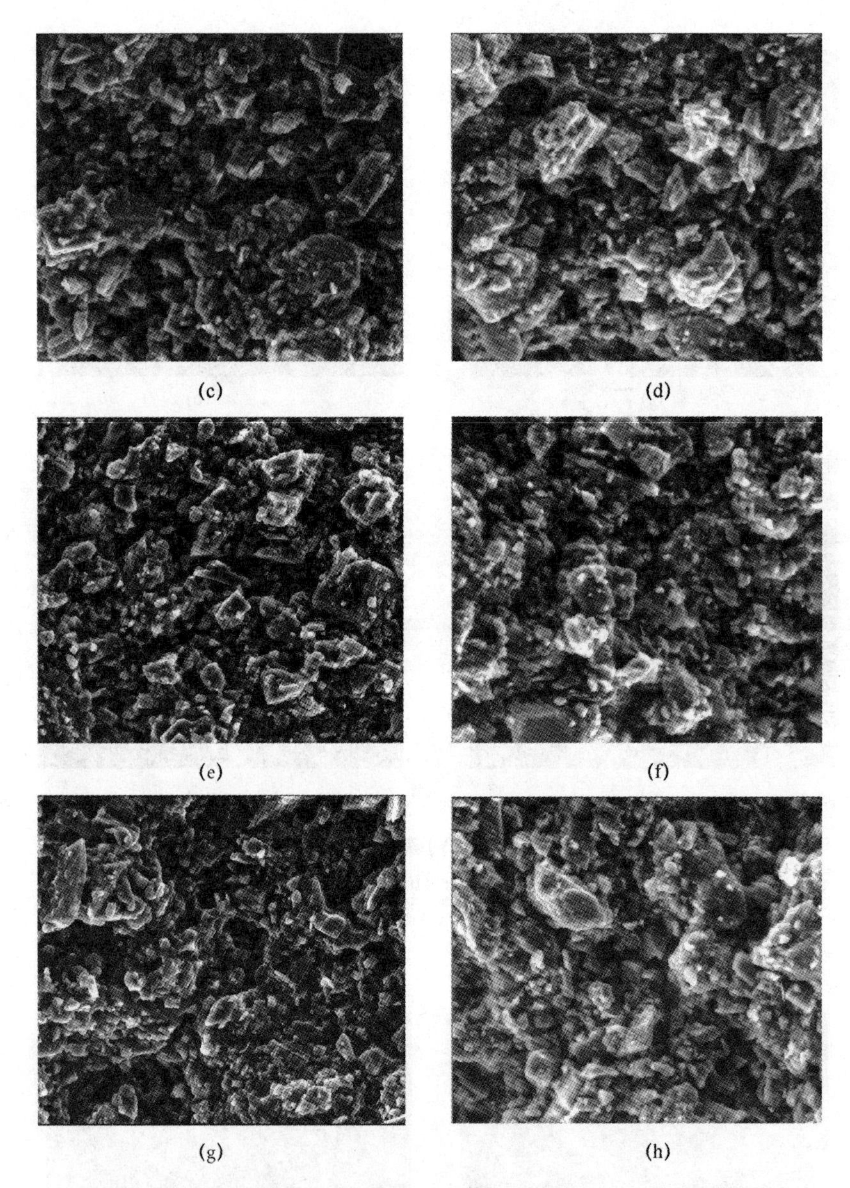

图 5-20　不同固结压力下深圳(SZ)软土样的 ESEM 图片(×2 000)(续)

(c)SZ－3 土样(200 kPa，竖直切面)；(d)SZ－3 土样(200 kPa，水平切面)；
(e)SZ－4 土样(400 kPa，竖直切面)；(f)SZ－4 土样(400 kPa，水平切面)；
(g)SZ－5 土样(800 kPa，竖直切面)；(h)SZ－5 土样(800 kPa，水平切面)

由图 5-19 可见，PY 软土在固结过程中存在微结构类型的变化。加载初期，PY 软土的颗粒单元体以黏粒形成的聚合体为主，呈海绵状结构，颗粒无明显的定向性排列，孔隙较均匀分布在聚合体之间，随着荷载的增加，颗粒单元体的连接方式由边一边连接向面一面连接转变。

由图 5-20 可以看出，加载初期，SZ 软土的结构单元体呈随机分布，无明显定向性排列，中、小孔隙较多且分布凌乱，在加载过程中，随着结构单元体碎散、团聚的反复进行，最终荷载达 800 kPa 时，结构单元体团聚现象明显(团聚体由众多的细小颗粒构成)，大部分结构单元体的等效直径明显增大，颗粒间的连接方式以面一面连接为主，孔隙体积明显减小。这说明随着固结荷载的增加，土体中的孔隙体积不断减少，土中的大部分孔隙为结合水所占据，结合水膜变得越来越薄，越来越多的黏土颗粒靠结合水膜连接形成新的团聚体。

综上所述，由软土固结过程中的 ESEM 图片观察可知，软土显微结构的变化会引起其宏观工程性质的改变，主要归纳如下：

(1)固结过程中，伴随微结构类型的变化，孔隙体积(即 ESEM 图片的孔隙面积)减小、结构单元体体积(即 ESEM 图片的结构单元体面积)增加，土样密实度增加，将导致软土强度的增加。

(2)孔隙是主要的渗流通道，固结过程中，孔隙体积(面积)减小，固结后期大部分孔隙为结合水所占据，自由水较少，在水头差作用下要推开较厚的结合水膜发生渗流相当困难，因而导致软土的渗透性降低。

(3)软土竖直切面上结构单元体(孔隙)的定向性较明显，这将导致软土各向异性程度加剧，使水平向和竖直向渗透性差异化更显著。

5.4.2　孔隙比、孔隙数量、等效孔径及孔径分布变化分析

ESEM 试验测得的两种软土在不同固结压力下的等效孔径及分布情况如表 5-9 所示。图 5-21、图 5-22 和图 5-23 分别为两种软土的孔隙比、孔隙数量与等效孔径随固结压力的变化情况。

由表 5-10 的 ESEM 图片分析结果可知，固结前，PY 和 SZ 两种软土的孔径优势分布区间为 0.4～2.5 μm，在该区间孔隙的比分分别达到 45.8%和 47.2%，这与 5.2 节 MIP 试验的结果基本一致。说明一般情况下软土的孔隙以小孔隙为主，大、中孔隙与超微孔隙的数量均较少。随着固结压力的增大，大孔隙数量明显减少，微孔隙数量显著增加，等效孔径不断减小。固结压力 800 kPa 与固结前相比，PY 软土孔径大于 10 μm 的大孔隙含量由 6.4%降至 2.6%，SZ 软土由 4.3%降至 3.1%，减幅分别为 59.4%和 27.9%；PY 软土孔径小于 0.4 μm 的微孔隙和超微孔隙含量由 37.7%增至 40.7%，SZ 软土由 44.9%增至 76.4%，增幅分别为 8.0%和 70.2%；PY 软土的等效孔径由 1.934 μm 降至 0.992 μm，SZ 软土的等效孔径由 1.524 μm 降至 0.758 μm，降幅分别达到 48.7%和 50.3%。

由图 5-21～图 5-23 可知，软土在固结初期，当固结压力较小时，由于软土存在一定的结构强度，故此时孔隙数量较少，孔隙比较大，孔径各分布区间百分含量变化较小，当固结压力小于 50 kPa 时，软土中孔隙等效直径的变化并不明显；当压力增至结构屈服应力时，软土中的大、中孔隙含量急剧减少，小、微孔隙含

量增加较快，孔隙的等效直径也明显变小，孔隙数量明显增加，孔隙比减小较快，该区段各曲线出现幅度较大的陡降或陡升，此时软土在固结压力作用下发生较大的变形量，这与图 5-7 所示的固结试验结果保持一致；随着固结压力继续增大，当土体的结构强度破坏以后，软土中大、中孔隙含量变化不大，微孔隙含量不断增加，孔隙数量也在不断增加，但变化趋势减缓。从以上分析可以看出，土体内孔隙的大小及分布变化较真实地反映出软土固结过程中不同阶段的压缩量。

表 5-10　软土样固结过程中的等效孔径及分布情况

试样	固结压力/kPa	等效孔径/μm	孔隙尺度分布(%)			
			>10 μm（大孔隙）	2.5～10 μm（中孔隙）	0.4～2.5 μm（小孔隙）	<0.4 μm（微、超微孔隙）
PY 软土	0	1.934	6.4	10.1	45.8	37.7
	50	1.851	5.8	12.0	46.4	35.8
	100	1.535	5.8	6.5	55.6	32.1
	200	1.328	3.2	9.7	55.6	31.5
	400	1.194	5.6	9.3	50.2	34.9
	800	0.992	2.6	4.8	51.9	40.7
SZ 软土	0	1.524	4.3	3.6	47.2	44.9
	50	1.462	2.8	9.9	45.2	42.1
	100	1.225	4.9	6.2	38.4	50.5
	200	1.173	5.8	2.9	27.1	64.2
	400	0.916	2.7	7.2	19.2	70.9
	800	0.758	3.1	3.4	17.1	76.4

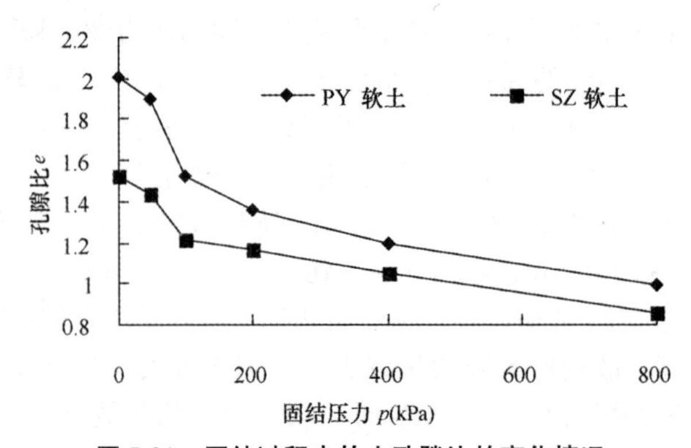

图 5-21　固结过程中软土孔隙比的变化情况

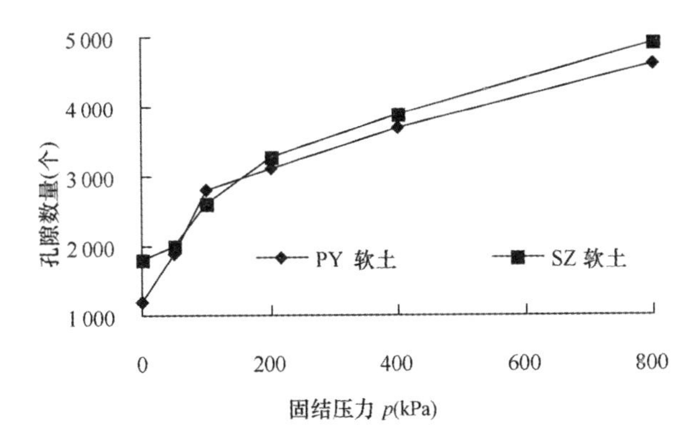

图 5-22　固结过程中软土孔隙数量的变化情况

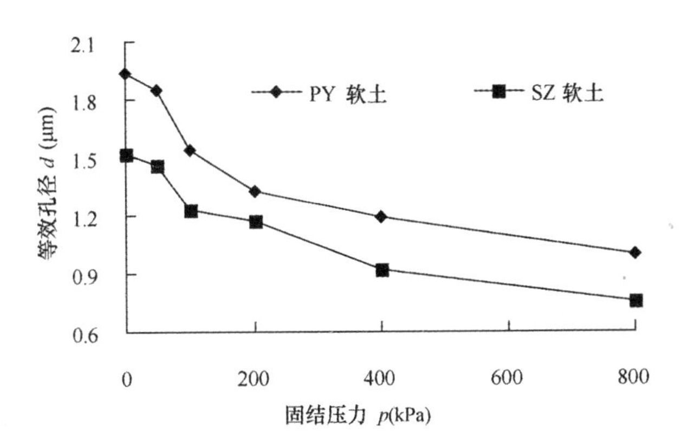

图 5-23　固结过程中软土等效孔径的变化情况

5.4.3　孔隙形状变化分析

固结过程中除了 5.4.2 节孔隙的尺度分布、数量、孔隙比等参数不断变化以外，孔隙的形状也在不断发生变化，图 5-24、图 5-25 所示分别为孔隙的平均形状系数 F 和平均圆形度 R 随固结压力的变化情况，具体数值列于表 5-11 中。

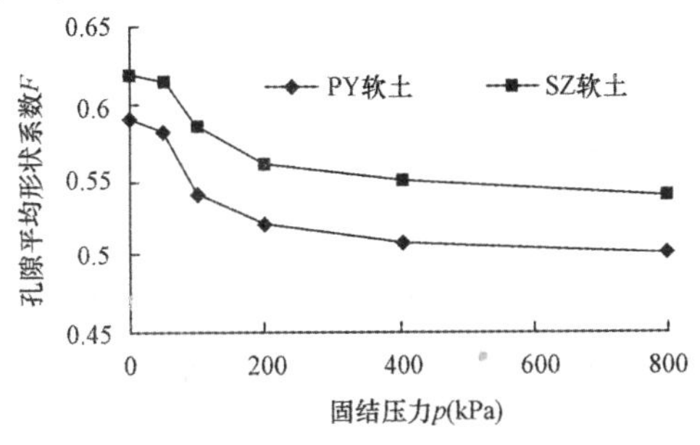

图 5-24　固结过程中软土孔隙平均形状系数随固结压力的变化情况

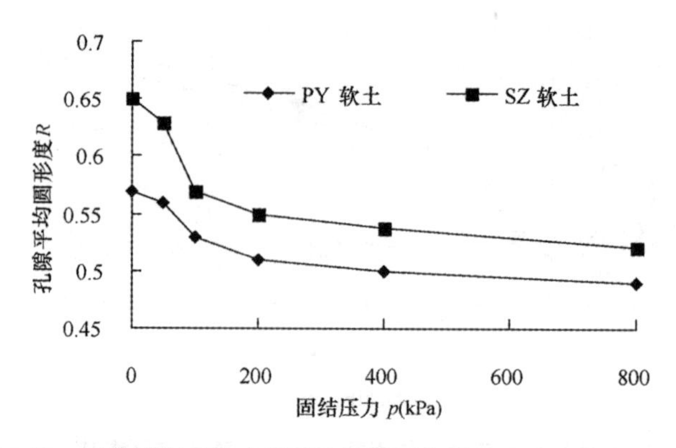

图 5-25　固结过程中软土孔隙平均圆形度随固结压力的变化情况

表 5-11　固结过程中各试样的孔隙平均形状系数 F 和平均圆形度 R

土样	孔隙形状参数	固结压力/kPa					
		0	50	100	200	400	800
PY 软土	平均形状系数 F	0.593	0.582	0.541	0.521	0.507	0.501
	平均圆形度 R	0.572	0.559	0.531	0.508	0.498	0.489
SZ 软土	平均形状系数 F	0.623	0.615	0.587	0.562	0.549	0.537
	平均圆形度 R	0.650	0.628	0.572	0.548	0.538	0.521

由图 5-24、图 5-25 和表 5-11 可知，总体来看，固结过程中随固结压力增大，孔隙的形状特征参数——平均形状系数和平均圆形度发生规律性的变化。固结前，PY 和 SZ 软土样孔隙的平均形状系数分别为 0.593 和 0.623，平均圆形度分别为 0.572 和 0.650，说明孔隙形状相对狭长；固结初期（$p<50$ kPa 时），由于软土具有一定的结构性，骨架尚未破坏，孔隙大小变化较小，孔隙平均形状系数和平均圆形度变化很小；当结构强度逐渐破坏时，伴随着大、中孔隙孔壁塌落，大、中孔隙变为小、微孔隙，孔隙的平均形状系数和平均圆形度发生显著变化；固结后期（$p>200$ kPa 时），软土的微观结构经历破坏、再造的复杂过程后趋于一种新的平衡时，此时孔隙形态对压力反应变得明显缓慢，表现为孔隙的平均形状系数和平均圆形度曲线基本成水平直线。

由图 5-24、图 5-25 还可知，相比番禺（PY）软土而言，深圳（SZ）软土孔隙的平均形状系数和平均圆形度较大，分析原因是 SZ 软土的小、微孔隙占比超过 90%，而小、微孔隙主要为颗粒间和颗粒内的孔隙，受荷载的影响较团粒间、团粒内的大、中孔隙要小很多，故孔隙圆度相对较高，反映为平均形状系数和平均圆形度两个参数相应较大。

5.4.4 孔隙定向性变化分析

固结过程是土体孔隙体积减小的过程，在孔隙大小、数量、尺度及分布变化的同时，孔隙的定向性也有所调整，软土孔隙方向角及概率熵的具体数值列于表 5-12 中，图 5-26、图 5-27 所示分别为软土孔隙方向角分布及孔隙概率熵随固结压力的变化情况。

表 5-12　不同固结压力下番禺软土和深圳软土的孔隙方向角及概率熵

角度(°) \ 含量(%) \ H_m	固结压力/kPa									
	0		100		200		400		800	
	0.925	0.898	0.948	0.921	0.921	0.906	0.937	0.918	0.909	0.897
0～10	7	5	5	7	6	6	8	3	2	7
10～20	8	10	3	4	4	4	9	6	1	11
20～30	5	3	5	2	3	3	2	3	5	8
30～40	6	6	8	6	5	5	1	3	7	2
40～50	10	7	2	4	7	7	3	4	5	5
50～60	5	8	4	9	9	9	2	7	3	4
60～70	6	6	3	7	10	10	5	3	4	6
70～80	2	4	9	5	8	8	6	5	9	5
80～90	3	3	6	4	7	7	4	6	10	6
90～100	7	4	2	6	5	5	6	5	7	3
100～110	4	8	6	3	4	4	8	7	4	2
110～120	2	3	11	6	6	6	10	2	5	5
120～130	6	4	7	9	5	10	6	9	6	4
130～140	5	5	5	10	10	5	4	7	3	4
140～150	2	7	6	6	3	3	8	6	2	2
150～160	5	3	8	4	2	2	7	5	8	7
160～170	9	8	4	3	1	1	5	10	13	9
170～180	8	6	6	5	5	5	6	9	6	10

注：同级固结压力下，前一列为 PY 软土数值，后一列为 SZ 软土数值。

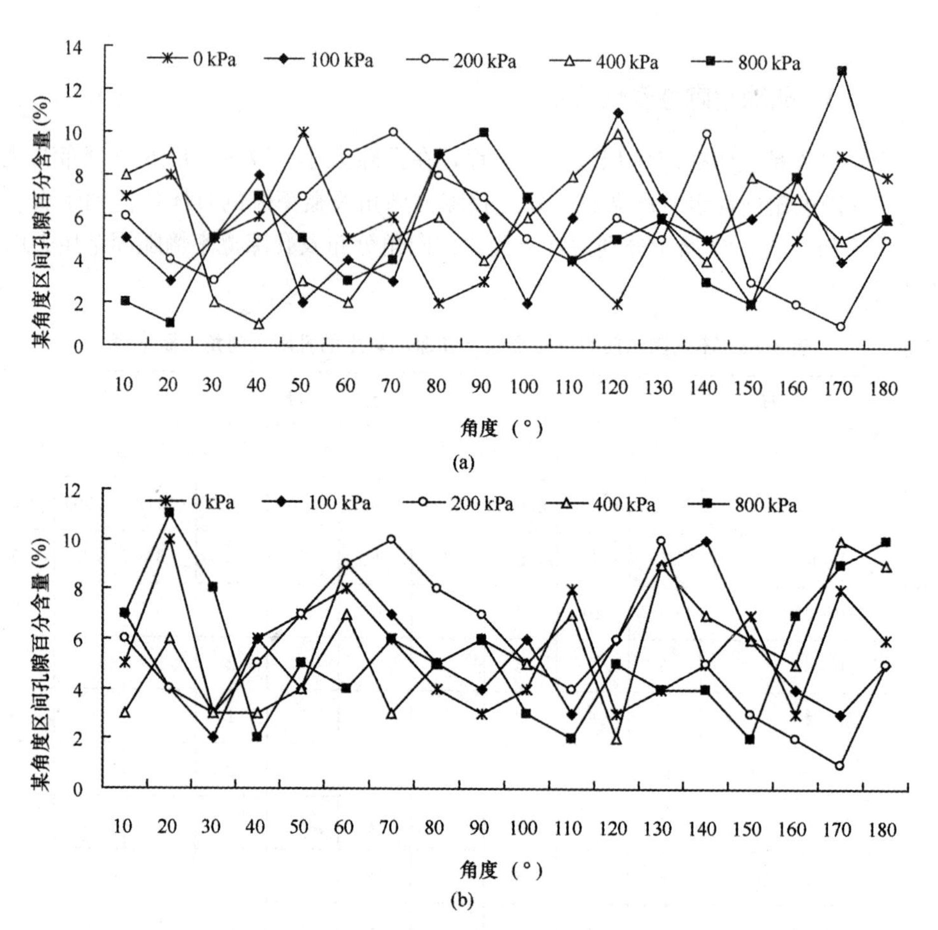

图 5-26　固结过程中软土孔隙方向角分布图

(a)PY 软土；(b)SZ 软土

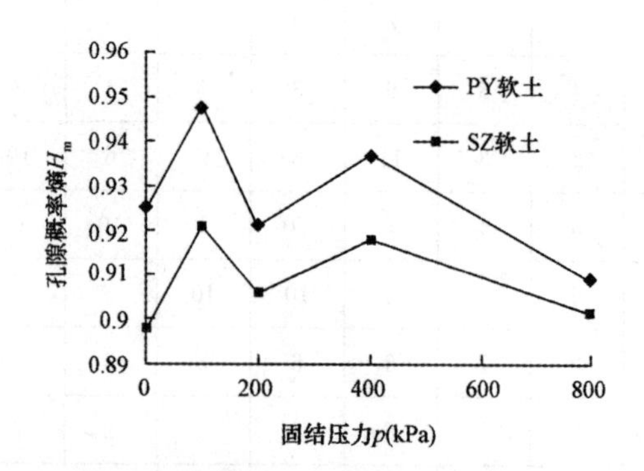

图 5-27　固结过程中各软土孔隙概率熵的变化

(a)PY 软土；(b)SZ 软土

由图 5-26 和表 5-12 可知，原状 PY 软土孔隙的比较优势方向为 40°～50°、

0°～20°和 170°～180°，原状 SZ 软土孔隙的比较优势方向为 10°～20°、100°～110°和 160°～170°，孔隙排列方向相对混乱。固结过程使孔隙发生破裂、兼并、生长的交替和反复的复杂变化，大孔隙湮灭，小、微孔隙增长，孔隙的优势方向不断变化且存在多个优势方向，但整个固结过程对孔隙定向性的影响并不明显，孔隙排列仍旧比较混乱。

由图 5-27 不同固结压力下软土孔隙概率熵的变化规律也可看出，随着固结压力增加，体现孔隙排列的规律性指标概率熵 H_m 发生随机波动，PY 软土的变化范围为 0.875～0.989，SZ 软土为 0.897～0.921，并无明显规律。但总体来说，随着固结压力增加，孔隙概率熵有减小趋势。也就是说，固结压力使孔隙定向性有微弱增强，但并不明显。

5.5　两种显微试验固结过程的孔隙特征测试结果比较

5.5.1　孔隙比

利用常规固结试验、MIP 试验和 ESEM 试验得到的不同固结压力下珠江三角洲典型软土的孔隙比结果列于表 5-13 中。

表 5-13　固结过程中三种试验计算得到的软土孔隙比结果

土样	固结压力/kPa	常规固结试验	MIP 试验	ESEM 试验	最大相对误差
PY 软土	0	2.11	2.06	2.01	4.7%
	100	1.59	1.55	1.52	4.4%
	200	1.48	1.34	1.36	9.5%
	400	1.21	1.14	1.20	5.8%
	800	1.01	0.91	0.99	9.9%
SZ 软土	0	1.56	1.61	1.52	5.6%
	100	1.31	1.27	1.22	6.9%
	200	1.23	1.23	1.17	4.9%
	400	1.12	1.14	1.08	5.3%
	800	0.80	0.82	0.86	7.0%

由表 5-13 对比结果可知，固结压力增加致使土体孔隙中的水被挤出，孔隙体积减小，孔隙比(率)随固结压力增大而减小。三种试验——常规固结试验、MIP 试验和 ESEM 试验计算得到的孔隙比数值较接近，最大相对误差的区间范围为 4.4%～9.9%，均值为 6.5%，误差在允许范围内，由此可以说明：MIP 法和

ESEM 法均是软土微观结构研究的有效手段，两种方法试验结果接近可以给予相互印证。

由表 5-13 分析可知，多数情况下，MIP 试验和 ESEM 试验等显微试验测试的孔隙比结果比常规固结试验换算得到的结果要小。分析产生该现象的可能原因为，软土试样中存在汞无法压入或较难压入的封闭孔隙或喉管狭长孔隙，这类孔隙的存在导致 MIP 测试的孔隙比结果偏小；经 ESEM 试验利用 2.5.3 节分析得到的“孔隙比”参数其实是根据 ESEM 图片黑白面积比例得到的“面孔隙比”，而非真正意义上的“体孔隙比”，由于实际软土集聚体内包裹有团粒内孔隙和颗粒内孔隙等，这些在图片中并未显现，均会导致面孔隙比计算结果比体孔隙比结果要小。

5.5.2 孔隙尺度分布

固结过程中，软土的孔隙尺度分布在不断发生变化，将 MIP 试验和 ESEM 试验换算得到的孔隙尺度分布结果汇总列于表 5-14 中。

表 5-14 不同固结压力下软土的孔隙尺度分布结果

土样	压力(kPa)	孔隙尺度分布(%)									
		大孔隙 >10 000 nm		中孔隙 2 500～10 000 nm		小孔隙 400～2 500 nm		微孔隙 30～400 nm		超微孔隙 <30 nm	
PY 软土	0	4.4	6.4	8.3	10.1	48.0	45.8	33.5	37.7	5.8	0
	100	2.3	5.8	5.5	6.5	54.3	55.6	32.6	32.1	5.3	0
	200	3.5	3.2	6.2	9.7	52.0	55.6	33.0	31.5	5.3	0
	400	3.4	5.6	3.8	9.3	45.4	50.2	40.7	34.9	6.7	0
	800	1.1	2.6	2.1	4.8	45.3	51.9	42.9	40.7	8.6	0
SZ 软土	0	2.7	4.3	1.7	3.6	45.4	47.2	45.0	44.9	5.2	0
	100	4.3	4.9	3.3	6.2	33.8	38.4	51.6	50.5	7.0	0
	200	3.1	5.8	5.2	2.9	24.2	27.1	60.1	64.2	7.4	0
	400	1.9	2.7	3.6	7.2	21.3	19.2	65.9	70.9	7.3	0
	800	2.5	3.1	2.8	3.4	15.2	17.1	69.1	76.4	10.4	0

注：对于某级荷载下的孔隙尺度分布，前者为 MIP 试验结果，后者为 ESEM 试验结果。

通过对表 5-14 孔隙尺度的分布结果分析可知，除超微孔隙外，两种显微试验能得到较一致的孔隙尺度分布结论，即随着固结压力增加，等效孔径逐步减小，较大尺度的大、中孔隙的比分有所减小，而小、微甚至超微孔隙等小尺度孔隙的比分则有所增加。说明在固结压力作用下，较大尺度的孔隙被压碎分裂成较小尺度的孔隙，孔隙向小、微甚至超微孔隙方向发展。

固结前，PY 软土以小孔隙为主，微孔隙比分次之，大、中及超微孔隙的比分都较小；而 SZ 软土的小、微孔隙比分相当，均为 45%左右，两者比分之和超过 90%；其他孔隙的比分均较小，不足 10%。相比而言，后者的粒径更小、孔径更小，这与第三章两种土体矿物成分分析的结论一致。

固结压力超过 200 kPa 以后，PY 软土孔隙以微孔隙和超微孔隙为主；当固结压力达到 800 kPa 时，两者的比分达 50%左右；而 SZ 软土在固结压力超过 100 kPa 以后，孔隙即以微孔隙和超微孔隙为主，当固结压力达到 800 kPa 时，两者比分均接近 80%，其中 MIP 试验为 79.5%，ESEM 试验为 76.4%，说明固结过程使软土的孔隙结构及其尺度分布特征发生显著变化。固结过程中较大孔隙先被压缩/破裂，较小孔隙后被压缩/破裂，团粒内孔隙向颗粒间孔隙转化，最终颗粒间孔隙占据主导地位。

固结过程中，MIP 试验测得的各软土样中超微孔隙的比分增加不明显，由固结前至固结压力为 800 kPa，两种软土超微孔隙比分仅分别增加了 2.8%和 5.2%，分析原因在于超微孔隙主要为颗粒内孔隙，其受荷载影响很小，不易被压碎，也很难被汞压入。比较 MIP 试验和 ESEM 试验，除超微孔隙除外(原因分析如下述第四点)，测得的孔隙尺度分布结果误差一般控制在 15%以内，说明测得的孔隙分布结果可信且两种试验可以相互印证。分析 MIP 试验与 ESEM 试验在孔隙测试方面存在误差的原因，主要可以归纳为如下几个方面：

(1)固结试验后，在同一固结样的不同部位切取并制作 MIP 样和 ESEM 样，由于土样本身具有非均匀的各向异性性质，研究对象存在实际的差异，因此会导致两种微观试验试样本身存在一定差异性。

(2)MIP 试验求得的是“体孔隙分布”，而 ESEM 试验求得的是“面孔隙分布”，两者存在本质不同，如假定各个切面土体形态一致，则体孔隙比与面孔隙比理论结果应一致。

(3)MIP 试验受到试样内部孔隙特征、汞的自身特性(如纯度、自身的可压缩性等)、试样表面物理化学性质、真空度、试样粗糙度和清洁度、温度变化、试验操作等因素影响，会导致 MIP 孔隙测试结果产生一定误差。

(4)ESEM 图片孔隙在换算过程中，均假定孔隙为圆形孔隙，与实际情况存在一定差距，且由于在去杂、去噪处理及图像分辨率等因素，会产生误差。如对于 10 像素以下孔隙(以 ESEM 图像分辨率 0.014 5 μm/pixel 换算，即 145 nm)，图像识别软件一般在去杂操作中已除去，故利用 ESEM 图片无法统计出超微孔隙。

5.5.3　孔隙连通性和曲折性

由图 5-1、图 5-2、图 5-9、图 5-10 可见，退汞曲线明显滞后于进汞曲线。分析原因主要是软土内部存在狭小口径和肥大腹腔的“墨水瓶”状孔隙及残留孔隙等两类孔隙，前者由于进汞时压强要高于退汞时的对应压强，后者是汞，一旦被压入即难被排除。这两类孔隙的连通性和曲折性等特征均可由 ESEM 图片直观显示，图 5-28 所示为 PY 软土样的 ESEM 分析图。

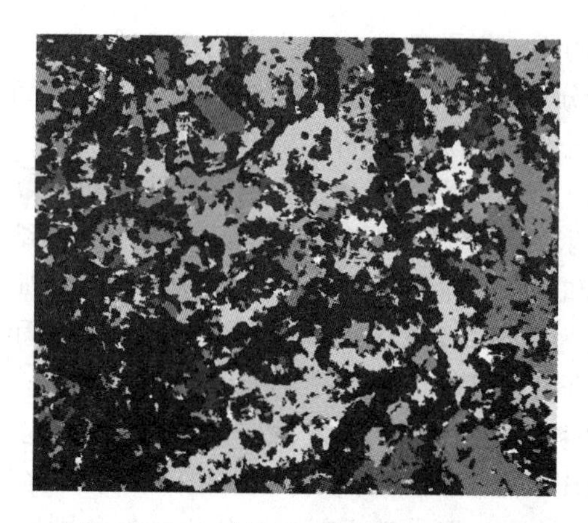

图 5-28 PY 软土样的 ESEM 分析图

图 5-28 中的典型"好"孔隙和"差"孔隙呈现在图 5-29 中，可与压汞试验的累积进汞量—进汞压力关系及累积进汞量—孔径关系曲线相互印证。

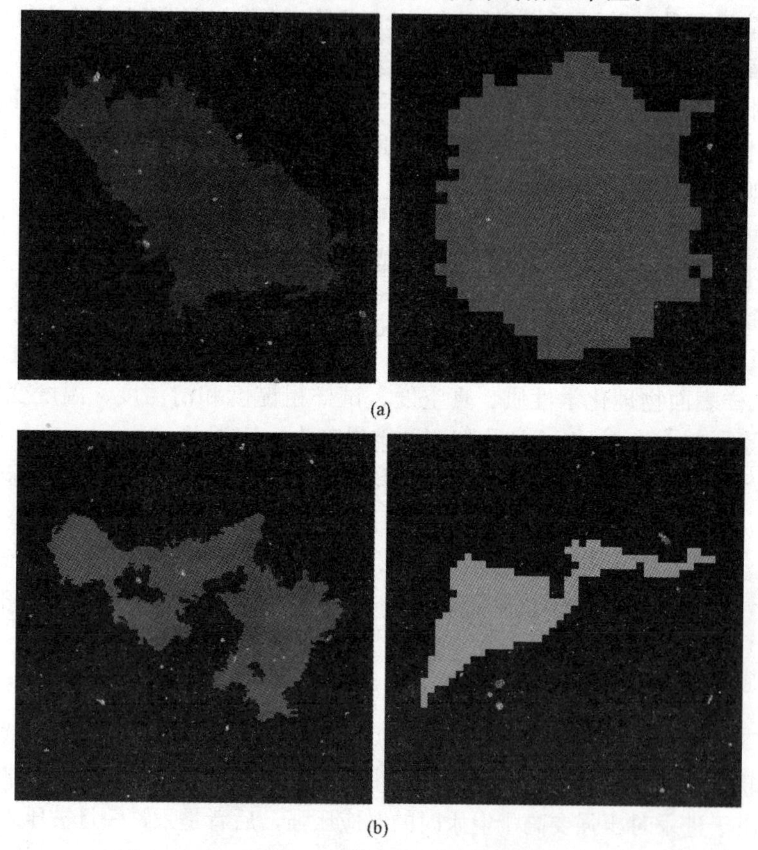

图 5-29 孔隙的连通性及曲折性特征

(a)孔道平缓、连通性较好的孔隙；(b)孔道曲折、连通性较差的孔隙

由分析可知，图 5-29(a)所示典型孔隙由于形状均匀、连通性好、不曲折且各向几乎同性，故能够较好地进汞和退汞，退汞效率较高，属于“好”孔隙；反之，图 5-29(b)所示孔隙因具有狭长喉管，其孔喉比大、孔隙曲折或不连通等特征，导致该类孔隙的曲折因子大、退汞效率低，属于“差”孔隙。如该类孔隙的比分较大，则将导致软土的退汞曲线明显滞后于进汞曲线。

5.6　本章小结

本章研究了典型天然软土固结前、固结过程中孔隙的大小、尺度、形状、曲折、连通等变化特征及微结构影响因素，现将主要观点归纳如下：

(1)由天然原状软土的孔隙特征测试发现：不同地区的天然原状软土其孔隙结构特征存在明显差异，本地区软土的孔隙可划分为大孔隙、中孔隙、小孔隙、微孔隙和超微孔隙五种。天然软土孔隙以小孔隙为主，即以团粒内孔隙、颗粒间孔隙为主。比较而言，PY 软土结构更为松散，孔隙比较大，大、中孔隙含量比 SZ 软土多，而 SZ 软土孔径在小孔隙范围内分布更为集中。

(2)软土固结变形过程中，孔隙微观结构定量化参数在不同阶段呈现出不同的变化规律。固结前期，微观结构处于稳定调整阶段，软土孔隙的数量较少，孔隙比(率)较大，孔隙大小、形态和定向性等参数的变化幅度均较小；当有效应力增至结构屈服应力时，孔隙数量明显增加，等效孔径不断变小，形态变得更为复杂，孔隙分布由中、小孔隙向小、微孔隙甚至超微孔隙发展，但定向性变化不显著；随着有效应力继续增大，新的微观结构仅做适当调整，孔隙结构的定量化参数变化趋缓。

(3)MIP 试验、ESEM 试验测得孔隙比数值接近，说明 MIP 法和 ESEM 法均是软土微结构研究的有效手段且分析结果接近。两种试验均显示，随着固结压力增加，较大尺度的大、中孔隙所占比分减少，而小、微、超微孔等小尺度孔隙比分显著增加。这说明在固结压力作用下，较大尺度的孔隙被压碎分裂成较小尺度的孔隙。当荷载超过 200 kPa 以后，土中孔隙以微孔隙和超微孔隙为主，孔隙结构及其尺度分布特征发生显著变化，但由于两种显微试验的假设条件与研究手段存在差异，故导致孔隙尺度测试结果存在一定误差，一般控制在 15%以内。

(4)通过对 MIP 与 ESEM 试验的结果比对分析表明，两种显微试验能够较好印证软土内部孔隙的连通性和曲折性特征，正是由于土体内部存在“墨水瓶”状孔隙和残留孔隙等连通性较差的孔隙，导致土体退汞不充分，其退汞曲线明显滞后于进汞曲线。

第6章　软土渗流特性的微细观参数试验与分析

6.1　概　述

土体孔隙中的水在水力梯度驱使下缓慢流动的现象称为渗流。水力梯度可由水位差、荷载等多种因素产生，其中，荷载引起水力梯度驱动的渗流，将伴随着孔隙水排出、超静孔隙水压力消散、有效应力增加而导致土体压缩的固结过程。土体渗透性的大小是影响其固结过程历时长短的重要因素[219~223]，透水性好的碎石土和砂土在建筑物竣工时固结变形已基本完成，而透水性较低的黏性土尤其是饱和软黏土，其固结变形过程需要经历几年甚至几十年时间。对于低渗透性的饱和软土，影响其渗透性的因素相当复杂，包括矿物成分、孔隙特征(墨水瓶状孔隙和残留孔隙等)、孔隙尺度和分布、孔隙水的离子成分和浓度等。本章将通过试验研究，分析上述各种因素的微细观参数变化对饱和软土渗透性的影响及其作用机制。

现有的土体渗流固结理论主要为依托 Darcy 渗流定律的 Terzaghi 固结理论和 Biot 固结理论。这些理论假定土体渗流为线性渗流，固结过程中土体渗透性不变，孔隙水的渗流速度与水力梯度呈线性关系。然而许多工程实践表明，对于低渗透性的饱和软土，其渗透特性由于受到颗粒表面电荷—水—电解质离子相互作用的影响往往明显偏离 Darcy 线性渗流定律[224~228]，使理论结果与工程实测结果严重偏离。例如，在广州南沙许多海相吹填淤泥土地基真空预压加固工程和珠江三角洲其他堆载预压和真空预压淤泥土地基加固工程中，固结理论预测的固结度、固结沉降和加固效果等与实际严重不符[15]，这预示着现有固结理论存在明显不足。由于海相淤泥颗粒极为微小，黏粒占 85%以上且富含有机质、胶体物质，而且孔隙水含有浓度极高的低价电解质离子，致使颗粒—水—电解质系统的相互作用极为突出而改变孔隙水的渗透性质。颗粒—水—电解质系统的相互作用是通过颗粒表面电荷形成的微电场来实现的，微小的黏土颗粒具有很大的比表面积而使表面带电现象非常明显，表面电位可达数十至数百 mV[188]；颗粒表面微电场通过扩散双电层的作用形成黏滞性的结合水膜而改变土的渗透性质；同时结合水膜厚度的变化将改变土颗粒之间相对运动的润滑性质，使颗粒之间出现接触摩擦、润滑摩擦以及介于两者之间的摩擦，从而引起变形阻力的增减，改变土体的抗剪强度[229]。上述由于颗粒表面微电场影响使黏土的渗透特性和强度特性改变的现象，称为“微电场效应”。“微电场效应”实质上也是“电化学效应”。谷任国等[15,230]通过一系列的渗流固结实验与分析表明，极细颗粒黏土渗流的“微电场效应”是导致淤泥土地基加固效果出现异常的重要因素。

在微/纳米多孔材料的渗流研究领域，人们在 20 世纪 20 年代就已观测到流体在小于某一尺度(通常是微米等级)的管道中流动时，管壁和流体界面会出现相对滑移即“边界滑移”现象[231,232]，这与经典的流体力学和润滑力学中无滑移固—液界面的重要假设不相符。现有研究表明[233,234]，当孔隙的特征尺寸减小到一定尺度时，连续介质假设虽仍能成立，但原来在宏观流动中被忽略的许多因素，可能成为主要的因素，从而出现不同于宏观流动的规律。一般而言，流体的“边界滑移”现象将在某一微小尺度下发生，而在宏观尺度下不会发生。此外，环境温度，流体的压力、黏度、化学性质，固体表面的润湿性、粗糙度等因素可能也会影响边界滑移行为。由本书第 5 章试验(表 5-4、表 5-10 和表 5-14 等)表明，细颗粒黏土中微米及以下尺度等级的孔隙体积普遍占总孔隙体积的 50%以上，可能产生“边界滑移”等一些与宏观流动不同的现象，本文将这一现象称为“微尺度效应”。

本章采用蒸馏水和不同电解质离子浓度的孔隙液对人工土和天然土进行渗透试验，研究了不同离子浓度和水力梯度下极细颗粒土渗流的微电场效应、微尺度效应，以及渗流固结特性随孔隙特征及尺度变化的规律。渗透试验的方法分为直接测试法和间接测试法两类，前者为常水头试验法，后者为渗流固结法。

6.2　软土渗流试验与分析

与天然土相比，人工土具有成分明确且准确定量，比表面积和表面电荷密度等微观参数易于确定等优点，适合于研究微电场变化对土体渗透特性的影响。本节首先测试了人工土的渗流特性，利用 Gouy—Chapman 扩散的双电层理论分析并讨论孔隙液浓度或颗粒表面电位、水力梯度与渗透系数、渗流流速等参数的关系，然后用天然土的试验结果进行验证。

6.2.1　软土渗流的微电场效应试验

6.2.1.1　试验方案设计

本试验用土为按一定比例制备的高岭土与膨润土的混合土，采用击样法制样，控制试样直径为 61.8 mm，高为 20 mm，孔隙比为 1.64 左右，试验前经抽气饱和处理，试样的主要物理性质参数如表 6-1 所示。

表 6-1　人工土试样的主要物理性质参数

编号	试样成分	数量	孔隙液浓度 $n/(\mathrm{mol\cdot L^{-1}})$	平均干密度 $\rho_d/(\mathrm{g\cdot cm^{-3}})$	平均初始孔隙比 e_0	塑性指数 $I_P(\%)$	平均含水量 $w(\%)$
SL－1	100％膨润土	2	0	0.95	1.62	128.8	67.2
SL－2		2	8.3×10^{-3}	0.95	1.62		66.0
SL－3		2	8.3×10^{-2}	0.94	1.66		65.7
SL－4		2	8.3×10^{-1}	0.94	1.64		63.9
SL－5		2	2.0	0.95	1.63		63.3
SL－6	33.3％高岭土＋66.7％膨润土	2	0	0.98	1.66	86.9	63.9
SL－7		2	8.3×10^{-3}	0.98	1.67		63.5
SL－8		2	8.3×10^{-2}	0.99	1.64		62.8
SL－9		2	5.0×10^{-1}	0.98	1.64		63.2
SL－10		2	8.3×10^{-1}	0.99	1.63		61.6
SL－11	50％高岭土＋50％膨润土	2	0	1.01	1.65	69.2	62.3
SL－12		2	8.3×10^{-3}	1.01	1.64		61.2
SL－13		2	8.3×10^{-2}	1.01	1.64		61.8
SL－14		2	5.0×10^{-1}	1.01	1.64		61.5
SL－15		2	8.3×10^{-1}	1.01	1.63		62.3
SL－16	66.7％高岭土＋33.3％膨润土	2	0	1.00	1.63	47.9	61.7
SL－17		2	8.3×10^{-3}	1.00	1.64		61.4
SL－18		2	8.3×10^{-2}	1.00	1.64		62.0
SL－19		2	5.0×10^{-1}	1.00	1.64		61.6
SL－20		2	8.3×10^{-1}	0.99	1.65		61.8

同时，为分析微电场效应对试样渗流特性的影响，采用乙二醇乙醚吸附法(即EGME法)[235~237]和乙酸铵交换法[238~240]测试试样的总比表面积和阳离子交换量(CEC)，而后换算颗粒表面电荷，进而求出颗粒表面电荷密度，具体测试方法详见相关文献[11]。

利用渗流固结法测试各级孔隙液浓度下人工土的渗透特性，控制固结压力为200 kPa，孔隙液溶质为分析纯级氯化钠颗粒，试验取各级孔隙液下两个相同试样渗透系数的均值作为该成分试样的渗透系数。

6.2.1.2　试验结果

表6-2所示为人工土试样的总比表面积和阳离子交换量测试结果。图6-1所示为各浓度孔隙液下，人工土试样渗流固结试验($\sigma=200$ kPa)得到的压缩量与时间关系曲线(即$d-\sqrt{t}$曲线)，用时间平方根法求出相应的固结系数，进而求出渗透系数及均值。其中，将浓度$n=0$ mol/L(即蒸馏水)试样的平均渗透系数记作$\bar{k}_D$，其余

浓度试样的平均渗透系数按其浓度从小到大的顺序依次记为 $\bar{k}_{E1}$、$\bar{k}_{E2}$、$\bar{k}_{E3}$ 和 $\bar{k}_{E4}$，如表 6-3 所示。图 6-2 所示为人工试样 $\bar{k}_E/\bar{k}_D$ 随孔隙液浓度 n 变化的关系曲线。

表 6-2　试样的总比表面积和阳离子交换量测试结果

试样成分	总比表面积 S_S /($m^2 \cdot g^{-1}$)	CEC /($cmol \cdot kg^{-1}$)	阳离子交换当量 Γ /($\times 10^{-3} meq \cdot m^{-2}$)	土颗粒表面电荷密度 σ /($\times 10^{-4} C \cdot m^{-2}$)
100%膨润土	426.9	73.5	1.772	1.71
33.3%高岭土+66.7%膨润土	346.8	51.4	1.482	1.43
50%高岭土+50%膨润土	241.4	43.6	1.806	1.74
66.7%高岭土+33.3%膨润土	169.7	28.2	1.662	1.60

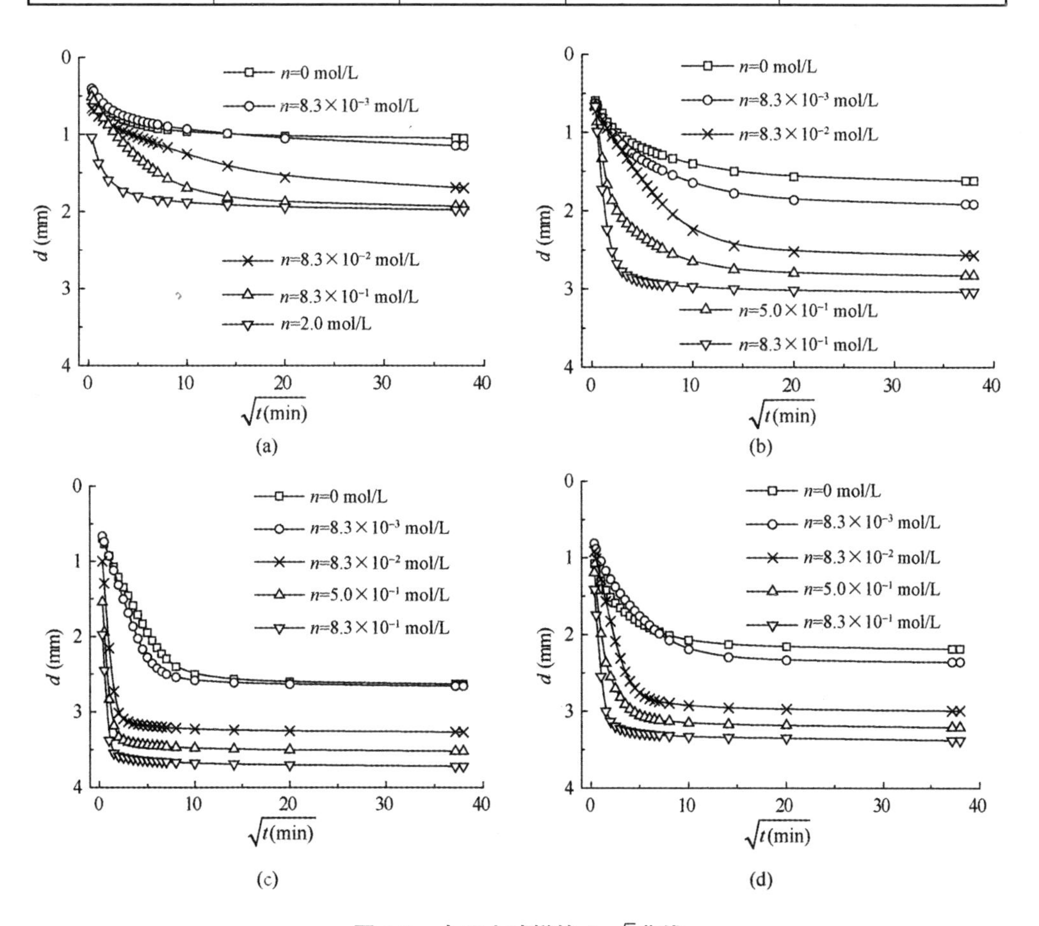

图 6-1　人工土试样的 $d-\sqrt{t}$ 曲线

(a)100%膨润土；(b)33.3%高岭土+66.7%膨润土；

(c)50%高岭土+50%膨润土；(d)66.7%高岭土+33.3%膨润土

表 6-3　人工土试样的渗流固结试验结果

编号	成分	孔隙液浓度 $n/(\mathrm{mol\cdot L^{-1}})$	平均固结系数 $C_v/(\times10^{-5}\mathrm{cm^2\cdot s^{-1}})$	平均渗透系数 $\bar{k}_D$ 或 $\bar{k}_E/(\times10^{-9}\mathrm{cm\cdot s^{-1}})$
SL－1	100%膨润土	0	1.27	3.3
SL－2		8.3×10^{-3}	2.21	6.1
SL－3		8.3×10^{-2}	1.66	7.9
SL－4		8.3×10^{-1}	3.50	17.1
SL－5		2.0	4.69	24.2
SL－6	33.3%高岭土＋66.7%膨润土	0	3.12	12.5
SL－7		8.3×10^{-3}	3.87	18.9
SL－8		8.3×10^{-2}	4.00	29.6
SL－9		5.0×10^{-1}	20.96	145.3
SL－10		8.3×10^{-1}	22.51	165.8
SL－11	50%高岭土＋50%膨润土	0	4.39	20.9
SL－12		8.3×10^{-3}	5.57	28.8
SL－13		8.3×10^{-2}	10.35	71.2
SL－14		5.0×10^{-1}	53.75	405.6
SL－15		8.3×10^{-1}	56.25	456.8
SL－16	66.7%高岭土＋33.3%膨润土	0	4.90	33.1
SL－17		8.3×10^{-3}	9.10	57.3
SL－18		8.3×10^{-2}	37.68	304.5
SL－19		5.0×10^{-1}	185.35	1 680.5
SL－20		8.3×10^{-1}	200.83	1 850.4

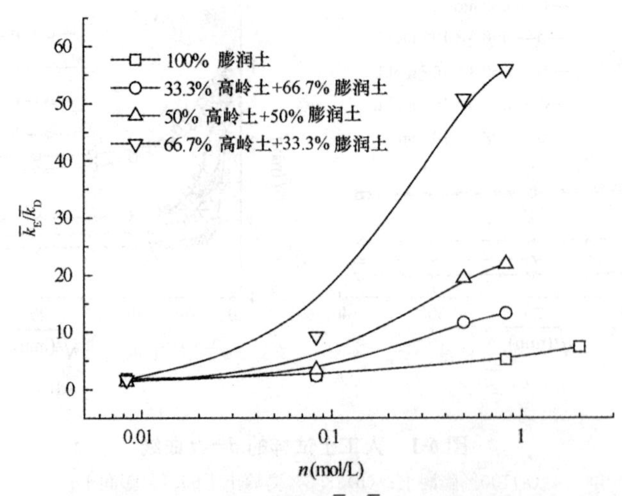

图 6-2　人工土试样的 $\bar{k}_E/\bar{k}_D-n$ 关系曲线

6.2.1.3　试验结果分析

由人工土的渗流固结试验表明，极细颗粒黏土的渗流特性受孔隙液浓度的影响较显著，表现为：

(1)在相同固结压力下(σ =200 kPa，见图 6-1)，人工土的固结变形时程曲线形态与孔隙液浓度 n 密切相关。即 n 越大曲线越陡，压缩稳定所需时间越短，固结排水速度越快；反之，曲线越缓则固结排水速度越慢。

(2)由表 6-2 和图 6-2 可知，各土样的渗透系数均随 n 增大而增大，且曲线呈现两端平缓中间陡峭态势，表明 n 越大则渗流的微电场效应越明显且孔隙液浓度在中间段(如 n=0.1～1 mol/L)，土样渗透系数的增速较快。$\bar{k}_E/\bar{k}_D$ 的增幅随着膨润土相对含量的增加而减小，在 $n=8.3\times10^{-1}$ mol/L 下各土样的 $\bar{k}_E/\bar{k}_D$ 值分别为 5.2(100%膨润土)、13.3(66.7%膨润土)、21.9(50%膨润土)和 55.9(33.3%膨润土)。

6.2.2　软土渗流的微尺度效应试验

6.2.2.1　试验方案设计

本章概述中曾提及产生“边界滑移”等微尺度效应的前提条件之一是流体在微米级或以下的管道中流动，而第 5 章 MIP 法测试表明人工土和天然土中存在大量的微米级孔隙，因此人工土和天然土具备产生微尺度效应的条件。为探索土体中微孔隙渗流的微尺度效应，本节采用直接测试法即常水头试验法，利用不同浓度的孔隙液和蒸馏水，分别测试了在不同压力(水力梯度)下人工土和天然土的渗流特性。土样的物理力学参数见表 6-4 和表 6-5，其中人工土是由膨润土和高岭土按照干质量比 1∶2 均匀混合制成的，孔隙比控制在 2.20 左右，孔隙液浓度分 5 级，溶质为分析纯级氯化钠(NaCl)颗粒，浓度单位为摩尔浓度(mol/L)，每级浓度采用一个试样；天然土样为南沙软土，孔隙比为 1.02，孔隙液为纯蒸馏水，采用一个试样。

试样均通过击样法制备，试样直径为 61.8 mm，高为 40 mm，制备方法参考《土工试验方法标准》(GB/T 50123—1999)，并且在测试前经过抽气饱和。将试样安装进南 55 型渗透仪后需要进行排气方可开始测试，实验按水头从低到高的顺序进行，表 6-6 分别列出了人工土与天然土的试验水头高度 H_0 与对应的水力梯度 I。

表 6-4　人工土的编号、组成成分及物理力学参数

编号	试样成分	孔隙液浓度 $n/(\mathrm{mol\cdot L^{-1}})$	孔隙比 e	干密度 $\rho_d/(\mathrm{g\cdot cm^{-3}})$	塑性指数 I_P(%)	含水量 w(%)
SL21	33.3%膨润土+66.7%高岭土	0	2.20	0.82	46.6	82.3
SL22		8.3×10^{-3}	2.20	0.82		82.4

续表

编号	试样成分	孔隙液浓度 $n/(\mathrm{mol \cdot L^{-1}})$	孔隙比 e	干密度 $\rho_d/(\mathrm{g \cdot cm^{-3}})$	塑性指数 $I_P(\%)$	含水量 $w(\%)$
SL23	33.3%膨润土+66.7%高岭土	8.3×10^{-2}	2.20	0.82	46.6	82.9
SL24		5.0×10^{-1}	2.20	0.82		82.1
SL25		8.3×10^{-1}	2.19	0.82		83.2

表 6-5　天然土的编号及物理力学参数

编号	土样名称	孔隙比 e	干密度 $\rho_d/(\mathrm{g \cdot cm^{-3}})$	塑性指数 $I_P(\%)$	含水量 $w(\%)$
SL26	南沙软土	1.02	1.34	15.8	38.5

表 6-6　常水头试验法的各级试验水头与对应的水力梯度

土样名称	试验水头 H_0 与对应的水力梯度 I									
33.3%膨润土+66.7%高岭土	H_0/cm	25	50	75	100	150	200	250	300	450
	I	6.25	12.5	18.75	25	37.5	50	62.5	75	112.5
	H_0/cm	600	800	1 000	1 300	1 500				
	I	150	200	250	325	375				
南沙软土	H_0/cm	25	50	75	100	150	200	250	300	375
	I	6.25	12.5	18.75	25	37.5	50	62.5	75	93.75
	H_0/cm	450	525	600	700	800	900	1 100	1 300	1 500
	I	112.5	131.25	150	175	200	225	275	325	375
备注：$I=H_0/L$，其中 L 为试样高度，本实验取 $L=40\ \mathrm{mm}=4\ \mathrm{cm}$。										

6.2.2.2　试验结果

对不同浓度孔隙液的膨润土—高岭土混合土样以及采用纯蒸馏水作为孔隙液的南沙软土在各级试验水头下的渗流量及其历时均进行三次以上的测试，将各次试验所得的流量和渗透系数的平均值作为该级试验水头下的流量 Q_i 和渗透系数 k_i，如表 6-7、表 6-8 所示，根据表中的数据可分别绘制出图 6-3 所示的渗透系数—水力梯度曲线。图 6-4 所示为取代表性水力梯度 $I=6.25$、$I=50$、$I=250$ 以及 $I=375$ 时膨润土—高岭土混合土样的 k_E 与 k_D 的比值随孔隙液浓度变化的关系曲线。

表 6-7　各级试验水头(水力梯度)下人工土的流量和渗透系数

水力梯度 I	n=0 mol/L		n=8.3×10^{-3} mol/L		n=8.3×10^{-2} mol/L		n=5.0×10^{-1} mol/L		n=8.3×10^{-1} mol/L	
	SL21		SL22		SL23		SL24		SL25	
	流量 Q_i	渗透系数 k_i	流量 Q_i	渗透系数 k_i	流量 Q_i	渗透系数 k_i	流量 Q_i	渗透系数 k_i	流量 Q_i	渗透系数 k_i
6.25	1.0	5.6	1.7	9.1	7.9	42.3	145.7	777.0	189.3	1 009.6
12.5	2.0	5.3	2.8	7.5	15.0	40.1	291.6	777.6	379.1	1 010.9
18.75	2.9	5.1	3.9	7.0	22.3	39.6	438.6	779.7	569.3	1 012.0
25	3.8	5.1	4.9	6.5	30.0	40.1	584.6	779.4	761.8	1 015.7
37.5	5.6	5.0	6.9	6.1	47.9	42.6	877.5	780.0	1 148.4	1 020.8
50	7.3	4.8	9.1	6.1	67.0	44.6	1 174.2	782.8	1 533.9	1 022.6
62.5	8.7	4.7	11.0	5.9	86.8	46.3	1 470.5	784.3	1 932.4	1 030.6
75	10.0	4.5	13.0	5.8	115.7	51.4	1 768.9	786.2	2 323.1	1 032.5
112.5	14.2	4.2	19.2	5.7	186.2	55.2	2 659.3	787.9	3 486.8	1 033.1
150	18.5	4.1	24.7	5.5	260.0	57.8	3 599.0	799.8	4 739.0	1 053.1
200	24.0	4.0	30.4	5.1	367.2	61.2	4 878.2	813.0	6 309.7	1 051.6
250	29.5	3.9	36.9	4.9	485.5	64.7	6 248.4	833.1	8 093.3	1 079.1
325	36.6	3.8	46.1	4.7	801.8	82.2	8 522.0	874.0	11 037.0	1 132.0
375	41.8	3.7	51.6	4.6	1 185.1	105.3	10 135.7	901.0	13 161.2	1 169.9
	$\bar{k}_D$	4.6	$\bar{k}_{E1}$	6.0	$\bar{k}_{E2}$	55.2	$\bar{k}_{E3}$	804.0	$\bar{k}_{E4}$	1 048.1

注：流量 Q_i 单位：×10^{-5} cm^3/s；渗透系数 k_i 单位：×10^{-8} cm/s。

表 6-8　各级试验水头(水力梯度)下南沙软土的流量和渗透系数

水力梯度 I	流量 Q_i	渗透系数 k_i	水力梯度 I	流量 Q_i	渗透系数 k_i
6.25	5.2	2.79	112.5	61.8	1.83
12.5	8.8	2.35	131.25	71.1	1.81
18.75	12.5	2.22	150	80.4	1.79
25	15.7	2.10	175	90.3	1.72
37.5	22.6	2.01	200	98.6	1.64
50	29.0	1.93	225	106.0	1.57
62.5	35.2	1.88	275	122.4	1.48
75	42.0	1.87	325	125.8	1.29
93.75	51.8	1.84	375	136.5	1.21

注：流量 Q_i 单位：×10^{-4} cm^3/s；渗透系数 k_i 单位：×10^{-6} cm/s。

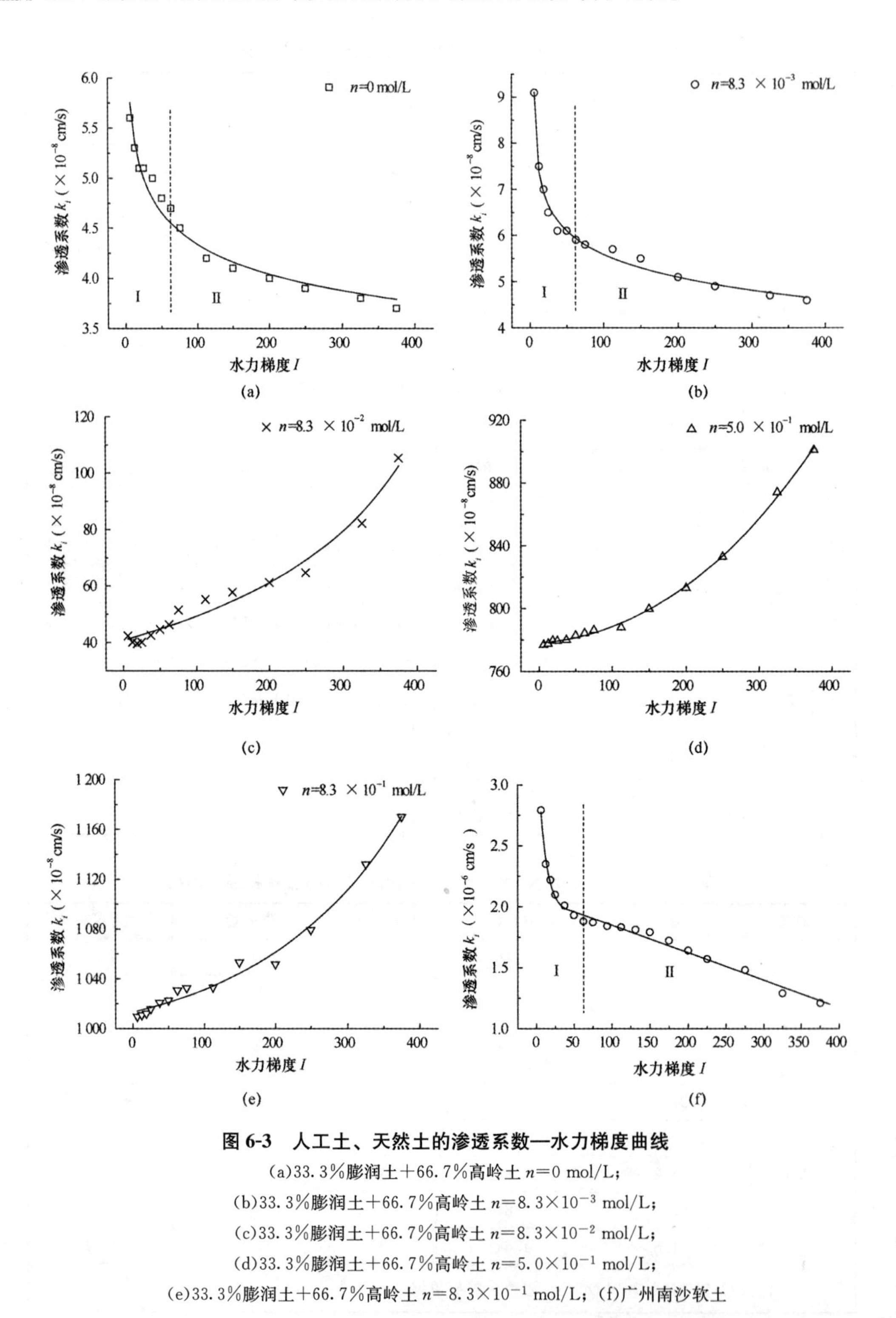

图 6-3　人工土、天然土的渗透系数—水力梯度曲线

(a)33.3%膨润土+66.7%高岭土 $n=0$ mol/L;

(b)33.3%膨润土+66.7%高岭土 $n=8.3\times10^{-3}$ mol/L;

(c)33.3%膨润土+66.7%高岭土 $n=8.3\times10^{-2}$ mol/L;

(d)33.3%膨润土+66.7%高岭土 $n=5.0\times10^{-1}$ mol/L;

(e)33.3%膨润土+66.7%高岭土 $n=8.3\times10^{-1}$ mol/L; (f)广州南沙软土

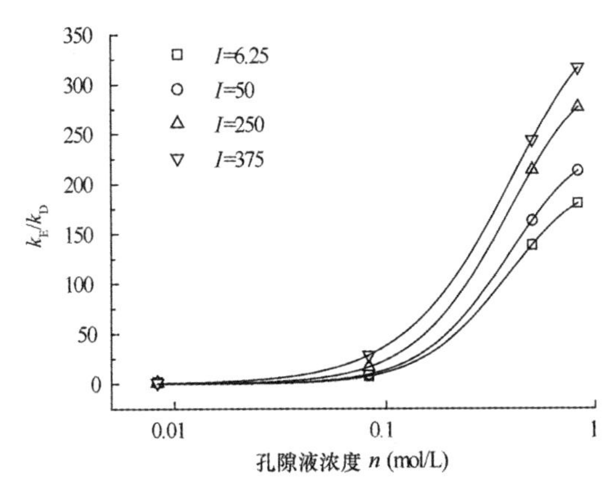

图 6-4　k_E/k_D 随孔隙液浓度变化的关系曲线

6.2.2.3　试验结果分析

常水头试验结果表明，不同浓度孔隙液的土样在各级水力梯度下的渗透系数会出现增大或减小的“异常”现象，现将本小节的试验结果总结如下：

(1)从表 6-7 可知，在相同的水力梯度下，膨润土—高岭土混合土样的渗透系数随着孔隙液浓度的提高而增大，其量级最高可相差 10^3 倍，从而以常水头试验法证实了土样具有显著的微电场效应；图 6-4 除了表明孔隙液浓度的提高使渗透系数增大以外，还表明了在高水力梯度和高孔隙液浓度下土样的渗透系数增长速度更快，其中 k_E/k_D 的最大值达 316.2。

(2)对比图 6-3(a)～(e)可知，随着水力梯度的降低，不同孔隙液浓度的膨润土—高岭土混合土样的渗透系数变化趋势出现了“异常”，其中低浓度孔隙液(如 $n=0$ mol/L 和 $n=8.3\times10^{-3}$ mol/L 情况)的土样的渗透系数随着水力梯度的降低而呈上升趋势，最高升幅分别为 51.4%和 97.8%，而高浓度孔隙液(如 $n=8.3\times10^{-2}$ mol/L、5.0×10^{-1} mol/L 和 8.3×10^{-1} mol/L 情况)则相反，土样的渗透系数随水力梯度的降低而逐渐减小，最大降幅依次为 59.8%、13.8%和 13.7%。

(3)由图 6-3(f)可见，广州南沙软土试样的渗透系数随水力梯度的变化趋势与低浓度孔隙液的人工混合土样相似，随着水力梯度的降低，渗透系数增长的速度加快，$I=6.25$ 与 $I=375$ 下的渗透系数相比增大了 2.3 倍。

(4)将人工混合土与天然土的渗透系数—水力梯度关系曲线进行对比可以发现，在孔隙液浓度 $n=8.3\times10^{-3}$ mol/L 和蒸馏水情况下，两者[图 6-3(a)、(b)和(f)]都存在一个相似的界限水力梯度，可大致将曲线划分为两个区段，在第Ⅰ区段($I\leqslant62.5$)，渗透系数随水力梯度降低而显著增大，其中人工土的最大增幅为 54.2%，而南沙软土的最大增幅为 48.4%；在第Ⅱ区段($I>62.5$)，渗透系数随水力梯度升高呈线性变化减小，人工土最高降低了 22%，南沙软土最高可降低 35.6%。

以上人工土与天然土的渗透系数随着水力梯度的降低出现增大的“异常”现象，本文称为极细颗粒黏土微孔隙渗流的微尺度效应，将在 6.3 节探讨其形成的微观机理。

6.3 软土渗流的微观机理分析

6.2 节利用间接测试法（渗流固结法）和直接测试法（常水头试验法）测试了数组人工土和天然土的渗透特性，并结合 MIP 法测试了天然土的孔隙特征及尺度变化对渗流固结特性的影响，试验结果显现了极细颗粒黏土渗流的三个重要特性：一是土样的渗透系数随孔隙液浓度的提高而显著增大；二是对于不同浓度孔隙液的情况，土样的渗透系数随水力梯度的降低而出现分化的“异常”现象；三是固结过程中土样的孔隙特征及尺度变化影响其压缩固结特性，最终引起渗流特性的改变。下面对于前两种特性分别采用“微电场效应”和“微尺度效应”试图做出解释，对于第三种特性结合微孔隙测试结果进行分析。

6.3.1 微电场效应的微观机理分析

6.3.1.1 颗粒表面电荷密度与表面电位的转换

颗粒表面电位是分析颗粒表面微电场对土体渗流特性的影响的重要参数，而目前尚未见有直接测试表面电位的理想方法，一般可通过双电层模型由电荷密度等参数转换求得。在几种描述双电层结构的模型理论中，Gouy－Chapman 扩散的双电层理论已被广泛应用于描述包括黏土颗粒在内的各种微小颗粒表面的双电层分布，可根据颗粒表面电荷密度 σ、孔隙液浓度 n（即电解质浓度）等实测参数与一系列常数换算出某级孔隙液浓度下对应的颗粒表面电位 ψ_0。第 2 章已通过基于 Gouy－Chapman 理论的相互作用双电层模型对颗粒表面电荷密度与表面电位进行换算，换算公式见式(2-14)、式(2-15)。

根据式(2-14)，将本章 6.2.1～6.2.2 节渗流试验的人工土及换算结果汇总于表 6-9 中。表中各人工土的颗粒表面电位和中间电位有如下特点：对某一成分人工土样，ψ_0 总是高于 ψ_d，且均随孔隙液浓度 n 增大而减小，在较高浓度下 ψ_d 可以降至 0 mV；在同一孔隙液浓度时，膨润土相对含量高的土样，其 ψ_0 与 ψ_d 值一般较高。

表 6-9　不同孔隙液浓度下各人工土样的颗粒表面电位与中间电位

试验方法	试样成分	平均孔隙比 $\bar{e}$	含水量 w(%)	浓度 n /(mol·L^{-1})	阳离子交换当量 Γ /(×10^{-3}meq·m^{-2})	表面电位 ψ_0 /mV	中间电位 ψ_d /mV
渗流固结法	100%膨润土	1.64	66.0	8.3×10^{-3}	1.722	176	96
			65.7	8.3×10^{-2}		114	35
			63.9	8.3×10^{-1}		61	2
			63.3	2.0		43	0.11

续表

试验方法	试样成分	平均孔隙比 $\bar{e}$	含水量 w(%)	浓度 n /(mol·L^{-1})	阳离子交换当量 Γ /(×10^{-3}meq·m^{-2})	表面电位 ψ_0 /mV	中间电位 ψ_d /mV
渗流固结法	66.7%膨润土+33.3%高岭土	1.65	63.5	8.3×10^{-3}	1.482	168	76
			62.8	8.3×10^{-2}		108	27
			63.2	5.0×10^{-1}		67	2
			61.6	8.3×10^{-1}		57	1
	50%膨润土+50%高岭土	1.64	61.2	8.3×10^{-3}	1.806	167	73
			61.8	8.3×10^{-2}		107	21
			61.5	5.0×10^{-1}		72	1
			62.3	8.3×10^{-1}		57	0
	33.3%膨润土+66.7%高岭土	1.64	61.4	8.3×10^{-3}	1.662	165	54
			62.0	8.3×10^{-2}		107	9
			61.6	5.0×10^{-1}		72	0
			61.8	8.3×10^{-1}		56	0
常水头试验法	33.3%膨润土+66.7%高岭土	2.20	82.4	8.3×10^{-3}	1.662	164	40
			82.9	8.3×10^{-2}		107	3
			82.1	5.0×10^{-1}		72	0
			83.2	8.3×10^{-1}		56	0

6.3.1.2　渗透特性随颗粒表面电位变化的关系

利用表 6-9 的换算结果可将渗透系数随孔隙液浓度变化的结果，即图 6-2 和图 6-4 分别转化为图 6-5 和图 6-6 所示的随颗粒表面电位变化的关系曲线。此外，对于渗流固结法，可以绘制出固结压缩量和平均固结速度随表面电位变化的关系曲线，如图 6-7 和图 6-8 所示；对于常水头试验法，可以绘制出代表性水力梯度 $I=6.25$、$I=50$、$I=250$ 和 $I=375$ 下的平均渗流速度随颗粒表面电位变化的关系曲线，如图 6-9 所示。

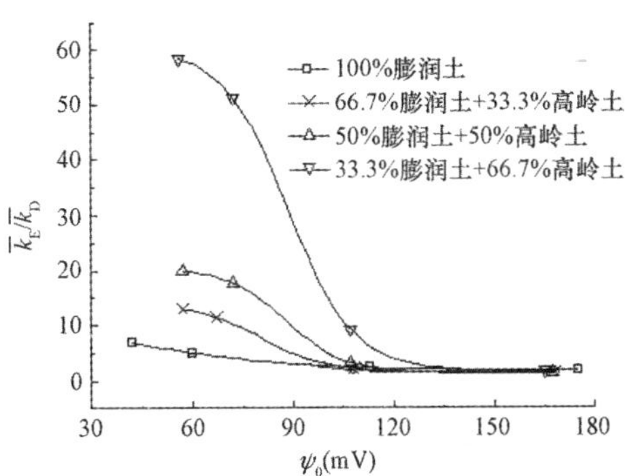

图 6-5　$\bar{k}_E/\bar{k}_D$ 随表面电位变化的关系曲线
（渗流固结法）

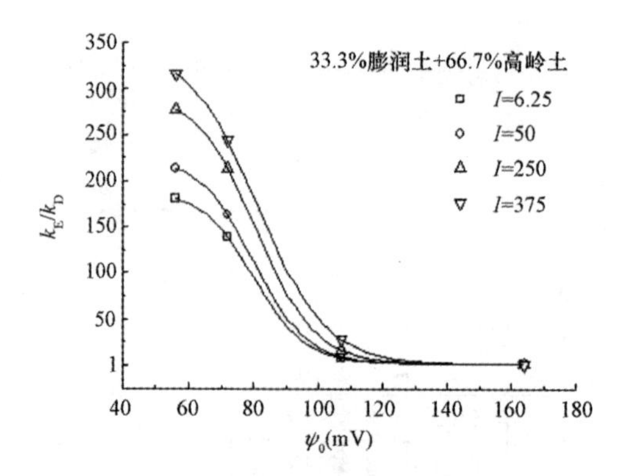

图 6-6　k_E/k_D 随表面电位变化的关系曲线
（常水头试验法）

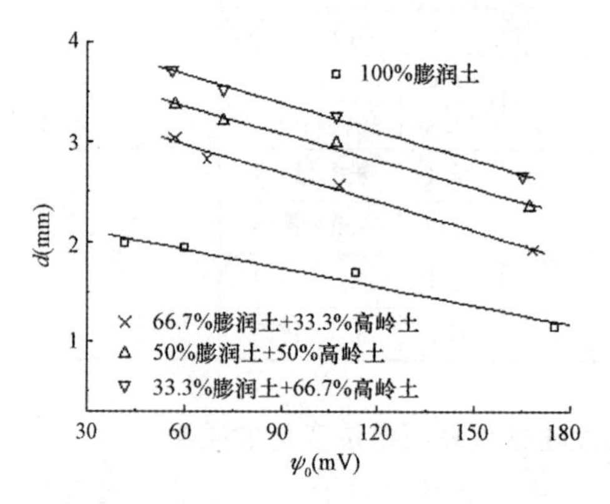

图 6-7　固结压缩量随表面电位变化的关系曲线
（渗流固结法）

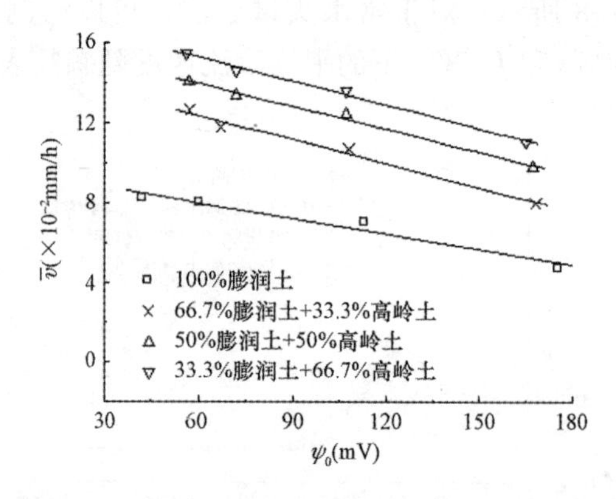

图 6-8　平均固结速度随表面电位变化的关系曲线
（渗流固结法）

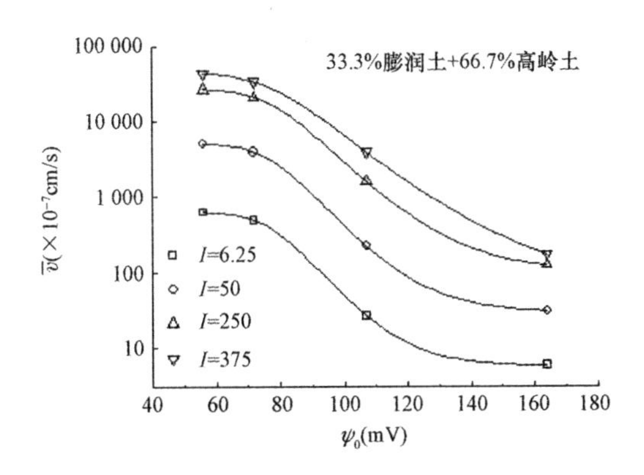

图 6-9　不同水力梯度下渗流流速随表面电位变化的关系曲线
(常水头试验法)

6.3.1.3　微孔渗流的微电场效应分析

6.2 节分别采用间接法(渗流固结法)和直接法(常水头试验法)对不同浓度孔隙液的膨润土—高岭土混合人工土样进行渗流试验，与采用纯蒸馏水的土样相比，其渗透系数可增长 300 倍以上，其中以膨润土相对含量低且孔隙液浓度 n 较高(或表面电位 ψ_0 较低)的土样的增长倍数较多。对于渗流固结法，土样微孔隙渗流的微电场效应首先表现为固结变形时程曲线(图 6-1)的特征发生变化，当 n 越低，而 ψ_0 越高时，土样的压缩稳定时间越长，即渗流越缓慢；而当 n 越高，而 ψ_0 越低时，则压缩稳定时间越短，即渗流越快速。图 6-7 和图 6-8 分别表明各土样的固结压缩量与平均固结速度随 ψ_0 均近似呈线性变化，说明 ψ_0 的高低对极细颗粒黏土的压缩变形量和固结速度具有显著影响，即 ψ_0 越高，土样的固结排水速度越缓慢，总固结变形量越小，渗透性越差；反之则土样的固结排水速度越快，总固结变形量越大，渗透性越好。对于常水头试验法，微孔隙渗流的微电场效应直接体现在渗透系数和渗流速度的变化。例如，当 ψ_0 从 72 mV 增加到 107 mV 时，各代表性水力梯度下的渗透系数与平均流速的降幅均超过 88%；当 ψ_0 从 107 mV 增加到 164 mV 时，渗透系数与平均流速的降幅均达到 78%以上，具体数值列于表 6-10 中，可见随着土颗粒表面电位 ψ_0 增大，渗透系数与平均渗流速度都在减小。

表 6-10　表面电位与渗透系数、平均渗流流速的关系(常水头试验法)

表面电位 ψ_0 /mV	I=6.25		I=50		I=250		I=375	
	k_i /($\times 10^{-8}$ cm·s^{-1})	v_i /($\times 10^{-7}$ cm·s^{-1})	k_i /($\times 10^{-8}$ cm·s^{-1})	v_i /($\times 10^{-7}$ cm·s^{-1})	k_i /($\times 10^{-8}$ cm·s^{-1})	v_i /($\times 10^{-7}$ cm·s^{-1})	k_i /($\times 10^{-8}$ cm·s^{-1})	v_i /($\times 10^{-7}$ cm·s^{-1})
56	1 009.6	631.0	1 022.6	5 113.1	1 079.1	26 977.7	1 169.9	43 870.7
72	777.0	485.6	782.8	3 914.0	833.1	20 828.1	901.0	33 785.8

续表

表面电位 ψ_0 /mV	I=6.25		I=50		I=250		I=375	
	k_i /($\times10^{-8}$ cm·s^{-1})	v_i /($\times10^{-7}$ cm·s^{-1})	k_i /($\times10^{-8}$ cm·s^{-1})	v_i /($\times10^{-7}$ cm·s^{-1})	k_i /($\times10^{-8}$ cm·s^{-1})	v_i /($\times10^{-7}$ cm·s^{-1})	k_i /($\times10^{-8}$ cm·s^{-1})	v_i /($\times10^{-7}$ cm·s^{-1})
107	42.3	26.4	44.6	223.2	64.7	1 618.4	105.3	3 950.2
164	9.1	5.7	6.1	30.3	4.9	122.9	4.6	171.9

人工土与天然土的渗流试验结果一致表明孔隙液离子浓度 n 和土颗粒表面电位 ψ_0 对极细颗粒黏土渗透特性的影响即微电场效应相当显著。为揭示极细颗粒黏土渗流特性受微电场效应影响的物理机制，有必要分析微电场效应产生的根源，Gouy－Chapman 理论对其做出合理的解释。图 2-15 所示为黏土颗粒扩散双电层离子分布模型，土颗粒表面带有负电荷，电荷在颗粒表面形成的微电场吸附孔隙溶液中的阳离子在固液界面附近聚集，形成离子吸附层和扩散层，极性水分子也受微电场影响而定向排列。吸附层的水形成强结合水，其性质受静电引力强烈影响，具有很大的黏滞流动阻力，流动性差；扩散层的水形成弱结合水，其性质也受静电引力的影响，黏滞流动阻力也较大，流动性较低。

结合水的存在减小了颗粒间孔隙的等效直径，有效黏度系数增大，使孔隙中自由水的流动阻力增大。结合水膜的厚度随颗粒表面电位的增大而增加，随孔隙液离子浓度的增加而减小，因此颗粒表面微电场对黏土微孔隙渗流特性的影响在宏观上表现为渗透系数及渗流速度的改变。由于结合水膜厚度的变化只对微小孔隙的等效渗流直径的变化影响很大，因此上述颗粒表面微电场对黏土渗透性影响的效应一般只在微小孔隙的土体中才显现出来，因而称为微孔隙渗流的微电场效应，渗流固结法(图 6-2 和图 6-5)与常水头试验法(图 6-4 和图 6-6)的试验结果显示了强烈的微电场效应。对于粗颗粒土，其比表面积远小于细颗粒黏土，表面带电现象不明显，双电层厚度较薄，颗粒间孔隙较大，结合水膜厚度对孔隙的等效渗流直径影响很小，因而孔隙水的流动几乎不受微电场的影响。

6.3.1.4　矿物成分对微电场效应的影响分析

从矿物成分的角度考察极细颗粒黏土渗流的微电场效应，对不同成分的人工土的表面电位 ψ_0(表 6-9)进行比较，可以发现黏土矿物成分含量的变化也会导致颗粒表面微电场的改变，这将引起微孔渗流的微电场效应变化，影响其渗流特性。根据 6.2.1 节对一系列混合比例的膨润土—高岭土混合土样在不同孔隙液浓度下的固结变形时程曲线(图 6-1)，可转换成图 6-10 所示的同一孔隙液浓度下不同混合比例的膨润土—高岭土混合土样的固结变形时程曲线；同时，还可绘制出矿物成分含量与渗透系数的关系曲线，见图 6-11。同一孔隙液浓度下的固结变形时程曲线与渗透系数—矿物成分关系曲线一致表明了极细颗粒黏土的渗透特性与矿物成分及含量有密切关系，膨润土含量越高，压缩稳定时间越长，渗流越缓慢，即渗透性越差；反之，高岭土含量越高，则压缩稳定时间越短，渗流越快速，即渗透性越好。因此，矿物成分及其相对含量可明显影响极细颗粒黏土的微孔隙渗透特性。

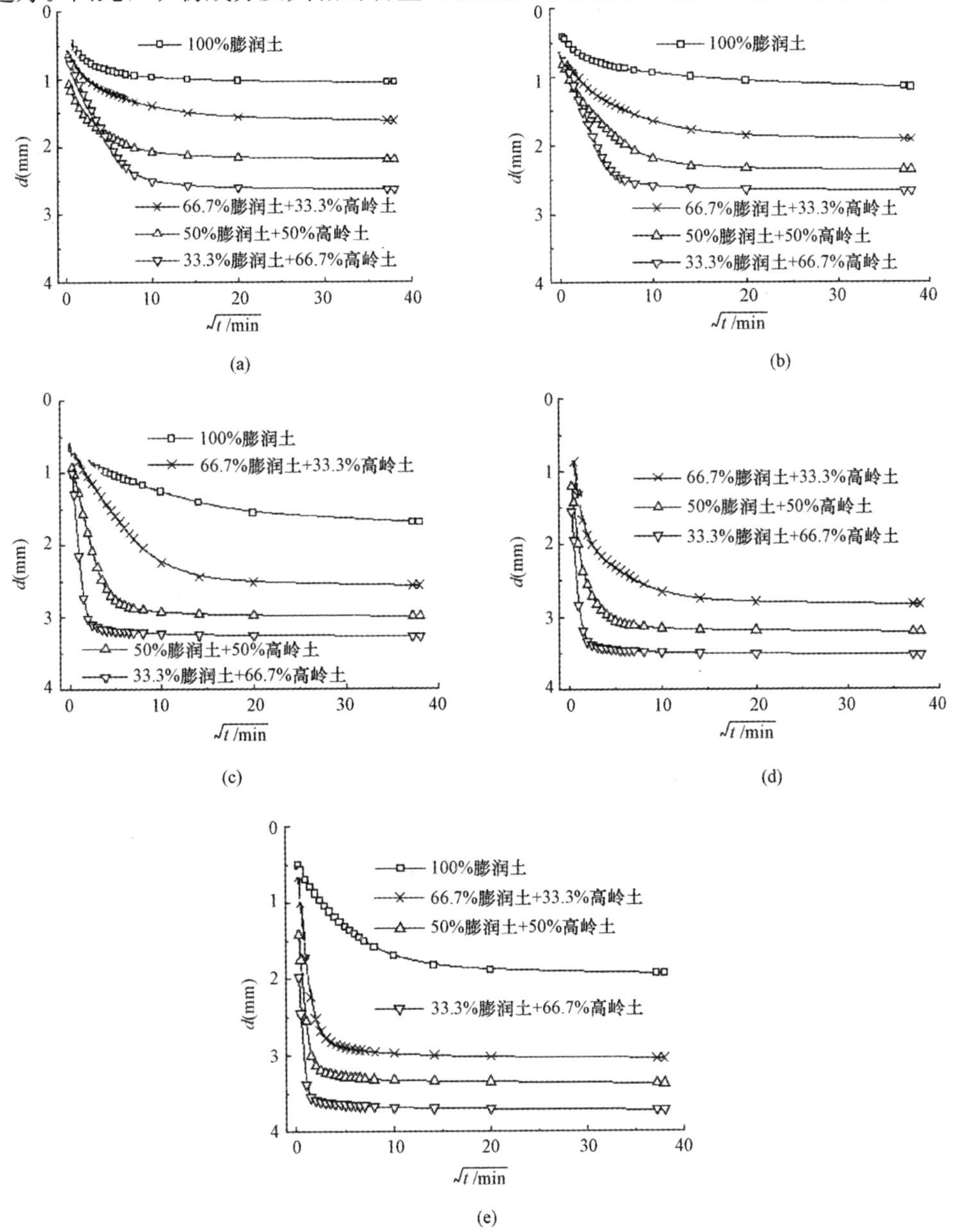

图 6-10　膨润土—高岭土混合土样的压缩量—时间关系曲线

(渗流固结法)

(a)$n=0$ mol/L；(b)$n=8.3\times10^{-3}$mol/L；

(c)$n=8.3\times10^{-2}$mol/L；(d)$n=5.0\times10^{-1}$mol/L；

(e)$n=8.3\times10^{-1}$mol/L

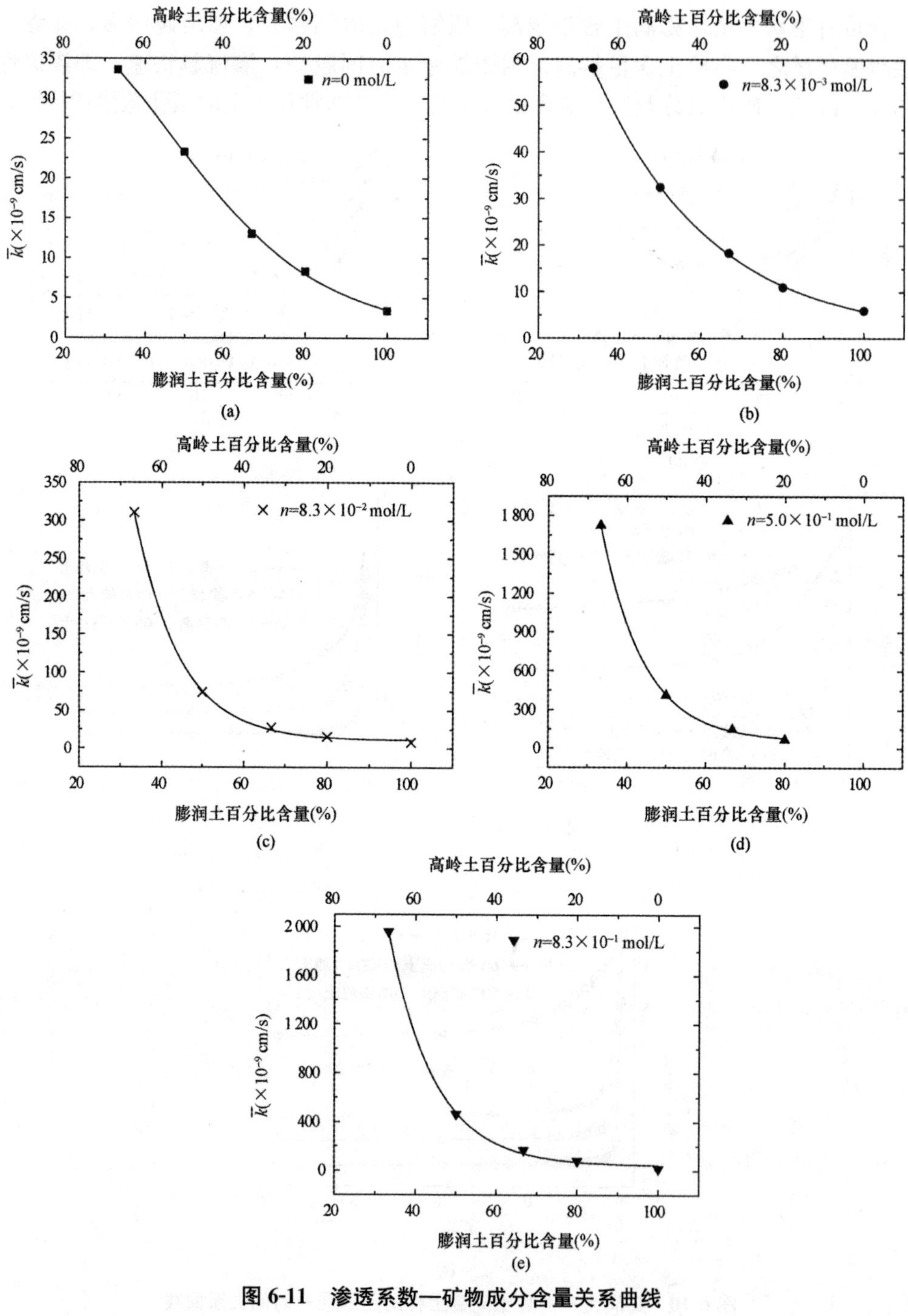

图 6-11 渗透系数—矿物成分含量关系曲线

(渗流固结法)

(a)n=0 mol/L；(b)n=8.3×10^{-3} mol/L；

(c)n=8.3×10^{-2} mol/L；(d)n=5.0×10^{-1} mol/L；

(e)n=8.3×10^{-1} mol/L

对于不同孔隙液浓度的情况，黏土矿物成分对微电场效应的影响程度不同，从而对渗透特性的影响也不一样，现将各浓度下混合土样的 $\bar{k}_E/\bar{k}_D$ 值列于表 6-11 中。

表 6-11　不同孔隙液浓度下膨润土—高岭土混合土样的 $\bar{k}_E/\bar{k}_D$ 值比较

试样成分	$\bar{k}_E/\bar{k}_D$ 值			
	8.3×10⁻³ mol/L	8.3×10⁻² mol/L	5.0×10⁻¹ mol/L	8.3×10⁻¹ mol/L
100%膨润土	1.85	2.39	—	5.18
66.7%膨润土+33.3%高岭土	1.51	2.37	11.62	13.26
50%膨润土+50%高岭土	1.38	3.41	19.41	21.86
33.3%膨润土+66.7%高岭土	1.73	9.20	50.77	55.90

注：表中所列土样的 $\bar{k}_E$ 和 $\bar{k}_D$ 各自的具体值见表 6-3。

表 6-11 中各列数据从左到右有如下变化趋势：各土样的渗透系数比值随着孔隙液浓度的提高而增长，其中膨润土含量高的土样的 $\bar{k}_E/\bar{k}_D$ 值较小，而高岭土含量高的土样的 $\bar{k}_E/\bar{k}_D$ 值更大一些，$\bar{k}_E/\bar{k}_D$ 越大说明微电场效应越明显。这可以从矿物颗粒表面的吸附结合水含量进行解释。以膨润土和高岭土两种典型的黏土矿物为例，膨润土具有内外比表面，总比表面积理论上可达 700～840 m^2/g，其中内比表面积占 80%以上；高岭土的总比表面积一般为 10～20 m^2/g[188]。比表面积越大，其表面带电现象越明显，因而膨润土颗粒的表面带电量远高于高岭土颗粒，其颗粒表面吸附的结合水膜厚度远大于后者；当孔隙液的浓度改变时，黏土颗粒表面的结合水膜厚度也相应产生变化。土样中的高岭土含量较高时，土样的孔隙较大，结合水膜厚度较小，在颗粒之间存在自由水而出现"渗孔"，孔隙液浓度升高时"渗孔"扩大而明显提高渗透性；反之，土样中的膨润土含量较高时，土样的孔隙较小，结合水膜厚度较大而相互重叠，随孔隙液浓度升高也不致出现自由水"渗孔"，因而浓度变化对渗透性的影响不明显。

6.3.2　微尺度效应的微观机理探讨

孔隙液在极细颗粒黏土微孔隙中流动的空间尺度远小于普通黏土，其渗流特性除了受上述微电场效应的影响外，"边界滑移"等微尺度效应也是一个不可忽略的重要因素。分析 6.2.2 节中进行常水头试验的人工混合土的渗透系数—水力梯度曲线[图 6-3]可以发现，在不同孔隙液浓度或者不同颗粒表面电位下，土样的渗透系数随水力梯度的变化趋势出现了分化现象：当孔隙液浓度大于某一数值时(如 $n=8.3\times10^{-2}$ mol/L、$n=5.0\times10^{-1}$ mol/L 和 $n=8.3\times10^{-1}$ mol/L 情况)，土样渗透系数随着水力梯度的降低逐渐减小；而当孔隙液浓度小于某一数值时(如对于 $n=8.3\times10^{-3}$mol/L 和蒸馏水情况)，土样的渗透系数随着水力梯度的降低而明显增大。南沙天然软土的渗透系数随水力梯度的变化曲线[图 6-3(f)]与低浓度孔隙液($n=8.3\times10^{-3}$mol/L 和蒸馏水情况)的人工混合土样相似，可以大致分为 2 个区段：在第Ⅰ区段($I\leqslant62.5$)，渗透系数随水力梯度降低而显著增大：在第Ⅱ区段($I>62.5$)，渗透系数随水力梯度升高呈线性变化减小。本书对于土体试样的渗透系数随水力梯度减小而明显增大(或减小)的“异常”现象的试验结果进行了反复核定，对同一土样重复进行 3 次以上试验，每次重复试验都出现相同的“异常”现象。

目前对于出现上述土体渗流“异常”现象的原因还不清楚，这里采用“微尺度效应”进行解释。在流体力学的研究领域，Traube 和 Whang[221]注意到，在极低压力的条件下，当黏度计管壁经过极性有机化合物如油酸处理后，水的流量是没有经过处理时的数倍，Weber 和 Neugebauer[220]将这种现象解释为在经过特殊处理的壁面上水出现了滑移。因此，在通常情况下，“边界滑移”现象只有在微米以下的尺度才能对系统的性能产生重要影响。

采用 MIP 法分析了 6.2.2 节中的人工混合土和天然土样品的孔隙特征及尺度定量分布，将测试结果汇总于表 6-12 中，两种土样中孔径小于 10 μm 的孔隙分别达到 89.7%和 95.7%。可见，两者的孔隙尺度主要为微米级，满足“边界滑移”现象等微尺度效应所必需的尺度条件。

表 6-12　土样的孔隙分布情况

试样	孔隙比 e	孔隙尺度分布(%)			
		>10 μm(大孔隙)	2.5 μm～10 μm(中孔隙)	0.4 μm～2.5 μm(小孔隙)	<0.4 μm(微、超微孔隙)
33.3%膨润土+66.7%高岭土	2.20	10.3	36.7	38.8	14.2
南沙软土	1.02	4.3	6.6	46.9	42.2

极细颗粒黏土的渗透系数随水力梯度的降低而出现分化的“异常”现象[图 6-3]可以分两种情况加以探讨：

第一种情况是渗透系数随水力梯度降低而增大，适用于孔隙液浓度较低的极细颗粒土，可以采用“微尺度效应”来解释。极细颗粒黏土的等效孔隙渗流直径随双电层厚度变化，随着孔隙液浓度降低，双电层厚度增加，以致等效孔隙渗流直径明显减小而表现出微尺度效应，产生图 6-12 所示的“边界滑移”现象；当水力梯度较大时，水力渗流量占优势，渗透系数随水力梯度的变化不明显；而当水力梯度较小时，水力渗流量减小，因“边界滑移”增大的渗流量的比例增加，体现为渗透系数随水力梯度减小而明显增大。

第二种情况是渗透系数随水力梯度降低而减小，即不产生“微尺度效应”，适用于较大孔隙的土体，或孔隙液浓度较高、双电层的厚度小而等效孔隙渗流直径较大的极细颗粒土。由于颗粒表面微电场作用形成的吸附结合水膜，特别是强结合水膜具有很高的黏滞性，其流动性低。当水力梯度较小时，只能驱动孔隙中黏滞性低而流动性高的自由水流动，不能驱动流动性低的吸附结合水流动，致使“渗孔”小而呈现“等效渗流阻力”大，从而表现为渗透系数小；随着水力梯度的提高，在驱动自由水流动的同时，逐步驱动吸附结合水流动(弱结合水先流动，强结合水后流动)，而使“等效渗孔”逐步扩大而呈现“等效渗流阻力”逐步减小，从而表现出渗透系数随水力梯度提高而增大的现象，也即渗透系数随水力梯度降低而减小的现象。

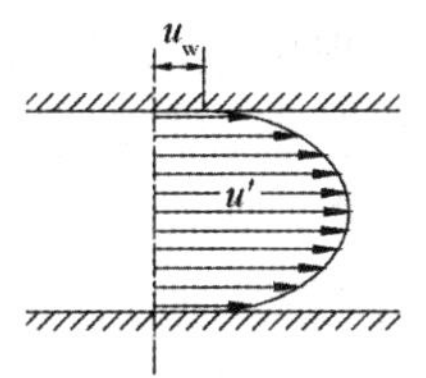

图 6-12　流体在微管道中的边界滑移条件

微尺度效应产生的“边界滑移”现象解释为，渗流孔隙的特征尺寸很微小时，孔隙内水分子数量较少而处于“稀薄”状态，水分子与孔壁的碰撞频率是有限的，不能满足固—液界面连续和热平衡所要求的流体分子与固壁之间的碰撞频率为无穷大的条件，从而出现固—液界面的间断性而产生“边界滑移”现象。“边界滑移”现象使孔壁对水分子的吸附力减小，孔壁对水的流动阻力降低。这里利用常水头渗透试验的“异常”结果可由微尺度效应产生的“边界滑移”现象试图做出解释，但产生“异常”渗流现象的真实原因还有待于更多的试验和进一步的研究做出证实。

6.4　本章小结

本章通过对人工极细颗粒混合土、广州南沙软土进行渗流固结试验和常水头渗透试验，并结合微孔隙渗流的微电场效应与微尺度效应对渗流特性的分析探讨，研究孔隙特征及其分布对渗流固结特性的影响，得到如下主要结论：

(1)黏土颗粒表面电荷产生的微电场作用是引起黏土微孔隙渗流特性改变的内在原因之一；颗粒表面的微电场与孔隙中的离子相互作用形成双电层，由此形成的结合水膜使黏土的等效孔隙直径减小，降低了孔隙液的流动性而体现出渗流的微电场效应。对人工土样进行的一系列渗流固结试验与常水头渗透试验，试验结果表明：微电场效应能显著影响极细颗粒黏土的渗流特性。

(2)黏土矿物通过土颗粒表面的结合水影响试样的渗流特性。结合水膜厚度随土颗粒表面电位升高而变厚，随土颗粒表面电位降低而变薄，从而引起黏土颗粒间的等效孔隙直径的改变，使土样的等效渗透系数发生变化。

(3)不同黏土矿物的颗粒表面带电量不同，比表面积也不同，因而吸附的结合水膜厚度不同，对土样的渗流特性的影响程度就不同。如高岭土含量较高的土样孔隙较大，结合水膜厚度较小，在颗粒之间存在自由水而出现“渗孔”，孔隙液浓度升高时渗透性由于“渗孔”扩大而明显提高；而当土样中的膨润土含量较高时，土样的孔隙较小，结合水膜厚度较大而相互重叠，随着孔隙液浓度升高也不至于出现自由水“渗孔”，因而浓度对土样渗透性的影响不如前者显著。

(4)人工土样与南沙软土的渗透系数随水力梯度降低而出现增大的“异常”现象可由微尺度效应产生的“边界滑移”现象做出解释；对于渗透系数随水力梯度降低而减小的现象可通过“等效渗孔”变化引起“等效渗流阻力”的改变做出解释。关于“异常”渗流现象的真实原因仍需要进一步的深入研究。

(5)土体的孔隙尺度及分布特征是影响其渗流特性的重要因素。在固结初期，软土的孔隙比与等效孔径较大，自由水流动性好，先于结合水排出，土体的渗透性较好；随着固结压力的提高，孔隙比与等效孔径迅速减小，孔隙尺度向小、微，甚至超微孔隙发展，孔隙中流动性相对较低的结合水难以排出，导致土体的渗透性显著下降。

第7章　软土渗流的微观模型分析

7.1　概　述

软土是性质很复杂的天然多孔介质，由于其颗粒微小导致比表面积大，颗粒表面富集静负电荷，形成孔隙水的吸附层—扩散层双电层结构。吸附层是颗粒表面静电力作用下水分子在颗粒表面定向排列形成的水化膜，通常为强结合水；扩散层的水分子也受到颗粒表面静电力的部分作用，通常形成弱结合水。结合水特别是强结合水的水分子定向排列，限制了水分子的自由旋转，降低了其活动性，呈现出比自由水更高的黏滞性，并具有一定抗剪强度。结合水的抗剪性和黏滞性与受到颗粒表面电场作用的强弱有关，而电场强度随离开颗粒表面距离的增加而减小，因而结合水的抗剪性和黏滞性也随离开颗粒表面距离的增加而减弱。结合水的流动需克服结合水的抗剪强度而呈现一定的起始水力梯度，同时受到比自由水更大的黏滞阻力。对于细颗粒软土，孔隙水中的结合水所占比例大，结合水的抗剪特性和黏滞性对渗流特性有非常重要的影响，必须给予考虑，即对于软土的渗流问题必须考虑第5章涉及的“微电场效应”影响，才能建立起与实际相符的软土渗流理论。

本章基于离子效应渗流物理模型[241]，把孔隙水在软土中的渗流简化为等效圆孔渗流，将结合水看成具有一定抗剪强度的黏性流体，利用连续流体力学和“微电场效应”建立软土微孔隙渗流的理论模型，由流体平衡方程导出土体渗流速度与水力梯度的关系，其中考虑各种微细观参量如孔隙尺度、比表面积、颗粒表面电荷密度、孔隙液离子浓度、离子价等对渗流的影响。最后，将模型结果与渗流试验实测结果进行比较，以验证模型的合理性和有效性。

7.2 软土渗流的微观圆孔模型

7.2.1 圆孔模型的建立

在黏土微孔渗流的微电场效应试验基础上，建立软土渗流的微观理论模型。该模型将孔隙简化为一个个圆形毛细管，认为孔隙水在水力梯度作用下发生的是圆形毛细管中的渗流，如图 7-1 所示。

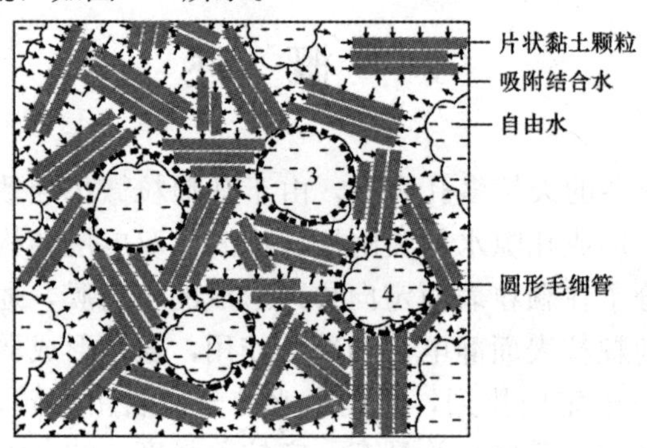

图 7-1 圆孔渗流的微观示意

7.2.1.1 毛细管等效半径

由 Poiseiulle 定律可以得到圆形毛细管水流的平均流速 $\bar{v}$：

$$\bar{v}=\frac{\gamma_w r_0^{\ 2}}{8\eta}i_h \tag{7-1}$$

式中 r_0——毛细管等效半径；

γ_w、η——分别为水的重度和黏滞系数；

i_h——水力梯度。

用水力半径 R_H，即过流面积 A_f 与湿润周长 S_f 之比，来描述孔隙的平均尺寸，对于充满水流的圆管，可得到 $R_H= r_0/2$。因此，圆管流量为

$$q=\bar{v}A_f=\frac{\gamma_w r_0^{\ 2}}{8\eta}i_h A_f=\frac{1}{2}\frac{\gamma_w R_H^2}{\eta}i_h A_f \tag{7-2}$$

可将式(7-2)中最右端表达式中的常数项看作形状系数，对于其他形状的管道，也可用该式计算流量，只是形状系数值不同。

$$q=C_s\frac{\gamma_w R_H^2}{\eta}i_h A_f \tag{7-3}$$

式中 C_s——形状系数。

则毛细管等效半径 r_0 表达为

$$r_0=2\sqrt{2C_s}R_H \tag{7-4}$$

其中，在饱和状态下，$C_s=1/(k_0Q^2)$，k_0 为形状因数，Q 为曲折因数。

对于微小的土单元 $\mathrm{d}V=\mathrm{d}x\mathrm{d}y\mathrm{d}z=A\mathrm{d}z$，水力半径 R_H 为

$$R_H=\frac{A_f}{S_f}=\frac{e_0S_r}{G_s\rho_wB_0} \tag{7-5}$$

式中　A_f、S_f——过流面积和湿润周长；

S_r——饱和度；

e_0——孔隙比；

ρ_w——纯水密度；

G_s——土颗粒的比重；

B_0——土颗粒的比表面积。

7.2.1.2　孔隙水流动方程及边界条件

颗粒表面的电荷分布符合 Gouy－Chapman 扩散双电层理论，孔隙液中某点处的电荷密度为 ρ。在水位差的作用下，孔隙液将带动电荷往土体的一端流动，产生顺流电流 I_z，电荷在流动方向聚集，在土体两侧产生流动电位，形成顺流电场 E_z。

(1)孔隙水流动方程。圆形毛细管中的流体微元在流动方向 z 上受到水压力 p、剪切应力 τ 和电场力 F_e 的作用，如图 7-2 所示。

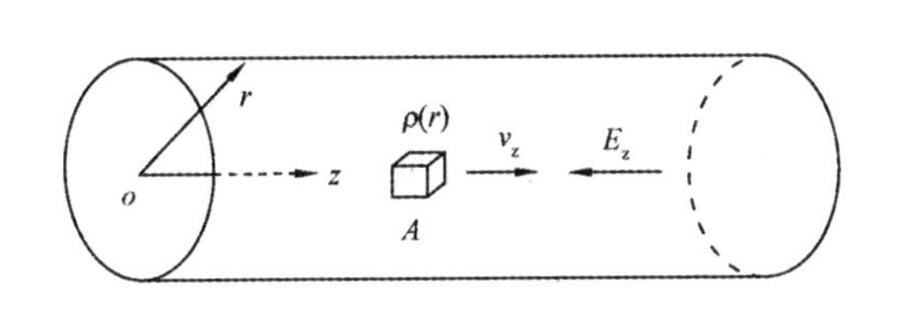

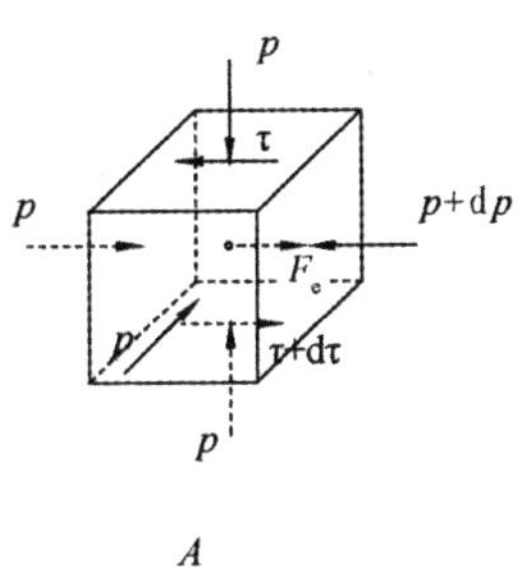

图 7-2　圆形毛细管中流体微元受力示意图

根据平衡条件，可列出流体微元在流动方向上的运动平衡方程：

$$F_e\mathrm{d}x\mathrm{d}y\mathrm{d}z+p\mathrm{d}x\mathrm{d}y-(p+\mathrm{d}p)\mathrm{d}x\mathrm{d}y-\tau\mathrm{d}y\mathrm{d}z+(\tau+\mathrm{d}\tau)\mathrm{d}y\mathrm{d}z=0$$

整理得：

$$F_e-\frac{\mathrm{d}p}{\mathrm{d}z}+\frac{\mathrm{d}\tau}{\mathrm{d}x}=0 \tag{7-6}$$

式中　F_e——电场体积力，$F_e=E_z\rho$；

ρ——电荷密度；

E_z——顺流电场；

p——孔隙水压力；

τ——流体流动的剪应力。

式(7-6)中的剪应力 τ 包括考虑颗粒表面微电场作用的剪应力 τ_e 和黏滞阻力 τ_η。其中剪应力 τ_e 受颗粒表面电场 E_s 的影响，E_s 越高则颗粒对水分子的静电引力也就越大，结合水的 τ_e 也就越高。因此，τ_e 与颗粒表面电场成正比：

$$\tau=\tau_\eta+\tau_e \tag{7-7}$$

其中

$$\tau_e=\alpha E_s+\delta=\alpha\left(-\frac{d\psi}{dx}\right)+\delta=-\alpha\frac{d\psi}{dx}+\delta，\ \tau_\eta=\eta\frac{dv_z}{dx} \tag{7-8}$$

式中 η——水的黏滞系数；

v_z——孔隙液在 z 方向的流速；

α、δ——实验系数，可通过抗剪强度试验确定；

E_s——土颗粒的表面电场；

ψ——双电层的静电势。

将式(7-7)代入方程(7-6)，并记 $p_z=-dp/dz$，得到：

$$F_e+p_z+\eta\frac{d^2v_z}{dx^2}-\alpha\frac{d^2\psi}{dx^2}=0 \tag{7-9}$$

将式(7-9)的平衡方程转换成柱坐标方程：

$$F_e+p_z+\left[\eta\left(\frac{d^2v_z}{dr^2}+\frac{1}{r}\frac{dv_z}{dr}\right)-\alpha\left(\frac{d^2\psi}{dr^2}+\frac{1}{r}\frac{d\psi}{dr}\right)\right]=0 \tag{7-10}$$

(2)边界条件。流体微元的流速 v_z 需满足如下边界条件：

$$v_z\big|_{r=r_0}=0，\ v_z\big|_{r\to 0}=\text{有限值} \tag{7-11}$$

7.2.1.3 双电层电场分布及电势方程

(1)双电层电场分布。Gouy－Chapman 扩散双电层理论假设颗粒表面电荷的分布是均匀的，双电层中的阴阳离子可看成点电荷且服从 Boltzmann 分布。

$$\rho=e\sum_i v_i n_{i0}\exp(-v_i e\psi/kT) \tag{7-12}$$

式中 e——电子电荷，为 4.8×10^{-10} 静电单位；

v_i——离子价；

ψ——双电层的静电势；

n_{i0}——平衡浓度($\psi=0$ 处的浓度)；

k——Boltzmann 常数，为 1.38×10^{-16}/K；

T——绝对温度，为 290 K(即 17 ℃)。

(2)电势方程。静电势 ψ 与电荷 ρ 满足 Poisson 方程：

$$\frac{d^2\psi}{dr^2}+\frac{1}{r}\frac{d\psi}{dr}=-\frac{\rho}{\varepsilon_0\varepsilon_r}=-\frac{e}{\varepsilon_0\varepsilon_r}\sum_i v_i n_{i0}\exp(-v_i e\psi/kT) \tag{7-13}$$

式中 ε_0——真空中介电常数，$\varepsilon_0=8.854\,2\times10^{-12}\ C^2\cdot J^{-1}\cdot m^{-1}$；

ε_r——孔隙水的相对介电常数，$\varepsilon_r=80$。

(3)边界条件。静电势 ψ 应满足以下边界条件：

$$\psi|_{r=r_0}=\psi_0,\ \psi|_{r\to 0}=\text{有限值} \tag{7-14}$$

式中　r_0——圆形孔隙的等效半径；

ψ_0——颗粒表面电位，即 $r=r_0$ 处的电位。

7.2.1.4　电流方程

(1)顺流电流和传导电流。在水位差作用下，孔隙水带动正电荷发生流动，形成顺流电流 I_z 及顺流电场 E_z，该电场还会引起与之反向的传导电流 I_c：

$$I_z=\int_{A_f} v_z\rho(r)\mathrm{d}A_f=2\pi\int_0^{r_0} v_z\rho(r)r\mathrm{d}r \tag{7-15}$$

$$I_c=\frac{U_s}{R_s}=\frac{E_s l_s}{\rho_s\dfrac{l_s}{A_f}}=\frac{E_s A_f}{\rho_s}=E_z\sigma_s\pi r_0^2 \tag{7-16}$$

式中　U_s、R_s——传导电压和等效传导电阻；

E_s、l_s、ρ_s、σ_s——电场、等效传导电阻长度、电阻率和电导率，并且有 $E_s=E_z$，$R_s=\rho_s l_s/A_f$，$\sigma_s=1/\rho_s$。

(2)平衡条件。渗流稳定时，孔隙水流动不产生净电流，则

$$I_z+I_c=0 \tag{7-17}$$

7.2.1.5　渗流流量

$$q=\int_{A_f} v_z\mathrm{d}A_f=2\pi\int_0^{r_0} v_z r\mathrm{d}r \tag{7-18}$$

7.2.2　圆孔模型方程解析

7.2.2.1　渗流速度 v_z

由于电场体积力 $F_e=E_z\rho$，将式(7-13)代入可得：

$$F_e=-\varepsilon_0\varepsilon_r E_z\left(\frac{\mathrm{d}^2\psi}{\mathrm{d}r^2}+\frac{1}{r}\frac{\mathrm{d}\psi}{\mathrm{d}r}\right) \tag{7-19}$$

将式(7-19)代入式(7-10)后，整理可得：

$$\frac{\mathrm{d}^2}{\mathrm{d}r^2}(\eta v_z-\alpha\psi-\varepsilon_0\varepsilon_r E_z\psi)+\frac{1}{r}\frac{\mathrm{d}}{\mathrm{d}r}(\eta v_z-\alpha\psi-\varepsilon_0\varepsilon_r E_z\psi)=-p_z \tag{7-20}$$

经两次积分后可得：

$$\eta v_z-(\alpha+\varepsilon_0\varepsilon_r E_z)\psi=-\frac{1}{4}r^2 p_z+c_1\ln r+c_2 \tag{7-21}$$

其中，c_1、c_2 为积分常数。

由边界条件(7-11)和(7-14)：

$$\begin{aligned} &c_1=0\\ &c_2=\frac{1}{4}{r_0}^2 p_z-(\alpha+\varepsilon_0\varepsilon_r E_z)\psi_0 \end{aligned} \tag{7-22}$$

将式(7-22)代入式(7-21)，可得：

$$v_z=\frac{1}{4\eta}[p_z(r_0{}^2-r^2)-4(\alpha+\varepsilon_0\varepsilon_r E_z)(\psi_0-\psi)] \tag{7-23}$$

7.2.2.2 顺流电流 I_z

将式(7-23)代入式(7-15)，可得式(7-24)：

$$I_z=2\pi\int_0^{r_0}v_z\rho(r)r\mathrm{d}r=2\pi\int_0^{r_0}\frac{1}{4\eta}[p_z(r_0{}^2-r^2)-4(\alpha+\varepsilon_0\varepsilon_r E_z)(\psi_0-\psi)]\rho(r)r\mathrm{d}r \tag{7-24}$$

并将式(7-13)代入式(7-24)，得：

$$\begin{aligned}I_z&=2\pi\int_0^{r_0}\frac{1}{4\eta}[p_z(r_0{}^2-r^2)-4(\alpha+\varepsilon_0\varepsilon_r E_z)(\psi_0-\psi)]\left[-\varepsilon_0\varepsilon_r\left(\frac{\mathrm{d}^2\psi}{\mathrm{d}r^2}+\frac{1}{r}\frac{\mathrm{d}\psi}{\mathrm{d}r}\right)\right]r\mathrm{d}r\\&=\frac{2\pi}{4\eta}(-\varepsilon_0\varepsilon_r)\int_0^{r_0}p_z(r_0{}^2-r^2)\left(\frac{\mathrm{d}^2\psi}{\mathrm{d}r^2}+\frac{1}{r}\frac{\mathrm{d}\psi}{\mathrm{d}r}\right)r\mathrm{d}r+\frac{2\pi}{4\eta}(-\varepsilon_0\varepsilon_r)(-4)(\alpha+\varepsilon_0\varepsilon_r E_z)\\&\quad\psi_0\int_0^{r_0}\left(\frac{\mathrm{d}^2\psi}{\mathrm{d}r^2}+\frac{1}{r}\frac{\mathrm{d}\psi}{\mathrm{d}r}\right)r\mathrm{d}r-\frac{2\pi}{4\eta}(-\varepsilon_0\varepsilon_r)(-4)(\alpha+\varepsilon_0\varepsilon_r E_z)\int_0^{r_0}\psi\left(\frac{\mathrm{d}^2\psi}{\mathrm{d}r^2}+\frac{1}{r}\frac{\mathrm{d}\psi}{\mathrm{d}r}\right)r\mathrm{d}r\\&=I_1+I_2+I_3\end{aligned}$$

其中，I_1 经过分部积分后可得：

$$I_1=-\frac{\pi}{\eta}\varepsilon_0\varepsilon_r p_z r_0{}^2(\psi_0-\bar{\psi}) \tag{7-25a}$$

$$\bar{\psi}=\frac{1}{\pi r_0{}^2}\int_0^{2\pi}\int_0^{r_0}\psi r\mathrm{d}r\mathrm{d}\theta\ \text{为平均值。} \tag{7-25b}$$

同理，利用分部积分法可导出 I_2 和 I_3 的表达式。

$$\begin{aligned}I_2&=\frac{2\pi}{4\eta}(-\varepsilon_0\varepsilon_r)(-4)(\alpha+\varepsilon_0\varepsilon_r E_z)\psi_0\int_0^{r_0}\left(\frac{\mathrm{d}^2\psi}{\mathrm{d}r^2}+\frac{1}{r}\frac{\mathrm{d}\psi}{\mathrm{d}r}\right)r\mathrm{d}r\\&=\frac{2\pi\varepsilon_0\varepsilon_r}{\eta}(\alpha+\varepsilon_0\varepsilon_r E_z)r_0\psi_0\psi_0'\end{aligned} \tag{7-26a}$$

其中
$$\psi_0'=\left.\frac{\mathrm{d}\psi}{\mathrm{d}r}\right|_{r=r_0} \tag{7-26b}$$

$$\begin{aligned}I_3&=-\frac{2\pi}{4\eta}(-\varepsilon_0\varepsilon_r)(-4)(\alpha+\varepsilon_0\varepsilon_r E_z)\int_0^{r_0}\psi\left(\frac{\mathrm{d}^2\psi}{\mathrm{d}r^2}+\frac{1}{r}\frac{\mathrm{d}\psi}{\mathrm{d}r}\right)r\mathrm{d}r\\&=-\frac{2\pi\varepsilon_0\varepsilon_r}{\eta}(\alpha+\varepsilon_0\varepsilon_r E_z)r_0\left(\psi_0\psi_0'-\frac{r_0}{2}\bar{\psi}'^2\right)\end{aligned} \tag{7-27a}$$

其中
$$\bar{\psi}'^2=\frac{1}{\pi r_0{}^2}\int_0^{2\pi}\int_0^{r_0}\left(\frac{\mathrm{d}\psi}{\mathrm{d}r}\right)^2r\mathrm{d}r\mathrm{d}\theta \tag{7-27b}$$

最终，顺流电流 I_z 可简化合并为

$$I_z=\frac{\pi\varepsilon_0\varepsilon_r}{\eta}r_0{}^2[(\alpha+\varepsilon_0\varepsilon_r E_z)\bar{\psi}'^2-p_z(\psi_0-\bar{\psi})] \tag{7-28}$$

7.2.2.3 顺流电场 E_z

由式(7-28)、式(7-16)、式(7-17)得：

$$E_z=\frac{\frac{\pi\varepsilon_0\varepsilon_r}{\eta}r_0^{\ 2}[-\alpha\bar{\psi}'^2+p_z(\psi_0-\bar{\psi})]}{\frac{\pi(\varepsilon_0\varepsilon_r)^2}{\eta}r_0^{\ 2}\bar{\psi}'^2+\sigma_s\pi r_0^{\ 2}}=\frac{\varepsilon_0\varepsilon_r[-\alpha\bar{\psi}'^2+p_z(\psi_0-\bar{\psi})]}{\eta\sigma_s+(\varepsilon_0\varepsilon_r)^2\bar{\psi}'^2} \tag{7-29}$$

7.2.2.4　等效渗透系数 k_e

将渗流速度表达式(7-23)代入渗流流量计算式(7-18)，经分部积分化简后可得：

$$q=\frac{\pi r_0^{\ 2}}{\eta}\left[\frac{1}{8}p_z r_0^{\ 2}-(\alpha+\varepsilon_0\varepsilon_r E_z)(\psi_0-\bar{\psi})\right] \tag{7-30}$$

根据 Darcy 定理，可得：

$$q=vA_c=k_d i\frac{A_f}{nS_r}=k_d\left(-\frac{\partial H}{\partial z}\right)\frac{\pi r_0^{\ 2}}{nS_r}=k_d\left(-\frac{1}{\gamma_w}\frac{\partial p}{\partial z}\right)\frac{\pi r_0^{\ 2}}{nS_r}=k_d\frac{\pi r_0^{\ 2}}{\gamma_w nS_r}\left(-\frac{\partial p}{\partial z}\right)$$

$$=k_d\frac{\pi r_0^{\ 2}p_z}{\gamma_w nS_r} \tag{7-31}$$

式中　A_c、A_f——土体的截面面积和过流面积；

k_d——渗透系数；

n——孔隙率；

S_r——饱和度；

γ_w——水的重度。

第一种情况：不考虑微电场效应的渗透系数，则 $E_z=0$，$\alpha=0$，由式(7-30)可得：

$$q=\frac{\pi r_0^{\ 4}}{8\eta}p_z$$

代入式(7-31)，则有：

$$k_d=\frac{\gamma_w r_0^{\ 2}}{8\eta}nS_r \tag{7-32}$$

第二种情况：考虑微电场效应的渗透系数，则 $E_z\neq0$，$\alpha\neq0$，将式(7-29)代入式(7-30)，则有：

$$q_e=\frac{\pi r_0^{\ 2}}{\eta}\left[\frac{1}{8}p_z r_0^{\ 2}-\frac{(\varepsilon_0\varepsilon_r)^2p_z(\psi_0-\bar{\psi})+\alpha\eta\sigma_s}{\eta\sigma_s+(\varepsilon_0\varepsilon_r)^2\bar{\psi}'^2}(\psi_0-\bar{\psi})\right] \tag{7-33}$$

代入式(7-31)中，得：

$$k_e=\frac{\gamma_w nS_r}{\eta}\left[\frac{1}{8}r_0^{\ 2}-\frac{(\varepsilon_0\varepsilon_r)^2(\psi_0-\bar{\psi})+\frac{\alpha}{p_z}\eta\sigma_s}{\eta\sigma_s+(\varepsilon_0\varepsilon_r)^2\bar{\psi}'^2}(\psi_0-\bar{\psi})\right]$$

令 $\beta=\frac{\alpha}{p_z}$，则有：

$$k_e=\frac{\gamma_w nS_r}{\eta}\left[\frac{1}{8}r_0^{\ 2}-\frac{(\varepsilon_0\varepsilon_r)^2(\psi_0-\bar{\psi})+\beta\eta\sigma_s}{\eta\sigma_s+(\varepsilon_0\varepsilon_r)^2\bar{\psi}'^2}(\psi_0-\bar{\psi})\right] \tag{7-34}$$

同时，可以得出两种情形下的等效渗透系数之比，即

$$\frac{k_{\mathrm{d}}}{k_{\mathrm{e}}}=\frac{\frac{\gamma_{\mathrm{w}}{r_0}^2}{8\eta}nS_{\mathrm{r}}}{\frac{\gamma_{\mathrm{w}}nS_{\mathrm{r}}}{\eta}\left[\frac{1}{8}{r_0}^2-\frac{(\varepsilon_0\varepsilon_{\mathrm{r}})^2(\psi_0-\overline{\psi})+\beta\eta\sigma_{\mathrm{s}}}{\eta\sigma_{\mathrm{s}}+(\varepsilon_0\varepsilon_{\mathrm{r}})^2\overline{\psi}'^2}(\psi_0-\overline{\psi})\right]} \tag{7-35}$$

7.2.2.5 等效黏滞系数 η_{e}

将式(7-1)代入式(7-18)，可得：

$$\begin{aligned}q&=2\pi\int_0^{r_0}v_z r\mathrm{d}r\\&=2\pi\int_0^{r_0}\frac{\gamma_{\mathrm{w}}{r_0}^2}{8\eta}i_{\mathrm{h}}r\mathrm{d}r\\&=2\pi\int_0^{r_0}\frac{{r_0}^2}{8\eta}p_z r\mathrm{d}r\\&=\frac{\pi {r_0}^4 p_z}{8\eta}\end{aligned}$$

将上式代入式(7-33)左边，且$\alpha=\beta p_z$，可得：

$$\eta_{\mathrm{e}}=\frac{\eta {r_0}^2}{{r_0}^2-8\,\frac{(\varepsilon_0\varepsilon_{\mathrm{r}})^2(\psi_0-\overline{\psi})+\beta\eta\sigma_{\mathrm{s}}}{\eta\sigma_{\mathrm{s}}+(\varepsilon_0\varepsilon_{\mathrm{r}})^2\overline{\psi}'^2}(\psi_0-\overline{\psi})} \tag{7-36}$$

7.2.2.6 电势场计算

(1)电势方程的求解。由式(7-34)、式(7-35)可知，要计算考虑微电场效应以及结合水抗剪强度时的渗透系数k_{e}，需要先求解电势方程，再由电势ψ求解出$\overline{\psi}$、$\overline{\psi}'^2$。圆孔模型电势方程：

$$\frac{\mathrm{d}^2\psi}{\mathrm{d}r^2}+\frac{1}{r}\frac{\mathrm{d}\psi}{\mathrm{d}r}=-\frac{\rho}{\varepsilon_0\varepsilon_{\mathrm{r}}}=-\frac{e}{\varepsilon_0\varepsilon_{\mathrm{r}}}\sum_i v_i n_{i0}\exp(-v_i e\psi/kT)$$

电势方程为高度非线性方程，求出解析解比较困难，现考虑电势ψ很小(小于25 mV)的情况。对于$v_i e\psi/kT\ll1$，由指数函数的麦克劳林展开式可得：

$$\begin{aligned}\exp(-v_i e\psi/kT)&=1+(-v_i e\psi/kT)+\frac{1}{2!}(-v_i e\psi/kT)^2+\cdots+\frac{1}{n!}(-v_i e\psi/kT)^n+\\&\quad\frac{\exp\theta(-v_i e\psi/kT)}{(n+1)!}(-v_i e\psi/kT)^{n+1}\\&\approx1+(-v_i e\psi/kT)\end{aligned}$$

其中，$0<\theta<1$。将上式代入电势方程，可得：

$$\begin{aligned}\frac{\mathrm{d}^2\psi}{\mathrm{d}r^2}+\frac{1}{r}\frac{\mathrm{d}\psi}{\mathrm{d}r}&=-\frac{e}{\varepsilon_0\varepsilon_{\mathrm{r}}}\sum_i v_i n_{i0}[1+(-v_i e\psi/kT)]\\&=\frac{\psi e^2}{\varepsilon_0\varepsilon_{\mathrm{r}}kT}\sum_i n_{i0}v_i^2-\frac{e}{\varepsilon_0\varepsilon_{\mathrm{r}}}\sum_i n_{i0}v_i\end{aligned}$$

$$= \left(\frac{e^2}{\varepsilon_0\varepsilon_r kT}\sum_i n_{i0}v_i^2\right)\psi - \frac{e}{\varepsilon_0\varepsilon_r}\sum_i n_{i0}v_i$$

由于孔隙液呈电中性，因此可以判断在一定离子浓度的孔隙液中，有 $\sum_i n_{i0}v_i=0$。

即
$$\frac{d^2\psi}{dr^2}+\frac{1}{r}\frac{d\psi}{dr}=\left(\frac{e^2}{\varepsilon_0\varepsilon_r kT}\sum_i n_{i0}v_i^2\right)\psi \tag{7-37}$$

令
$$\Phi=\frac{e\psi}{kT},\ \xi=Kr \tag{7-38}$$

其中

$$K^2=\frac{e^2\sum n_{i0}v_i^2}{\varepsilon_0\varepsilon_r kT}\ (\text{cm}^{-2}) \tag{7-39}$$

在双电层理论中，$1/K$ 通常称为双电层厚度。将式(7-38)、式(7-39)代入式(7-37)进行无量纲化处理，有：

$$\frac{d^2\Phi}{d\xi^2}+\frac{1}{\xi}\frac{d\Phi}{d\xi}=\Phi \tag{7-40}$$

两边乘以 ξ^2 并移项后，有 $\xi^2\frac{d^2\Phi}{d\xi^2}+\xi\frac{d\Phi}{d\xi}-\xi^2\Phi=0$

Φ 的解：$\Phi=b_1 I_0(\xi)+b_2 k_0(\xi)=b_1 I_0(Kr)+b_2 k_0(Kr)$

式中　b_1、b_2——积分常数；

　I_0、k_0——零阶第一、第二类虚宗量 Bessel 函数。

根据边界条件式(7-14)：$\psi|_{r=r_0}=\psi_0$，$\psi|_{r\to 0}=$有限值。

当 $r\to 0$ 时，$k_0\to\infty$，使 $\psi=\frac{\Phi kT}{e}\to\infty$，与边界条件(7-14)矛盾，因此 $b_2=0$。

当 $r=r_0$ 时，$\Phi=\left.\frac{e\psi}{kT}\right|_{r=r_0}=\frac{e\psi_0}{kT}=\Phi_0=b_1 I_0(Kr_0)$，因此 $b_1=\frac{e\psi_0}{kTI_0(Kr_0)}$

即 $\Phi=\frac{e\psi_0}{kTI_0(Kr_0)}I_0(Kr)$

可求得电势 ψ 的表达式：

$$\psi=\frac{kT}{e}\Phi=\frac{kT}{e}\frac{e\psi_0}{kTI_0(Kr_0)}I_0(Kr)=\frac{\psi_0}{I_0(Kr_0)}I_0(Kr) \tag{7-41}$$

其中

$$I_0(Kr)=\sum_{k=0}^{\infty}\frac{1}{k!\Gamma(k+1)}\left(\frac{Kr}{2}\right)^{2k}$$
$$=\sum_{k=0}^{\infty}\frac{1}{(k!)^2}\left(\frac{Kr}{2}\right)^{2k} \tag{7-42}$$

(2)电势平均值 $\bar{\psi}$。根据式(7-25a)，有：

$$\bar{\psi}=\frac{1}{\pi r_0{}^2}\int_0^{2\pi}\int_0^{r_0}\psi r\,dr\,d\theta=\frac{1}{\pi r_0{}^2}\int_0^{2\pi}\int_0^{r_0}\frac{\psi_0}{I_0(Kr_0)}I_0(Kr)r\,dr\,d\theta$$

$$=\frac{\psi_0}{I_0(Kr_0)}\bar{I}_0 \tag{7-43}$$

$$\bar{I}_0=\frac{1}{\pi r_0{}^2}\int_0^{2\pi}\int_0^{r_0}I_0(Kr)r\mathrm{d}r\mathrm{d}\theta=\frac{1}{\pi r_0{}^2}\int_0^{2\pi}\int_0^{r_0}\sum_{k=0}^{\infty}\frac{1}{(k!)^2}\left(\frac{Kr}{2}\right)^{2k}r\mathrm{d}r\mathrm{d}\theta$$

$$=\sum_{k=0}^{\infty}\frac{1}{(k+1)(k!)^2}\left(\frac{Kr_0}{2}\right)^{2k} \tag{7-44}$$

(3)电势导数平方的平均值 $\bar{\psi}'^2$。由式(7-27b)，可得：

$$\bar{\psi}'^2=\frac{1}{\pi r_0{}^2}\int_0^{2\pi}\int_0^{r_0}\psi'^2 r\mathrm{d}r\mathrm{d}\theta=\frac{1}{\pi r_0{}^2}\int_0^{2\pi}\int_0^{r_0}\left[\frac{\psi_0}{I_0(Kr_0)}I'_0(Kr)\right]^2 r\mathrm{d}r\mathrm{d}\theta$$

$$=\frac{\psi_0^2}{I_0^2(Kr_0)}\bar{I}'^2_0 \tag{7-45}$$

其中

$$\bar{I}'^2_0=\frac{1}{\pi r_0{}^2}\int_0^{2\pi}\int_0^{r_0}[I'_0(Kr)]^2 r\mathrm{d}r\mathrm{d}\theta$$

$$=K^2\sum_{n=0}^{\infty}\left[\frac{1}{(n+2)}\sum_{k=0}^{\infty}\frac{k+1}{((k+1)!)^2}\frac{n-k+1}{((n-k+1)!)^2}\right]\left(\frac{Kr_0}{2}\right)^{2(n+1)} \tag{7-46}$$

通过求解电势方程，求出 $\bar{\psi}$、$\bar{\psi}'^2$，再由式(7-4)求出毛细管等效半径 r_0，进而利用圆孔渗流模型计算出 k_e。

7.3 软土渗流微观模型计算

本节对圆孔微观模型进行数值计算，首先分析理论公式中的孔隙等效尺寸 r_0、表面电位 ψ_0、电导率 σ_s 和黏滞系数 η 对渗透系数的影响，进而将理论结果与实测结果进行对比。计算分析所采用的土样为100%膨润土和混合土(33.3%膨润土+66.7%高岭土)，孔隙液为NaCl溶液，主要的定义参数及初始参数如下：

(1)物理常数。

真空介电常数 ε_0：$8.854\ 2\times10^{-12}$ F/m；

水的相对介电常数 ε_r：80.0；

Boltzmann 常数 k：1.38×10^{-16} erg/K(尔格/K)$=1.38\times10^{-23}$ $\mathrm{J\cdot K^{-1}}$；

水的密度 ρ_w：1.0 $\mathrm{g/cm^3}$；

水的重度 γ_w：10 $\mathrm{kN/m^3}$；

水的黏滞系数 η：1.088×10^{-3} Pa·s(17 ℃)；

电子电荷 e：4.8×10^{-10}esu(静电单位)$=1.602\times10^{-19}$ C；

离子价 v_i：±1；

阿伏伽德罗常数 N：6.02×10^{23}。

(2)土样基本参数。

温度 T：290 K(17 ℃)；

比重 G_s：膨润土 2.49，混合土 2.63；

比表面积 B_0：膨润土 39.8 m^2/g，混合土 24.9 m^2/g(均指外比表面积)；

孔隙比 e_0：膨润土 1.64，混合土 1.64；

形状系数 C_s：膨润土：0.2～0.4，混合土：0.3～0.6。

(3)微观模型实验系数确定。考虑颗粒表面微电场作用的剪应力 τ_e 与颗粒表面电场以及水力梯度有关，可以利用直剪试验数据来拟合式(7-8)中的实验系数 α 和 δ，取 200 kPa 竖向压力下的抗剪强度数据进行拟合，圆孔微观模型的拟合结果如表 7-1 所示。

$$\tau_e=\alpha E_s+\delta=\alpha\left(-\frac{d\psi}{dx}\right)+\delta=-\alpha\frac{d\psi}{dx}+\delta$$

并且已知 $\beta=\dfrac{\alpha}{p_z}=\dfrac{\alpha}{-\dfrac{dp}{dz}}=\dfrac{\alpha}{\gamma_w\left(-\dfrac{dH}{dz}\right)}=\dfrac{\alpha}{\gamma_w i}$

表 7-1　圆孔模型实验系数的拟合结果

试样成分	孔隙液浓度 $n/(mol \cdot L^{-1})$	抗剪强度 $\tau\times10^4$ $/(g\cdot cm^{-2})$	$\frac{d\psi}{dr}\times10^8$ $/(mV\cdot cm^{-1})$	$\alpha\times10^{-5}$ $/(g\cdot mV^{-1}\cdot cm^{-1})$	$\delta\times10^4$ $/(g\cdot cm^{-2})$	$\beta\times10^{-7}$ $/(cm^2\cdot mV^{-2})$
100%膨润土	0.008 3	6.29	4.840	1.175	5.530	1.175
	0.083	6.65	10.485			
	0.83	6.47	17.859			
	2.0	8.89	19.397			
33.3%膨润土＋66.7%高岭土	0.008 3	4.73	4.770	6.136	2.010	6.136
	0.083	8.58	10.071			
	0.5	11.57	16.192			
	0.83	12.24	16.363			
注：β 与水力梯度 i 有关，表中取 $i=1$ 时的值。						

7.3.1　孔隙等效尺寸对渗透系数的影响

本节重点研究孔隙有效尺度在 0.01～100 μm 范围内的渗透系数变化规律。颗粒表面电位 $\psi_0=224$ mV(膨润土)、222 mV(混合土)，电导率 $\sigma_s=8.5\times10^{-6}$ S/cm，孔隙液浓度 $n=8.3\times10^{-4}$ mol/L，孔隙液黏滞系数 $\eta=1.088\times10^{-3}$ Pa·s。将各参数输入计算程序中，可得到圆孔模型的等效渗透系数比值 k_d/k_e 随孔隙等效半径变化的理论关系曲线，如图 7-3 所示。

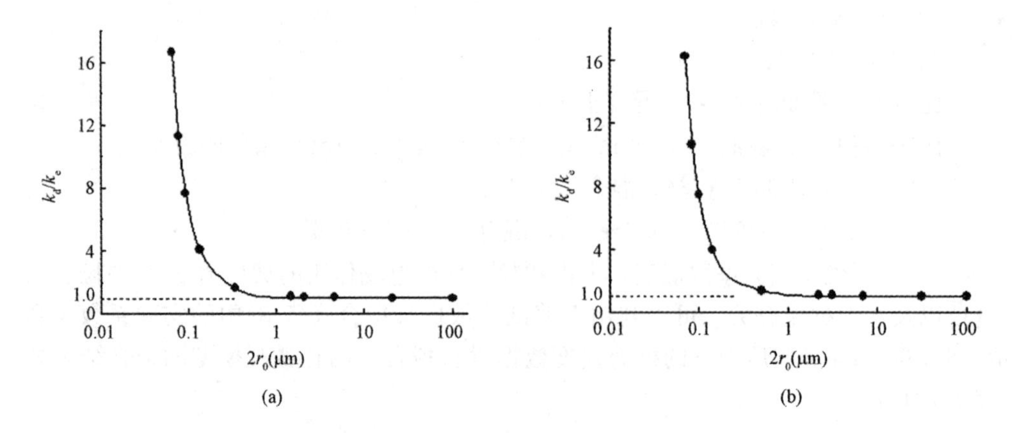

图 7-3　k_d/k_e 随圆孔等效半径 r_0 变化的理论关系曲线

(a)膨润土；(b)33.3%膨润土+66.7%高岭土

从模型理论曲线可以看出，当孔隙的等效尺寸($2r_0$ 或 d_0)低于 1 μm 时，等效渗透系数的比值 k_d/k_e 大于 1 且迅速增大至 10 倍以上，表明微电场效应在微米以下尺度的孔隙中非常显著；当孔隙等小尺寸增大至微米以上尺度时，k_d/k_e 值接近 1，即渗流的微电场效应的影响程度非常微小。由第 5 章 MIP 测试结果可知，天然土中微米级以下孔隙的比分达到甚至超过 90%。也就是说，极细颗粒土的孔隙尺寸正处于微电场效应作用显著的范围，研究该类软土的渗流特性时，应该考虑微电场效应的影响，此时按照 Darcy 定律计算的渗透系数将高于考虑微电场效应的值(相当于 $k_d/k_e>1$)，若不考虑渗流的微电场效应，由此引起的误差可能非常可观；粗颗粒土由于粒径较大，形成的孔隙尺寸通常在微米级以上，孔隙水的流动基本上可以忽略微电场效应的影响。

7.3.2　颗粒表面电位对渗透系数的影响

本节研究其他参数保持不变的情况下，颗粒表面电位与土样等效渗透系数的变化关系。表面电位变化范围：$\psi_0=7\sim224$ mV(膨润土)、$7\sim222$ mV(混合土)，土的电导率 $\sigma_s=8.5\times10^{-6}$ S/cm，孔隙液浓度 $n=8.3\times10^{-4}$ mol/L，孔隙液黏滞系数 $\eta=1.088\times10^{-3}$ Pa·s。圆孔模型计算得出的 k_e 随 ψ_0 变化的理论关系曲线如图 7-4 所示。

模型结果表明，当其他因素不变，提高表面电位 ψ_0 将导致渗透系数 k_e 降低，这与第 6 章测试结果相符。土颗粒表面电位的提高可使微电场增强，对颗粒附近的离子和水产生的吸引力也随之增大，能形成更厚的结合水膜，降低了颗粒间自由水渗流通道的有效尺寸，结合水虽然也具有流动性，但需要克服结合水本身的黏滞性和抗剪强度后才能产生流动。因此在水力梯度一定的情况下，颗粒表面电位越高，土体渗透性越低，这也与防渗材料应用领域中关于 GCL 衬垫渗透性的研究结论一致[242～245]。

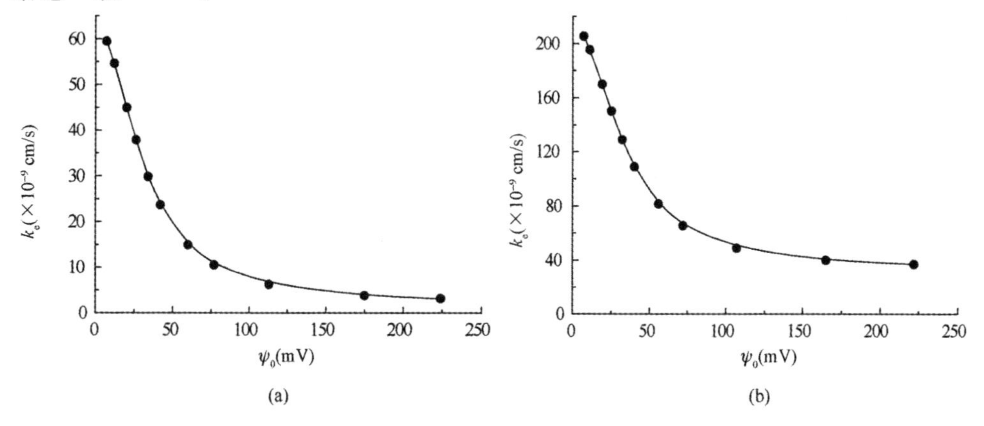

图 7-4　圆孔模型的等效渗透系数随表面电位变化的理论关系曲线

(a)膨润土；(b)33.3%膨润土+66.7%高岭土

7.3.3　土电导率对渗透系数的影响

土电导率可表示土的导电性能，当温度一定时，土电导率与孔隙液中可溶盐或其他可分解为电解质的物质含量有关。一般情况下，孔隙液中电解质浓度越高，土的导电性能越强，电导率也就越高。本节研究土的电导率 σ_s 在 8.5×10^{-6} S/cm～1.05×10^{-3} S/cm 范围内变化时土样等效渗透系数的变化情况。计算参数为：颗粒表面电位 $\psi_0=224$ mV(膨润土)、222 mV(混合土)，孔隙液浓度 $n=8.3\times10^{-4}$ mol/L，孔隙液黏滞系数 $\eta=1.088\times10^{-3}$ Pa・s，图 7-5 所示为模型计算结果。

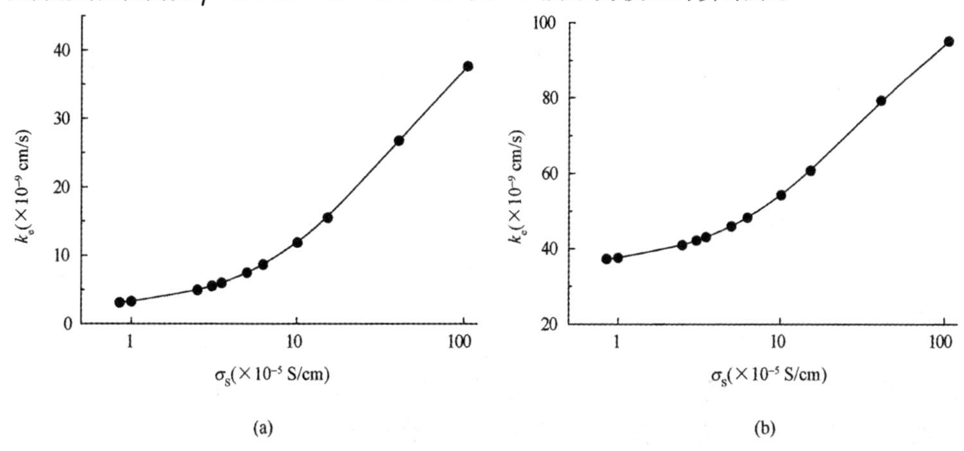

图 7-5　模型计算结果

(a)膨润土；(b)33.3%膨润土+66.7%高岭土

由图可见，当其他因素不变时，土的渗透性会随着土电导率 σ_s 的增加而提高。土的电导率起源于固相颗粒的带电性质，是反映土壤电化学性质的基础指标之一，在土壤治理与开发利用领域对其进行了较全面的研究[246~250]，研究表明，与土颗粒电荷量有关的因素都会影响土的电导率，其中 pH、阳离子交换量(CEC)、含水量、可溶盐含量、土的性质影响尤为明显。当温度、溶液 pH、含水量等条件基本相同时，土颗粒的 CEC 越大，可溶盐含量越多，孔隙液中的电解质含量就越高，土的导电性能就越强，电导率就越大，因此可以认为土的电导率也与等效渗透系数呈正相关关系。

7.3.4 孔隙液黏滞系数对渗透系数的影响

黏滞系数是孔隙液中相邻的流层由于流速不同而产生内摩阻力的体现，它与孔隙液的性质、流速梯度和接触面积有关。当孔隙液黏滞系数发生变化时，其流动阻力就会发生改变，从而对渗透性能产生影响。本节研究孔隙液黏滞系数 η 的变化范围为 1.088×10^{-3} Pa·s～8.0×10^{-3} Pa·s，土颗粒表面电位 $\psi_0=224$ mV(膨润土)、222 mV(混合土)，土的电导率 $\sigma_s=8.5\times10^{-6}$ S/cm，孔隙液浓度 $n=8.3\times10^{-4}$ mol/L。图 7-6 所示为圆孔模型计算得出的等效渗透系数随孔隙液黏滞系数变化的关系曲线。

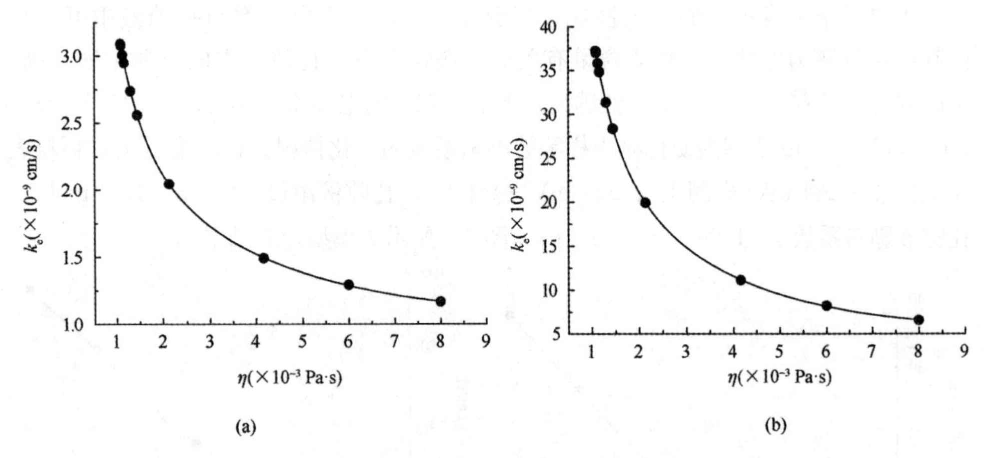

图 7-6 圆孔模型的等效渗透系数随孔隙液黏滞系数变化的关系曲线

(a)膨润土；(b)33.3%膨润土+66.7%高岭土

模型结果很好地反映了孔隙液流动阻力对土体渗流特性的影响——在其他因素不变时，增大黏滞系数会使孔隙液流层间的切应力增加，孔隙液流动的内摩阻力增大，引起土体渗透性的降低，等效渗透系数降低。

图 7-7 所示为等效黏滞系数随表面电位变化的理论关系曲线。其中土颗粒表面电位变化范围 $\psi_0=7$～77 mV(膨润土)、7～72 mV(混合土)，土的电导率 $\sigma_s=8.5\times$

10^{-6} S/cm，孔隙液浓度 $n=8.3\times10^{-4}$ mol/L。等效黏滞系数 η_e 随着表面电位 ψ_0 的升高而增大，表明在高表面电位下孔隙液流动的阻力变大，这从另一侧面验证了 7.3.2 节的结论，即在高表面电位的土体中孔隙液的表观黏滞系数高于一般的水溶液，表现为流动阻力较大，土体渗透性较低。随着表面电位 ψ_0 的降低，颗粒表面微电场对孔隙水的影响逐渐减小，等效黏滞系数 η_e 出现下降，并逐步接近普通水的黏滞系数($t=17$ ℃时，$\eta=1.088\times10^{-3}$ Pa·s)。

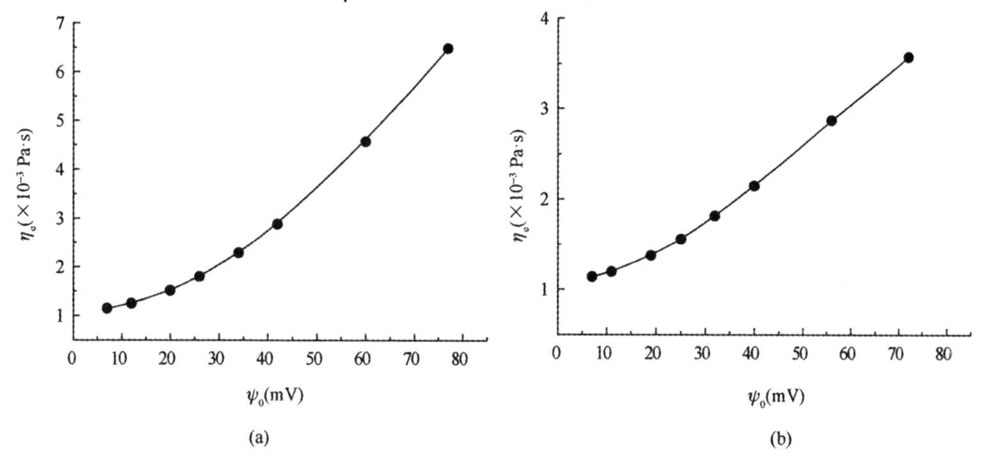

图 7-7　圆孔模型的等效黏滞系数随表面电位变化的理论关系曲线

(a)膨润土；(b)33.3%膨润土+66.7%高岭土

7.4　模型与实验结果的对比分析

为了验证渗流微观模型的合理性和有效性，本节利用理论模型对等效渗透系数随土颗粒表面电位的变化关系进行模拟计算，并与渗流固结法的测试结果进行对比分析。采用的土样为膨润土和混合土(33.3%膨润土+66.7%高岭土)，分析计算中的物理常数与上一节取值相同，其余参数见表 7-2。其中表面电位 ψ_0 是根据相互作用的双电层模型计算得出的，考虑孔隙液浓度和温度会对水的黏滞系数产生影响，可按式(7-47)计算取值[251]：

$$\log\left(\frac{\eta}{\eta_0}\right)=(B_1+B_2\,t)n_i+(D_1+D_2\,t)n_i^2 \tag{7-47}$$

式中　η_0——纯水在 17 ℃时的黏滞系数，$\eta_0=1.088\times10^{-3}$ Pa·s；

t——温度，$t=17$ ℃；

n_i——孔隙液离子浓度(mol/L)。

系数 B_1、B_2、D_1 和 D_2 取值如下：$B_1=2.910\,9\times10^{-2}$，$B_2=3.365\,2\times10^{-4}$，

$D_1=3.2737\times10^{-3}$，$D_2=-5.4790\times10^{-5}$。

表 7-2 理论模型计算参数

试样成分	孔隙液浓度 n_i/(mol·L^{-1})	表面电位 ψ_0/mV	孔隙比 e_0	黏滞系数 η (×10^{-3} Pa·s)	电导率 σ_s (×10^{-5} S·cm^{-1})	形状系数 C_s
膨润土	8.3×10^{-4}	224	1.640	1.088	0.85	0.12
	8.3×10^{-3}	176	1.625	1.089	1.00	0.219
	8.3×10^{-2}	114	1.655	1.095	2.50	0.23
	2.7×10^{-1}	80	1.640	1.112	2.75	0.23
	5.0×10^{-1}	77	1.640	1.134	3.06	0.231
	8.3×10^{-1}	61	1.635	1.167	3.50	0.28
	2.0	43	1.630	1.305	5.00	0.5
	3.0	34	1.640	1.453	6.28	0.81
	6.0	26	1.640	2.138	10.1	1.73
33.3%膨润土+66.7%高岭土	8.3×10^{-4}	222	1.640	1.088	0.85	0.29
	8.3×10^{-3}	165	1.625	1.089	1.00	0.4
	8.3×10^{-2}	107	1.625	1.095	2.50	1.2
	2.2×10^{-1}	84	1.640	1.108	2.68	3.5
	5.0×10^{-1}	72	1.640	1.134	3.06	5.4
	8.3×10^{-1}	56	1.645	1.167	3.50	7.0
	2.0	40	1.640	1.305	5.00	9.52
	6.0	25	1.640	2.138	10.1	17.0

图 7-8 所示为圆孔模型的等效渗透系数随表面电位变化的关系曲线，表 7-3 所示为两种土样的理论计算结果与实测结果对比。

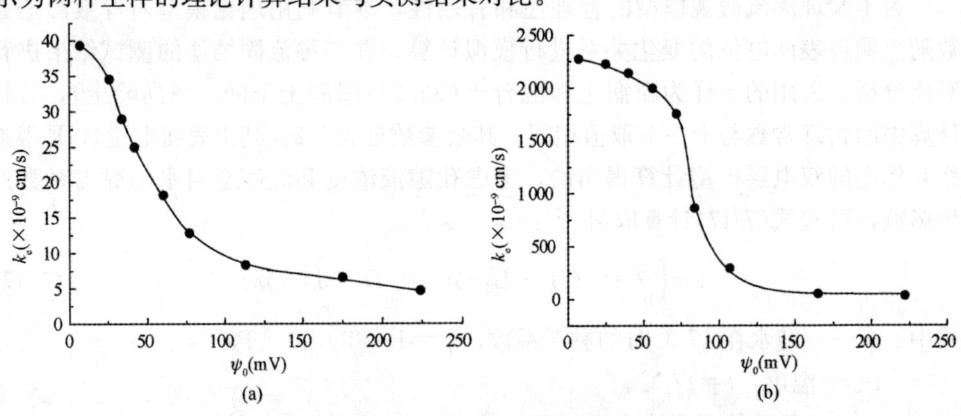

图 7-8 圆孔模型的等效渗透系数随表面电位变化的关系曲线

(a)膨润土；(b)33.3%膨润土+66.7%高岭土

表 7-3　理论模型计算结果与实测结果对比

试样成分	孔隙液浓度 n_i/(mol·L^{-1})	表面电位 ψ_0/mV	圆孔模型 k_e /(×10^{-9}cm·s^{-1})	k_d/k_e	实验测试 k /(×10^{-9}cm·s^{-1})
100%膨润土	8.3×10^{-4}	224	4.7	4.0	4.5
	8.3×10^{-3}	176	6.6	5.1	6.0
	8.3×10^{-2}	114	8.4	4.4	7.8
	2.7×10^{-1}	80	12.4	2.8	11.8
	8.3×10^{-1}	61	18.2	2.2	17.1
	2.0	43	25.0	2.6	23.2
	5.0	27	34.3	2.7	32.1
33.3%膨润土+66.7%高岭土	8.3×10^{-4}	222	35.6	2.9	38.5
	8.3×10^{-3}	165	53.6	2.6	58.1
	8.3×10^{-2}	107	295.6	1.4	310.4
	2.2×10^{-1}	84	863.6	1.4	818.0
	5.0×10^{-1}	72	1 755.7	1.1	1 724.4
	8.3×10^{-1}	56	1996.1	1.2	1 959.7
	5.0	25	2 226.8	1.2	2 208.9
注：表中的实测渗透系数为渗流固结法试验的结果，实验操作步骤及数据处理可参考第 2 章。					

理论模型计算结果与实测结果表明，土颗粒表面的微电场可明显影响极细颗粒土的渗流特性，等效渗透系数随着颗粒表面电位的增加(或孔隙液浓度的降低)而降低，而渗透系数的比值则出现上升趋势。这可从极细颗粒土渗流与结合水性质的关系角度进行解释：带电颗粒表面的微电场与孔隙液中的离子相互作用形成双电层，双电层中的水分子受到静电引力作用而定向排列构成了覆盖在颗粒表面的结合水膜。结合水膜的存在一方面缩小了孔隙的有效尺寸，使土的渗透性降低；另一方面，结合水膜具有一定的黏滞性与抗剪强度，驱使结合水流动需要较高的水力梯度，因而较厚的结合水膜会降低孔隙水的流动性。孔隙液中阳离子数量的增加即浓度的提高使双电层变薄，压缩了结合水膜(特别是弱结合水膜)的厚度，孔隙的有效尺寸增大，水的流动性增强，表现为渗透系数提高，渗流特性朝 Darcy 渗流靠近。实验实测结果与理论曲线的变化趋势是一致的，表明圆孔渗流微观模型能合理模拟渗透系数随表面电位的变化关系，而且渗流模型能较好反映微电场效应对不同成分软土渗流特性影响的显著程度，例如，混合土的渗透系数变化幅度要比膨润土大得多，即混合土对微电场效应的影响更为敏感，这与 6.3 节分析结论一致。

7.5 本章小结

本章建立了软土渗流的微观圆孔模型并通过模型模拟了各参量变化对软土渗流特性的影响并与实测结果进行对比，得出以下主要结论：

(1)微孔隙渗流的理论模型将软土的渗流简化为圆孔中的渗流，把结合水视为具有抗剪强度的黏性介质，自由水作为黏性渗流介质。理论模型考虑了土颗粒表面电位、电导率、孔隙液的性质(如黏滞性和抗剪强度)、离子浓度和价数、孔隙尺度等参数的影响，可以定量计算出特定软土的等效渗透系数。

(2)模拟计算表明软土的渗流特性受孔隙尺度的显著影响。当孔隙等效尺寸达到微米级以上时，k_e 与 k_d 非常接近，即微电场效应在粗粒土中可以忽略不计；反之，当孔隙等效尺寸低于 1 μm 时，等效渗透系数的比值 k_d/k_e 迅速增大，微电场效应明显，研究极细颗粒土若不考虑渗流的微电场效应，由此将引起非常大的误差。

(3)土颗粒的表面电位、土的电导率以及孔隙液的黏滞系数等参量都能明显影响软土的渗流特性。模型结果表明，当其他因素不变时，表面电位的增加或电导率的降低或黏滞系数的增大，软土的等效渗透系数将迅速减小。分析认为，固相颗粒电化学性质的变化是引起电导率和黏滞系数等参量改变的内在因素。

(4)圆孔渗流微观模型能较好模拟软土的渗透特性随表面电位变化的规律，计算结果与实测结果的变化趋势一致，模型可以反映不同成分软土渗流的微电场效应的影响显著程度。

第8章 基于微观试验的软土固结特性分析

8.1 概 述

珠江三角洲地区广泛分布着厚度几米至几十米的全新世海积形成的软土层[201]，因其具有含水率大、孔隙比(率)高、压缩性大、强度低等特点常导致地基沉陷和地层失稳等重大工程事故。许多研究表明，软土的宏观工程性质很大程度上取决于其微结构及其变化规律[15]。由前文研究分析可知，软土的微观结构特征(颗粒形状、分布、排列和连接方式、微颗粒聚合体的形态、尺度等)及孔隙特征(孔隙比、孔隙尺度及分布、连通性、曲折性等)对软土的排水固结特性(压缩性和渗透性)有着重大的影响。如高孔隙比(率)是导致软土高含水率、低强度、高压缩性的直接因素，而孔隙比(率)、孔隙尺度及分布、连通性、曲折性等又是决定软土渗透性的关键因素。

软土在压力作用下体积减小的工程特性即土的压缩性，主要由外力作用下软土孔隙变化引起，而排水固结特性主要由与孔隙率、孔隙尺度、连通性等特征直接关联的软土渗透性所决定[151]。排水固结法是饱和软土有效的加固方法[252,253]，在排水固结过程中土体的微观结构特征及孔隙特征随固结压力和时间不断变化，如固结过程中结构单元体的连接方式由边一边、边一面连接向面一面连接转变，平均圆形度、平均形状系数不断降低，结构单元体的长轴向垂直于荷载方向旋转，定向性增强、概率熵减小；孔隙体积减小，孔隙尺度及分布向小、微甚至超微孔隙转化，孔隙连通性和曲折性变差等，这些微观因素的变化，促使了固结过程中软土渗透性、压缩性的变化，进一步引起固结特性的改变。

为揭示蕴含在微观结构变化规律中的软土固结的力学行为机制、变形规律与加固机制，建立合理的基于显微试验的固结计算模型，本章以珠江三角洲地区典型淤泥土(番禺软土)为研究对象(该软土孔隙比最大、含水率最大、压缩性最明显、最具代表性)，从微观角度建立基于孔隙压缩规律和渗流机制的排水固结模型，并将计算结果与现有太沙基固结模型结果及试验数据做出比较，以完善现有软土的排水固结加固理论，指导建设工程设计和实践。

8.2　软土压缩性和渗透性的微观参数分析

由前文分析可知，软土的固结特性由其压缩性和渗透性共同决定，而软土的微观结构特征及孔隙特征又共同影响和改变其压缩性和渗透性，本节将讨论微观参数与压缩性、渗透性的相关性，研究固结过程微观结构和孔隙特征改变对固结特性产生的影响。

8.2.1　软土压缩性与微观参数的关系及机理分析

土体压缩性与软土孔隙比、孔隙尺度分布、孔隙水渗流类型、土的微观结构以及施加的外荷载等因素有关[254]。可以认为，固结压力改变了土体的结构性特征，从而导致其压缩性改变。图 8-1、图 8-2 所示为番禺软土样的孔隙比与固结压力的关系图($e-p$ 图)和压缩系数($a=-\Delta e/\Delta p$)与固结压力的关系图($a-p$ 图)，具体数值列于表 8-1 中。

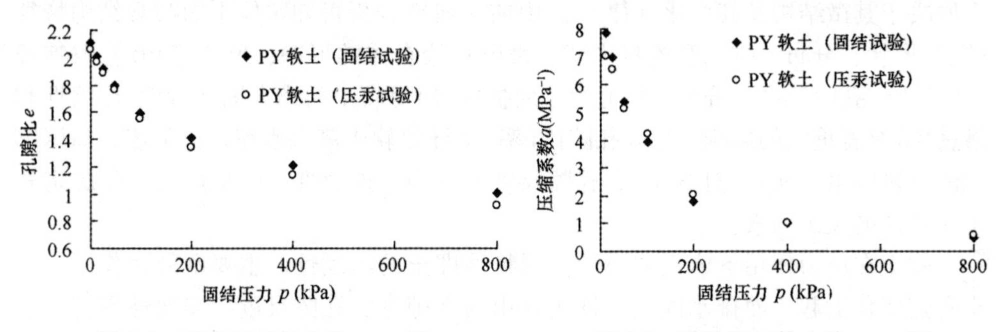

图 8-1　番禺(PY)软土的 $e-p$ 图　　　图 8-2　番禺(PY)软土的 $a-p$ 图

表 8-1　固结过程中番禺(PY)软土的孔隙比 e 与压缩系数 a

土样	固结压力/kPa	孔隙比 e		压缩系数 a/MPa^{-1}	
		固结试验	压汞试验	固结试验	压汞试验
番禺(PY)软土	0	2.11	2.06	—	—
	12.5	2.01	1.97	7.84	7.04
	25	1.92	1.89	6.96	6.96
	50	1.79	1.77	5.36	5.12
	100	1.59	1.55	3.94	4.44
	200	1.41	1.34	1.79	2.05
	400	1.21	1.14	1.01	1.02
	800	0.99	0.91	0.50	0.58

由图 8-1 和图 8-2 可知，土样的孔隙比和压缩系数均随固结压力增大而减小，分析原因是天然土样或固结压力较小的土样，具有较大的孔隙比和等效孔径，大、中孔隙所占比例大，而大孔隙比小孔隙更容易被压缩而湮灭或分裂成较小的孔隙，因而体现为土的压缩性高，压缩系数 a 较大；当固结压力较大时($p>200$ kPa)，大孔隙已被压缩湮灭，等效孔径减小，微孔隙和超微孔隙所占比例较大，此时数量众多的微小孔隙及封闭孔隙不易被压缩湮灭，土中孔隙水以结合水渗流为主，不易排出，孔隙比变化较小，另外，压力的增加还会导致软土内结构强度的增大，故软土此时体现为具有较小的压缩性，压缩系数 a 较小，$a-p$ 曲线变缓且逐渐趋于稳定。

由前述分析可知，天然软土的压缩系数由其结构性特征(结构性特征包括孔隙特征)决定，不同的软土具有不同的结构性特征，具有不同的压缩性质，因此，天然软土的压缩系数由初始结构性特征决定，一般同时与多个结构参数相关，如结构单元体的概率熵、孔隙比、等效孔径及大、中孔隙含量等；固结压力引起软土结构性特征变化，进而使其压缩性产生变化。实质上，固结软土的压缩性也由其固结后的结构性特征决定，只不过固结引起结构特征的变化与固结压力存在独立关系，因而固结引起的压缩性的变化最终可表达为与固结压力的关系(图 8-1 中已体现)。综上可知，固结土的压缩性一般由天然部分和固结变化部分构成，天然部分与结构性特征相关，固结变化部分与固结引起结构性特征的变化相关，但固结变化部分最终可表达为与固结压力的关系。

8.2.2　软土渗透性与微观参数的关系及机理分析

自法国工程师 Darcy(1855)提出渗透定律以来，关于土体渗透性的研究经历了漫长的过程，研究表明影响土体渗透性的因素主要包括[255,256]黏粒含量、矿物成分及含量、孔隙大小及存在形式、土的结构及渗透流体的性质等。由于软土特别是淤泥(质)土主要由极细粒径的黏土胶状物质组成，颗粒直径可达微米级，能够形成小于十分之几微米的孔隙。黏土颗粒表面带电现象非常明显，使水分子定向排列并包围在颗粒表面构成黏度很大的结合水膜，减小了粒间孔隙的等效直径，使自由水的流动受到很大阻力，而结合水膜的厚度可随土颗粒表面电位的改变而改变，使粒间孔隙直径改变。因此，在其他因素不变的前提下，软土的宏观渗流特性受其孔隙大小和存在形式的影响尤为明显。

软土孔隙按大小划分[213]大致有团粒间孔隙(大孔隙)、团粒内孔隙(中、小孔隙)、颗粒间孔隙(小、微孔隙)、颗粒内孔隙(超微孔隙)几种类型，按其存在形式主要有连通孔隙、封闭孔隙和残留孔隙等。一般来说，团粒间孔隙孔径最大、连通性最好，是渗流的主要通道；颗粒内孔隙孔径最小、连通性最差，而团粒内孔隙和颗粒间孔隙的孔径居中，在单个集合体内连通性虽好，但从整体看，连通性又较差，它们仅仅是以团粒间孔隙为媒介保持间接联系的。天然软土的渗透系数由其结构性特征(结构性特征包括孔隙特征)决定，不同软土具有不同的结构性特征而具有不同的渗透性质，因此，天然软土的渗透系数由结构性特征(如孔隙大小、尺度及分布、孔隙连通性和曲折性等)决定，而固结压力明显改变了软土孔隙的大小、尺度及分布等结构性特征，从而也就改变了土体的渗透性。

图 8-3 所示为根据渗透试验和压汞试验数据得到的番禺(PY)软土样的渗透系数 k_V 与固结压力 p 的关系图(即 k_v-p 图)，具体数值列于表 8-2 中。

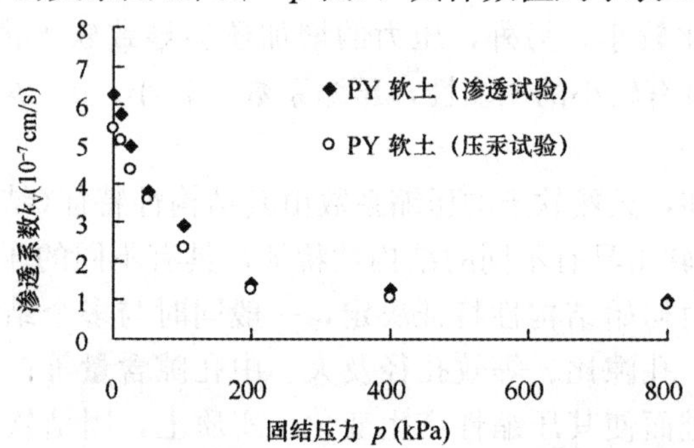

图 8-3　番禺(PY)软土的 k_v-p 关系图

表 8-2　固结过程中番禺(PY)软土的渗透系数 k_V

土样	固结压力/kPa	渗透系数 k_V/(10^{-7}cm·s^{-1})	
		渗透试验	压汞试验
番禺软土(PY 软土)	0	6.29	5.41
	12.5	5.77	5.11
	25	4.92	4.32
	50	3.76	3.55
	100	2.88	2.34
	200	1.43	1.27
	400	1.27	1.05
	800	1.01	0.93

由图 8-2 和表 8-2 可知，土样的渗透系数随固结压力增大而显著减小。天然原状土样和固结压力较小(p<200 kPa)土样具有较大的孔隙比和等效孔径，孔隙类型以大、中孔隙为主，孔隙水以自由水渗流为主，易于流动和排除，具有较高的渗透性，渗透系数较大；在固结的后阶段(p>200 kPa)，软土孔隙比和等效孔径减小，大、中孔隙数量较少，孔隙类型以小、微、超微孔隙为主(后期甚至以微、超微孔隙为主)，土体中孔隙水以结合水渗流为主，流动性小且不易排出，渗透系

数小，固结后期(p=800 kPa)试样的垂直渗透系数约为 1.0×10^{-7} cm/s，仅为天然土样的 1/6～1/5。

综上可知，固结土的渗透性一般也可由两部分(天然部分和固结变化部分)构成。其中，天然部分与初始结构性特征(主要是孔隙特征)相关，一般同时与多个结构参数相关，如结构单元体的概率熵、孔隙比、等效孔径及孔吼比等；而固结变化部分与固结引起的结构性特征(主要是孔隙特征)的变化相关，但由图 8-2 可知，固结变化部分最终可表达为与固结压力的关系。

8.2.3　软土压缩性、渗透性与固结特性的关系分析

由 8.2.1 节和 8.2.2 节分析可知，天然软土的压缩性和渗透性均由其天然结构性特征决定(一般同时与多个结构参数相关)，而因固结引起的压缩性和渗透性的变化部分，与固结引起结构性特征的变化有关，但固结变化部分最终可表达为与固结压力的关系。因此，固结过程中，与软土压缩性和渗透性相关的独立因素就是固结压力。

众所周知，软土的压缩性和渗透性又共同影响其固结特性，因此，也可以认为，固结软土的固结特性也由天然部分和固结变化部分组成，前者由天然结构性特征决定，后者最终可表达为与固结压力的关系。

8.3　基于微观分析的软土固结变形计算分析

对于饱和软土一维固结包括平衡方程、孔隙水运动方程、渗流连续方程以及土的应力一应变关系。

(1)平衡方程。

$$\frac{\partial \sigma_z}{\partial z}-\frac{\partial p}{\partial z}=F_z \tag{8-1}$$

式中　σ_z——Terzaghi 有效应力；

p——孔隙水压力；

F_z——z 方向的体积力。

(2)孔隙水运动方程(达西定律)。

$$-\frac{\partial p}{\partial z}=\frac{\rho_f g}{k}\dot{w}_z \tag{8-2}$$

式中　w_z——孔隙水相对于骨架的位移；

k——土的渗透系数；

ρ_f——孔隙水的密度；

g——重力加速度。

(3)渗流连续方程。在微时间段内，微单元体中孔隙体积的减少应等同于同一时间段内从微单元体流出的水量，即

$$-\frac{n}{K_f}\dot{p}=\frac{(\partial \dot{u}_z+\partial \dot{w}_z)}{\partial z} \tag{8-3}$$

式中 n——土的孔隙率；

K_f——孔隙水的体积模量。

(4)土的应力－应变关系。土的应力－应变关系一般表达式为

$$\sigma_{ij}=f(\varepsilon_{ij},\ t) \tag{8-4}$$

8.3.1 基于微观分析的固结方程

由于经典的太沙基固结理论假设在固结过程中，渗透系数 k 和压缩系数 a 为常量，这显然与实际情况不符，由 8.2 节分析可知，两者在固结过程中均减小。下面将建立基于微观分析的固结方程。

(1)应变与有效应力的关系。在一维情况下，大量的试验结果表明，土体的孔隙比 e 与固结压力 p(实际上是有效应力 σ_z)的关系为

$$e=e_m+a\ln\sigma_z \tag{8-5a}$$

式中 e_m——$\sigma_z=1$ 时的孔隙比；

a——压缩常数。

上式存在一个奇异点 $\sigma_z=0$，为此改写为

$$e=e_m+a\ln(\sigma_e+\sigma_z) \tag{8-5b}$$

可以利用 Origin 软件对图 8-1 试验数据进行非线性拟合，确定上式中的常数 e_m，a，σ_e，拟合曲线如图 8-4 所示。对照公式(8-5b)可知：$e_m=2.710$，$a=-0.254\ 5$，$\sigma_e=-0.064$。由上式得出：

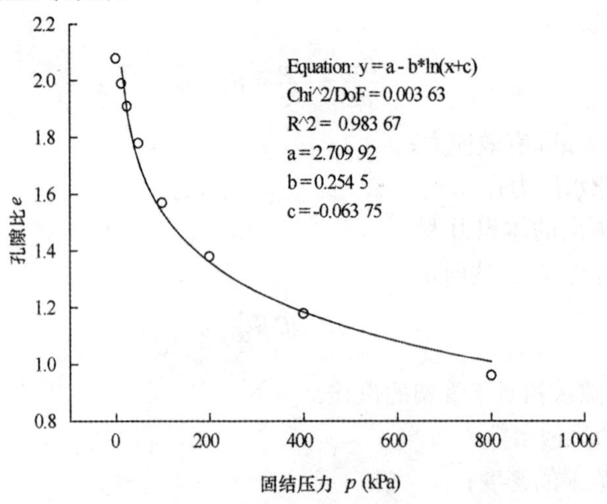

图 8-4 软土 $e-p$ 曲线拟合

$$d\varepsilon_z=\frac{de}{1+e}=\frac{a}{1+e}\frac{d\sigma_z}{\sigma_e+\sigma_z}=\frac{a}{1+e}\frac{1}{\sigma_e+\sigma_z}\left(\frac{\partial\sigma_z}{\partial t}dt+\frac{\partial\sigma_z}{\partial z}dz\right) \tag{8-6}$$

即有：

$$\frac{\partial\varepsilon_z}{\partial t}=\frac{a}{1+e}\frac{1}{\sigma_e+\sigma_z}\frac{\partial\sigma_z}{\partial t} \tag{8-7a}$$

$$\frac{\partial\varepsilon_z}{\partial z}=\frac{a}{1+e}\frac{1}{\sigma_e+\sigma_z}\frac{\partial\sigma_z}{\partial z} \tag{8-7b}$$

(2)固结方程。孔隙水通常认为是不可压缩的，因此，其体积模量 $K_f\rightarrow\infty$，由连续方程(8-3)得到

$$\frac{\partial\varepsilon_z}{\partial t}=-\frac{\partial\dot{w}_z}{\partial z} \tag{8-8}$$

由式(8-2)、式(8-7)、式(8-8)三式得到

$$\frac{a}{1+e}\frac{1}{\sigma_e+\sigma_z}\frac{\partial\sigma_z}{\partial t}=\frac{k}{\rho_f g}\frac{\partial^2 p}{\partial z^2}$$

或

$$\frac{1}{\sigma_e+\sigma_z}\frac{\partial\sigma_z}{\partial t}=\frac{k(1+e)}{a\rho_f g}\frac{\partial^2 p}{\partial z^2} \tag{8-9}$$

在上式中，令 C_V 为竖向固结系数：

$$C_V=\frac{k(1+e)}{a\rho_f g} \tag{8-10}$$

式(8-10)的形式虽与太沙基一维固结理论中固结系数 $C_V=\frac{k(1+e)}{a\gamma}$ 的形式相同，但两者存在本质差别。由于太沙基理论假设渗透系数 k，孔隙比 e，压缩系数 a 等均是常量，故 C_V 自然也是常量，而式(8-10)考虑渗透系数 k 和孔隙比 e 随固结有效应力 σ_z 变化，其与现有的固结系数有实质不同。式(8-10)中竖向固结系数 C_V 始终包含了变量——渗透系数 k 和孔隙比 e。由前述章节分析可知，在软土固结过程中，随着固结压力的增大，软土孔隙特征发生显著变化，从具有较大孔隙比(率)，孔隙类型以大、中孔隙为主，渗透系数 k 相对较大，向孔隙比(率)减少，以小、微甚至超微孔隙为主，渗透系数 k 向较小发展，因此固结过程中固结系数 C_V 也随之发生变化。则式(8-9)竖向固结方程表达为

$$\frac{1}{\sigma_e+\sigma_z}\frac{\partial\sigma_z}{\partial t}=C_V\frac{\partial^2 p}{\partial z^2} \tag{8-11}$$

若采用下式

$$C_V(\sigma_z)=C_V^0+C_0\ln(\sigma_c+\sigma_z) \tag{8-12}$$

来拟合固结系数与固结压力(即有效应力)的关系(考虑奇异点 $\sigma_z=0$ 而引入常数 σ_c)，将表 8-1、表 8-2 中 e、k 数据及压缩常数 a 代入式(8-10)中，求得不同固结压力下试样的固结系数，并利用 Origin 软件进行非线性拟合，拟合曲线如图 8-5 所示，对照式(8-12)可确定出常数 $C_V^0=10.739$，$C_0=-1.638$，$\sigma_c=-6.919$。

实际上，式(8-12)中固结系数 $C_V(\sigma_z)=C_V^0+C_0\ln(\sigma_c+\sigma_z)$ 的表达，体现了 8.2

节所述的软土的压缩性由天然部分和固结变化部分构成。其中，C_{V}^{0} 与土的天然结构性特征有关，而固结变化部分 $C_0\ln(\sigma_c+\sigma_z)$ 最终可由固结压力表达。

将式(8-12)代入式(8-11)则有下式：

$$\frac{1}{\sigma_e+\sigma_z}\frac{\partial\sigma_z}{\partial t}=[C_V^0+C_0\ln(\sigma_c+\sigma_z)]\frac{\partial^2 p}{\partial z^2} \tag{8-13}$$

当体积力 $F_z=0$ 时，利用平衡方程(8-1)，上式可写成

$$\frac{1}{\sigma_e+\sigma_z}\frac{\partial\sigma_z}{\partial t}=[C_V^0+C_0\ln(\sigma_c+\sigma_z)]\frac{\partial}{\partial z}\left(\frac{\partial p}{\partial z}\right)=[C_V^0+C_0\ln(\sigma_c+\sigma_z)]\frac{\partial^2\sigma_z}{\partial z^2}$$

即

$$\frac{1}{\sigma_e+\sigma_z}\frac{\partial\sigma_z}{\partial t}=[C_V^0+C_0\ln(\sigma_c+\sigma_z)]\frac{\partial^2\sigma_z}{\partial z^2} \tag{8-14}$$

如果所施加的荷载不随时间变化(图 8-6)，则有 $\bar{\sigma}=\sigma_z+p$，$\frac{d\bar{q}_z}{dt}=\frac{d\bar{\sigma}_z}{dt}=0$

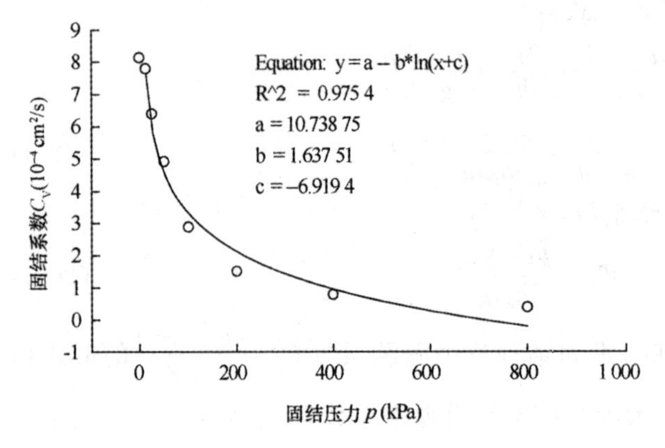

图 8-5　软土 C_V— p 拟合曲线

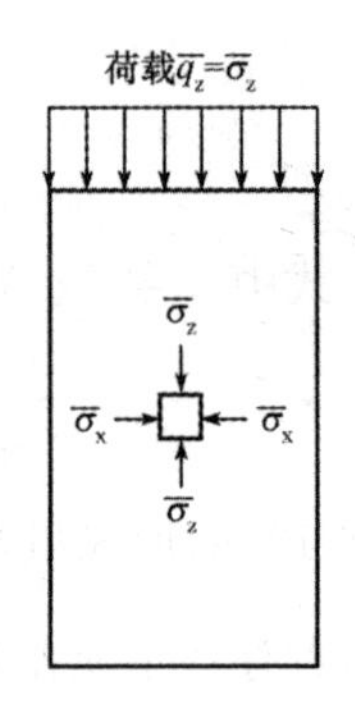

图 8-6　固定荷载

即有：

$$\frac{d\bar{\sigma}_z}{dt}=\frac{d(\sigma_z+p)}{dt}=0$$

即

$$\frac{d\sigma_z}{dt}=-\frac{dp}{dt} \tag{8-15}$$

式中　$\bar{\sigma}_z$——总应力。

由式(8-14)和式(8-1)、式(8-15)，由孔隙水压力把固结方程表示为

$$\frac{1}{p-\bar{\sigma}_e}\frac{\partial p}{\partial t}=[C_V^0+C_0\ln(\bar{\sigma}_c-p)]\frac{\partial^2 p}{\partial z^2} \tag{8-16}$$

式中，$\bar{\sigma}_c=\bar{\sigma}_z+\sigma_c$ 和 $\bar{\sigma}_e=\bar{\sigma}_z+\sigma_e$ 为常数。

(3)固结变形计算。由固结方程(8-16)求得孔隙水压力 p 后，可得有效应力 $\sigma_z=\bar{\sigma}_z-p$。再由式(8-5b)和(8-7a)或(8-7b)可给出固结变形的计算。即由下式

$$\left.\begin{aligned}\frac{\partial\varepsilon_z}{\partial t}&=\frac{a}{1+e}\frac{1}{\sigma_e+\sigma_z}\frac{\partial\sigma_z}{\partial t}\\ e&=e_m+a\ln(\sigma_e+\sigma_z)\end{aligned}\right\} \tag{8-17a}$$

或

$$\left.\begin{aligned}\frac{\partial\varepsilon_z}{\partial z}&=\frac{a}{1+e}\frac{1}{\sigma_e+\sigma_z}\frac{\partial\sigma_z}{\partial z}\\e&=e_m+a\ln(\sigma_e+\sigma_z)\end{aligned}\right\}\tag{8-17b}$$

计算固结过程的应变 $\varepsilon_z(z,\ t)$。由式(8-17a)可得

$$\varepsilon_z(z,t)=\int_0^t\frac{a}{1+e}\frac{1}{\sigma_e+\sigma_z}\frac{\partial\sigma_z}{\partial t}\mathrm{d}t\tag{8-18}$$

由上式积分，得

$$\begin{aligned}\varepsilon_z(z,t)&=\int_0^t\frac{a}{1+e}\frac{\mathrm{d}\sigma_z}{\sigma_e+\sigma_z}\\&=\int_0^t\frac{a}{1+e}\mathrm{d}\ln(\sigma_e+\sigma_z)\\&=\int_0^t\frac{1}{1+e}\mathrm{d}[e_m+a\ln(\sigma_e+\sigma_z)]\\&=\int_0^t\frac{1}{1+e}\mathrm{d}e\\&=\ln(1+e)\\&=\ln[1+e_m+a\ln(\sigma_e+\sigma_z)]\\&=\ln[1+e_m+a\ln(\sigma_e+\bar{\sigma}_z-p)]\end{aligned}\tag{8-19}$$

同理，由式(8-17b)可求得与上式相同的应变 $\varepsilon_z(z,\ t)$的表达式。利用式(8-19)进行积分，可求得固结沉降，或由式(8-19)作分层总和法计算，求得固结沉降位移。

(4)固结方程的定解条件。求解固结方程(8-16)的定解条件包括：

初始值条件：　$p(z,\ t=0)=\bar{\sigma}_z=\bar{q}_z$($t=0$ 时突然加载情况)　(8-20)

边界条件：以顶面排水、底面不排水情况考虑

$$p(z=0,\ t)=0,\ \frac{\partial p(z=H,\ t)}{\partial z}=0(H\text{ 为土层厚度})\tag{8-21}$$

同理，对于其他情况的边界条件，也可给出相应的边界条件表达式。

8.3.2　固结方程的求解

固结问题的求解需要给出固结过程孔隙水压力分布及其随时间变化规律，同时给出固结度、固结变形(沉降)等计算式。关键是求解固结方程式(8-16)给出孔隙水压力 $p(z,\ t)$，由此可计算固结度或平均固结度，再利用式(8-19)作分层总和法计算固结变形(沉降)或直接由式(8-19)进行积分求得固结变形位移(沉降)。由于固结方程式(8-16)为非线性偏微分方程，其初始—边界值问题的求解难度较大，这里采用近似求解方法。为便于求解，设孔压 $p=u_0+u$，其中 u_0 为太沙基方程解，即 u_0 满足

$$\frac{\partial u_0}{\partial t}=C_V^0\frac{\partial^2 u_0}{\partial z^2} \tag{8-22a}$$

$$u_0(z,\ 0)=\bar{\sigma}_z=\bar{q}_z \tag{8-22b}$$

$$u_0(0,\ t)=0,\ \frac{\partial u_0(H,\ t)}{\partial z}=0 \tag{8-22c}$$

太沙基方程的解表达为

$$u_0(z,\ t)=\frac{4\bar{q}_z}{\pi}\sum_{k=1}^{\infty}\frac{1}{k}\sin\frac{k\pi z}{2H}\cdot e^{-\frac{k^2\pi^2}{4}T_v},\ T_v=\frac{C_V^0 t}{H^2},\ k=1,\ 3,\ 5,\ \cdots \tag{8-23}$$

由方程(8-16)、式(8-20)、式(8-21)得

$$\frac{\partial u}{\partial t}-q(u_0,\ u)\frac{\partial^2 u}{\partial z^2}=Q(u_0,\ u) \tag{8-24}$$

$$q(u_0,\ u)=G(z,\ t)=(\bar{\sigma}_e-u_0-u)[C_V^0+C_0\ln(\bar{\sigma}_c-u_0-u)] \tag{8-25a}$$

$$Q(u_0,\ u)=-\frac{\partial u_0}{\partial t}+q(u_0,\ u)\frac{\partial^2 u_0}{\partial z^2} \tag{8-25b}$$

$$u(z,\ 0)=0 \tag{8-26a}$$

$$u(0,\ t)=0,\ \frac{\partial u(H,\ t)}{\partial z}=0 \tag{8-26b}$$

固结问题转化为求方程(8-24)满足初始值—边界条件(8-26)的解。方程(8-24)为非线性方程，采用伽辽金迭代法进行求解。方程(8-24)的迭代方程写成

$$\frac{\partial u_{n+1}}{\partial t}-q(u_0,\ u_n)\frac{\partial^2 u_{n+1}}{\partial z^2}=Q(u_0,\ u_n);\ n=1,\ 2,\ 3,\ \cdots \tag{8-27}$$

把方程(8-27)满足边界条件(8-26b)的迭代解写成

$$u_n=f_1(t)\sin\frac{\pi z}{2H}+f_2(t)\sin\frac{3\pi z}{2H}+\cdots+f_n(t)\sin\frac{(2n-1)\pi z}{2H};\ n=1,\ 2,\ 3,\ \cdots \tag{8-28}$$

其中，$f_n(t)$为待定函数，需满足初始值条件(8-26a)。

当$n=1$时，$u_1=f_1(t)\sin\frac{\pi z}{2H}$，由式(8-27)的误差函数为

$$\begin{aligned}\varepsilon_1(z,\ t)&=\frac{\partial u_1}{\partial t}-q(u_0,\ 0)\frac{\partial^2 u_1}{\partial z^2}-Q(u_0,\ 0)\\&=\left[f_1'(t)+\left(\frac{\pi}{2H}\right)^2 q(u_0,\ 0)f_1(t)\right]\sin\frac{\pi z}{2H}-Q(u_0,\ 0)\end{aligned} \tag{8-29}$$

由伽辽金法，得

$$\int_0^H \varepsilon_1(z,t)f_1(t)\sin\frac{\pi z}{2H}\mathrm{d}z=0 \tag{8-30}$$

经积分运算，得

$$a_0^1 f_1'(t)+a_1^1(t)f_1(t)+a_2^1(t)=0 \tag{8-31}$$

式中

$$a_0^1 = \int_0^H \sin^2 \frac{\pi z}{2H} \mathrm{d}z \; ;$$

$$a_1^1(t) = \frac{\pi^2}{4H^2}\int_0^H q[u_0(z,t),0] \sin^2 \frac{\pi z}{2H}\mathrm{d}z \; ;$$

$$a_2^1(t) = -\int_0^H Q[u_0(z,t),0]\sin\frac{\pi z}{2H}\mathrm{d}z \tag{8-32}$$

由式(8-31)求得其的齐次解为

$$f_1^0(t) = c_0^1 \cdot \exp\left[-\int_0^t \frac{a_1^1(\tau)}{a_0^1}\mathrm{d}\tau\right] \tag{8-33a}$$

其中，c_0^1 为常数。采用常数变易法，求得式(8-31)的特解为

$$f_1^*(t) = -\exp\left[-\int_0^t \frac{a_1^1(\tau)}{a_0^1}\mathrm{d}\tau\right]\cdot \int_0^t \frac{a_2^1(\tau)}{a_0^1}\exp\left[\int_0^\tau \frac{a_1^1(\eta)}{a_0^1}\mathrm{d}\eta\right]\mathrm{d}\tau \tag{8-33b}$$

由初始值条件(8-26a)，确定 $c_0^1=0$，因而

$$f_1(t) = f_1^*(t) = -\exp\left[-\int_0^t \frac{a_1^1(\tau)}{a_0^1}\mathrm{d}\tau\right]\cdot \int_0^t \frac{a_2^1(\tau)}{a_0^1}\exp\left[\int_0^\tau \frac{a_1^1(\eta)}{a_0^1}\mathrm{d}\eta\right]\mathrm{d}\tau \tag{8-33c}$$

即有

$$u_1(z,t) = -\sin\frac{\pi z}{2H}\cdot\left(\exp\left[-\int_0^t \frac{a_1^1(\tau)}{a_0^1}\mathrm{d}\tau\right]\cdot \int_0^t \frac{a_2^1(\tau)}{a_0^1}\exp\left[\int_0^\tau \frac{a_1^1(\eta)}{a_0^1}\mathrm{d}\eta\right]\mathrm{d}\tau\right) \tag{8-34}$$

由式(8-23)、式(8-34)给出1次迭代近似解为

$$\begin{aligned} p \sim u_0 + u_1 = {} & \frac{4\bar{q}_z}{\pi}\sum_{k=1}^{\infty}\frac{1}{k}\sin\frac{k\pi z}{2H}\cdot e^{-\frac{k^2\pi^2}{4}T_v} - \sin\frac{\pi z}{2H}\cdot \\ & \left(\exp\left[-\int_0^t \frac{a_1^1(\tau)}{a_0^1}\mathrm{d}\tau\right]\cdot \int_0^t \frac{a_2^1(\tau)}{a_0^1}\exp\left[\int_0^\tau \frac{a_1^1(\eta)}{a_0^1}\mathrm{d}\eta\right]\mathrm{d}\tau\right) \\ & (k = 1,3,5,\cdots) \end{aligned} \tag{8-35}$$

类似地，当 $n=2$ 时，$u_2=f_1(t)\sin\frac{\pi z}{2H}+f_2(t)\sin\frac{3\pi z}{2H}$，由式(8-27)的误差函数为

$$\begin{aligned} \varepsilon_2(z,\ t) &= \frac{\partial u_2}{\partial t} - q(u_0,\ u_1)\frac{\partial^2 u_2}{\partial z^2} - Q(u_0,\ u_1) \\ &= f_1'(t)\sin\frac{\pi z}{2H} + f_2'(t)\sin\frac{3\pi z}{2H} + q(u_0,\ u_1)\left[\left(\frac{\pi}{2H}\right)^2 f_1(t)\sin\frac{\pi z}{2H} + \right. \\ &\quad \left.\left(\frac{3\pi}{2H}\right)^2 f_2(t)\sin\frac{3\pi z}{2H}\right] - Q(u_0,\ u_1) \end{aligned} \tag{8-36}$$

由伽辽金法，得

$$\int_0^H \varepsilon_2(z,t) f_2(t)\sin\frac{3\pi z}{2H}\mathrm{d}z = 0 \tag{8-37}$$

经积分运算，得

$$a_0^2 f'_2(t)+a_1^2(t)f_2(t)+a_2^2(t)=0 \tag{8-38a}$$

$$a_0^2=\int_0^H \sin^2\frac{3\pi z}{2H}\mathrm{d}z;a_1^2(t)=\frac{9\pi^2}{4H^2}\int_0^H q[u_0(z,t),u_1(z,t)]\sin^2\frac{3\pi z}{2H}\mathrm{d}z$$

$$a_2^2(t)=\int_0^H\left\{\left(\frac{\pi}{2H}\right)^2 q[u_0(z,t),u_1(z,t)]f_1(t)\sin\frac{\pi z}{2H}-Q[u_0(z,t),u_1(z,t)]\right\}\sin\frac{3\pi z}{2H}\mathrm{d}z \tag{8-38b}$$

由式(8-37a)求得其的齐次解为

$$f_2^0(t)=c_0^2\cdot\exp\left[-\int_0^t\frac{a_1^2(\tau)}{a_0^2}\mathrm{d}\tau\right] \tag{8-39a}$$

其中，c_0^2 为常数。采用常数变易法，求得式(8-38a)的特解为

$$f_2^*(t)=-\exp\left[-\int_0^t\frac{a_1^2(\tau)}{a_0^2}\mathrm{d}\tau\right]\cdot\int_0^t\frac{a_2^2(\tau)}{a_0^2}\exp\left[\int_0^\tau\frac{a_1^2(\eta)}{a_0^2}\mathrm{d}\eta\right]\mathrm{d}\tau \tag{8-39b}$$

由初始值条件(8-26a)，确定 $c_0^2=0$，因而

$$f_2(t)=f_2^*(t)=-\exp\left[-\int_0^t\frac{a_1^2(\tau)}{a_0^2}\mathrm{d}\tau\right]\cdot\int_0^t\frac{a_2^2(\tau)}{a_0^2}\exp\left[\int_0^\tau\frac{a_1^2(\eta)}{a_0^2}\mathrm{d}\eta\right]\mathrm{d}\tau \tag{8-39c}$$

重复上述步骤，便可求得 n 次迭代解 u_n。

由式(8-33c)、式(8-39c)给出 2 次迭代近似解为

$$\begin{aligned}p\sim u_0+u_2=&\frac{4\bar{q}_z}{\pi}\sum_{k=1}^{\infty}\frac{1}{k}\sin\frac{k\pi z}{2H}\cdot e^{-\frac{k^2\pi^2}{4}T_v}-\sin\frac{\pi z}{2H}\cdot\left(\exp\left[-\int_0^t\frac{a_1^1(\tau)}{a_0^1}\mathrm{d}\tau\right]\cdot\right.\\&\left.\int_0^t\frac{a_2^1(\tau)}{a_0^1}\exp\left[\int_0^\tau\frac{a_1^1(\eta)}{a_0^1}\mathrm{d}\eta\right]\mathrm{d}\tau\right)-\sin\frac{3\pi z}{2H}\cdot\left(\exp\left[-\int_0^t\frac{a_1^2(\tau)}{a_0^2}\mathrm{d}\tau\right]\cdot\int_0^t\frac{a_2^2(\tau)}{a_0^2}\right.\\&\left.\exp\left[\int_0^\tau\frac{a_1^2(\eta)}{a_0^2}\mathrm{d}\eta\right]\mathrm{d}\tau\right)\ (k=1,\ 3,\ 5,\ \cdots)\end{aligned} \tag{8-40}$$

上式中，令

$$G_1(t)=\exp\left[-\int_0^t\frac{a_1^1(\tau)}{a_0^1}\mathrm{d}\tau\right];F_1(t)=\int_0^t\frac{a_2^1(\tau)}{a_0^1}\exp\left[\int_0^\tau\frac{a_1^1(\eta)}{a_0^1}\mathrm{d}\eta\right]\mathrm{d}\tau$$

$$G_2(t)=\exp\left[-\int_0^t\frac{a_1^2(\tau)}{a_0^2}\mathrm{d}\tau\right];F_2(t)=\int_0^t\frac{a_2^2(\tau)}{a_0^2}\exp\left[\int_0^\tau\frac{a_1^2(\eta)}{a_0^2}\mathrm{d}\eta\right]\mathrm{d}\tau$$

对式(8-40)的计算做如下几点说明：

(1)涉及 $u_0(z,t)=\frac{4\bar{q}_z}{\pi}\sum_{k=1}^{\infty}\frac{1}{k}\sin\frac{k\pi z}{2H}\cdot e^{-\frac{k^2\pi^2}{4}T_v}$ 级数计算时，由于级数收敛相对较快，考虑取级数的前 9 项进行计算。

(2)对于时间 t 的数值积分，例如对于 $G_1(t)=\exp\left[-\int_0^t\frac{a_1^1(\tau)}{a_0^1}\mathrm{d}\tau\right]$或 $G_2(t)=\exp\left[-\int_0^t\frac{a_1^2(\tau)}{a_0^2}\mathrm{d}\tau\right]$ 的计算。本模型中，选取计算时间点为 t_n（$n=0$，1，2，…），当计算 $G_1(t_n)$的数值时，利用四点高斯复合积分公式，则有

$$G_1(t_n)=\exp[-\int_0^{t_n}\frac{a_1^1(\tau)}{a_0^1}\mathrm{d}\tau]$$
$$=\exp\left[-\frac{1}{a_0^1}\sum_{i=1}^{n}\int_{t_{i-1}}^{t_i}a_1^1(\tau)\mathrm{d}\tau\right]$$
$$=\exp\left[-\frac{1}{a_0^1}\sum_{i=1}^{n}\left(\frac{t_i-t_{i-1}}{2}\right)\sum_{k=0}^{3}A_k a_1^1\left(\frac{t_i-t_{i-1}}{2}\tau_k+\frac{t_i+t_{i-1}}{2}\right)\right] \tag{8-41}$$

同理，

$$G_2(t_n)=\exp[-\int_0^{t_n}\frac{a_1^2(\tau)}{a_0^2}\mathrm{d}\tau]$$
$$=\exp\left[-\frac{1}{a_0^2}\sum_{i=1}^{n}\int_{t_{i-1}}^{t_i}a_1^2(\tau)\mathrm{d}\tau\right]$$
$$=\exp\left[-\frac{1}{a_0^2}\sum_{i=1}^{n}\left(\frac{t_i-t_{i-1}}{2}\right)\sum_{k=0}^{3}A_k a_1^2\left(\frac{t_i-t_{i-1}}{2}\tau_k+\frac{t_i+t_{i-1}}{2}\right)\right] \tag{8-42}$$

式(8-41)和式(8-42)中，τ_k、A_k 分别是四点 Gauss－Legendre 求积公式的高斯点和求积系数，可直接查表[257]求得，具体数值如表 8-3 所示。

表 8-3　四点 Gauss－Legendre 求积公式的高斯点 τ_k 和求积系数 A_k

k	0	1	2	3
τ_k	－0.861 136 311 6	－0.339 981 043 6	0.339 981 043 6	0.861 136 311 6
A_k	0.347 854 845 1	0.652 145 154 9	0.652 145 154 9	0.347 854 845 1

(3)对于时间 t 的积分，如涉及复合高斯积分问题，例如：

$$F_1(t)=\int_0^t\frac{a_2^1(\tau)}{a_0^1}\exp\left[\int_0^\tau\frac{a_1^1(\eta)}{a_0^1}\mathrm{d}\eta\right]\mathrm{d}\tau$$

或

$$F_2(t)=\int_0^t\frac{a_2^2(\tau)}{a_0^2}\exp\left[\int_0^\tau\frac{a_1^2(\eta)}{a_0^2}\mathrm{d}\eta\right]\mathrm{d}\tau$$ 的计算。

当计算 $F_1(t_n)$的数值时，则有

$$F_1(t_n)=\int_0^{t_n}\frac{a_2^1(\tau)}{a_0^1}\exp[\int_0^\tau\frac{a_1^1(\eta)}{a_0^1}\mathrm{d}\eta]\mathrm{d}\tau=\int_0^{t_n}\frac{a_2^1(\tau)}{a_0^1}g_1(\tau)\mathrm{d}\tau$$
$$g_1(\tau)=\exp\left[\int_0^\tau\frac{a_1^1(\eta)}{a_0^1}\mathrm{d}\eta\right] \tag{8-43}$$

根据高斯积分公式

$$F_1(t_n)=\int_0^{t_n}\frac{a_2^1(\tau)}{a_0^1}g_1(\tau)\mathrm{d}\tau=\sum_{i=1}^{n}\int_{t_{i-1}}^{t_i}\frac{a_2^1(\tau)}{a_0^1}g_1(\tau)\mathrm{d}\tau$$
$$=\sum_{i=1}^{n}\left[\frac{t_i-t_{i-1}}{2\,a_0^1}\sum_{m=0}^{3}A_m a_2^1\left(\frac{t_i-t_{i-1}}{2}\tau_m+\frac{t_i+t_{i-1}}{2}\right)\cdot g_1\left(\frac{t_i-t_{i-1}}{2}\tau_m+\frac{t_i+t_{i-1}}{2}\right)\right]+R[f]\sim\int_0^{t_n}\frac{a_2^1(\tau)}{a_0^1}g_1(\tau)\mathrm{d}\tau$$

$$= \sum_{i=1}^{n}\left[\frac{t_i - t_{i-1}}{2\,a_0^1}\sum_{m=0}^{3}A_m a_2^1\left(\frac{t_i - t_{i-1}}{2}\tau_m + \frac{t_i + t_{i-1}}{2}\right)\cdot g_1\left(\frac{t_i - t_{i-1}}{2}\tau_m + \frac{t_i + t_{i-1}}{2}\right)\right] \tag{8-44}$$

式中，$R[f]$为误差函数；τ_m、A_m 为对应区间[−1，1]内的高斯点和权系数，τ_m 的取值同τ_k，A_m 的取值同A_k。

式(8-44)中 $g_1(x_\mathrm{m}) = \exp\left[\int_0^{x_m}\frac{a_1^1(\eta)}{a_0^1}\mathrm{d}\eta\right]$，$\left(x_m = \frac{t_i - t_{i-1}}{2}\tau_m + \frac{t_i + t_{i-1}}{2}\right)$也需由高斯积分求得 $g_1(x_m) = \exp\left[\int_0^{x_m}\frac{a_1^1(\eta)}{a_0^1}\mathrm{d}\eta\right] = \exp\left[\frac{x_m}{2a_0^1}\sum_{k=0}^{3}A'_k a_1^1\left(\frac{x_m}{2}\eta_k + \frac{x_m}{2}\right)\right]$

其中，
$$x_m = \frac{t_i - t_{i-1}}{2}\tau_m + \frac{t_i + t_{i-1}}{2} \tag{8-45}$$

式中，η_k、A'_k为区间[−1，1]内的高斯点和系数，η_k 的取值同τ_k，A'_k的取值同A_k。

则式(8-43)可展开写成：

$$F_1(t_n) = \sum_{i=1}^{n}\left\{\left(\frac{t_i - t_{i-1}}{2\,a_0^1}\right)\sum_{m=0}^{3}\begin{gathered}A_m a_2^1\left(\frac{t_i - t_{i-1}}{2}\tau_m + \frac{t_i + t_{i-1}}{2}\right)\cdot\exp\left[\left(\frac{t_i - t_{i-1}}{4\,a_0^1}\tau_m + \frac{t_i + t_{i-1}}{4\,a_0^1}\right)\right. \\ \cdot\sum_{k=0}^{3}A'_k a_1^1\left[\left(\frac{t_i - t_{i-1}}{4}\tau_m + \frac{t_i + t_{i-1}}{4}\right)\cdot\eta_k + \left(\frac{t_i - t_{i-1}}{4}\tau_m + \frac{t_i + t_{i-1}}{4}\right)\right]\left.\right]\end{gathered}\right\} \tag{8-46}$$

同理，对于

$$F_2(t_n) = \int_0^{t_n}\frac{a_2^2(\tau)}{a_0^2}\exp\left[\int_0^{\tau}\frac{a_1^2(\eta)}{a_0^2}\mathrm{d}\eta\right]\mathrm{d}\tau$$
$$= \int_0^{t_n}\frac{a_2^2(\tau)}{a_0^2}g_2(\tau)\mathrm{d}\tau$$
$$g_2(\tau) = \exp\left[\int_0^{\tau}\frac{a_1^2(\eta)}{a_0^2}\mathrm{d}\eta\right] \tag{8-47}$$

也可展开成：

$$F_2(t_n) = \sum_{i=1}^{n}\left\{\left(\frac{t_i - t_{i-1}}{2\,a_0^2}\right)\sum_{m=0}^{3}\sum_{k=0}^{3}\begin{gathered}A_m a_2^2\left(\frac{t_i - t_{i-1}}{2}\tau_m + \frac{t_i + t_{i-1}}{2}\right)\cdot\exp\left[\left(\frac{t_i - t_{i-1}}{4a_0^2}\tau_m + \frac{t_i + t_{i-1}}{4a_0^2}\cdot\right.\right. \\ A'_k a_1^2\left[\left(\frac{t_i - t_{i-1}}{4}\tau_m + \frac{t_i + t_{i-1}}{4}\right)\cdot\eta_k + \left(\frac{t_i - t_{i-1}}{4}\tau_m + \frac{t_i + t_{i-1}}{4}\right)\right]\end{gathered}\right\} \tag{8-48}$$

由于式(8-41)、式(8-42)、式(8-46)、式(8-48)中涉及 a_0^1、$a_1^1(\tau)$、$a_2^1(\tau)$、a_0^2、$a_1^2(\tau)$、$a_2^2(\tau)$，可列出其表达式，如下：

$$a_0^1=\int_0^H \sin^2\frac{\pi z}{2H}\mathrm{d}z=\frac{H}{2} \tag{8-49}$$

$$\begin{aligned}a_1^1(t)&=\frac{\pi^2}{4H^2}\int_0^H q[u_0(z,t),0]\sin^2\frac{\pi z}{2H}\mathrm{d}z\\&=\frac{\pi^2}{8H}\sum_{m=0}^{3}A_m\left(\bar{\sigma}_e-u_0(\frac{H}{2}z_m+\frac{H}{2},t)\right)\left[C_V^0+C_0\ln\left(\bar{\sigma}_c-u_0\left(\frac{H}{2}z_m+\frac{H}{2},t\right)\right)\right]\times\\&\quad\sin^2\frac{\pi\left(\frac{H}{2}z_m+\frac{H}{2}\right)}{2H}\end{aligned} \tag{8-50}$$

式中，z_m、A_m 为区间[−1，1]内的高斯点和权系数，取值同表 8-3 中的 τ_k 和 A_k。

$$\begin{aligned}a_2^1(t)&=-\int_0^H Q[u_0(z,t),0]\sin\frac{\pi z}{2H}\mathrm{d}z\\&=-\int_0^H\left[-\frac{\partial u_0}{\partial t}+q(u_0,0)\cdot\frac{\partial^2 u_0}{\partial z}\right]\sin\frac{\pi z}{2H}\mathrm{d}z\\&=\frac{H}{2}\sum_{m=0}^{3}A_m\cdot g\left(\frac{H}{2}z_m+\frac{H}{2},\ t\right)\cdot\left\{C_V^0-\left[\bar{\sigma}_e-u_0\left(\frac{H}{2}z_m+\frac{H}{2},\ t\right)\right]\right.\\&\quad\left.\left[C_V^0+C_0\ln\left[\bar{\sigma}_c-u_0\left(\frac{H}{2}z_m+\frac{H}{2},\ t\right)\right]\right]\right\}\cdot\left(\sin\frac{\pi\left(\frac{H}{2}z_m+\frac{H}{2}\right)}{2H}\right)\end{aligned} \tag{8-51}$$

其中，$g(z,t)=-\frac{\bar{q}_z\pi}{H^2}\sum_{k=1}^{\infty}k\cdot\sin\frac{k\pi z}{2H}e^{-\frac{k^2\pi^2T_V}{4}}$，上式中 z_m、A_m 为区间[−1，1]内的高斯点和权系数，取值同表 8-3 中的 τ_k 和 A_k。

$$a_0^2=\int_0^H \sin^2\frac{3\pi z}{2H}\mathrm{d}z=\frac{H}{2} \tag{8-52}$$

同理类似地，将 $a_1^2(t)$和 $a_2^2(t)$也展开成代数和的形式，并根据高斯积分将 z 用 $\frac{H}{2}z_m+\frac{H}{2}$替换即可。

将 a_0^1、$a_1^1(t)$、$a_2^1(t)$、a_0^2、$a_1^2(t)$、$a_2^2(t)$代入式(8-41)、式(8-42)、式(8-46)、式(8-48)中，并利用式(8-40)即可求出基于微观分析的固结方程的孔压 p，继而可进一步将孔压 p 代入式(8-19)作分层总和法计算求得固结沉降位移 s，可以绘制孔隙水压力消散曲线($p-t$ 曲线)和变形曲线($s-t$ 曲线、$s-p$ 曲线)。

8.3.3 固结方程的参数取值

试验及计算分析所采用的土样为番禺软土试样，其物理力学性质同前。试样厚度分别为 2 cm 和 8 cm 两组，试样内直径均为 61.8 mm。其中，2 cm 试样采用普通环刀取样进行饱和土固结试验，8 cm 试样利用自行加工的钢环刀取样、外套钢圆筒[258]后进行饱和土固结试验，具体试验方法参照《土工试验方法标准》(GB/T 50123—1999)相关规定进行。

数值计算时，由于试样双面排水，仅取一半厚度计算即可，计算时间节点为 t_i ($i=0$，1，2，3，…，n)分别为 0 min、1 min、4 min、9 min、16 min、25 min、49 min、100 min、200 min、400 min、24 h、36 h、72 h、144 h 和 288 h(其中，2 cm试样取到 36 h 止)；2 cm 厚度试样的位置节点 z_i($i=0$，1，2，3，…，8)为 1 cm的 8 等分点；8 cm 厚度试样的位置节点 z_i($i=0$，1，2，3，…，8)为 4 cm 的 8 等分点。

利用 Excel 软件进行数值计算，求解出孔压 p 和固结沉降量 s，计算时需要定义的常量为 $e_{\mathrm{m}}=2.710$，$a=-0.2545\ \mathrm{kPa}^{-1}$，$\sigma_{\mathrm{e}}=-0.064\ \mathrm{kPa}$，$C_{\mathrm{V}}^{0}=10.739\times10^{-4}\ \mathrm{cm}^2/\mathrm{s}$，$C_0=-1.638\times10^{-4}\ \mathrm{cm}^2/\mathrm{s}$，$\sigma_{\mathrm{c}}=-6.919\ \mathrm{kPa}$(8.3.1 节已拟合)。取固结压力 $\bar{\sigma}_{\mathrm{z}}=400\ \mathrm{kPa}$ 时，则 $\bar{\sigma}_{\mathrm{c}}=\bar{\sigma}_{\mathrm{z}}+\sigma_{\mathrm{c}}=393.081\ \mathrm{kPa}$，$\bar{\sigma}_{\mathrm{e}}=\bar{\sigma}_{\mathrm{z}}+\sigma_{\mathrm{e}}=399.936\ \mathrm{kPa}$。

8.4 修正模型结果与太沙基模型结果及试验结果的比较分析

本节对基于微观试验的修正固结模型和太沙基模型进行数值计算，并将数值计算结果与试验结果进行比对和分析。

8.4.1 孔隙水压力消散曲线分析

8.4.1.1 孔隙水压力消散结果

利用式(8-23)可以求出软土在任意位置、任意时刻的孔隙水压力 u_0，即太沙基解；利用式(8-40)可求出软土基于修正固结模型的 2 次孔隙水压力迭代解 p。厚度不同的两组试样基于不同模型的孔隙水压力计算结果如图 8-7～图 8-14 所示，具体数值列于表 8-4～表 8-7 中。

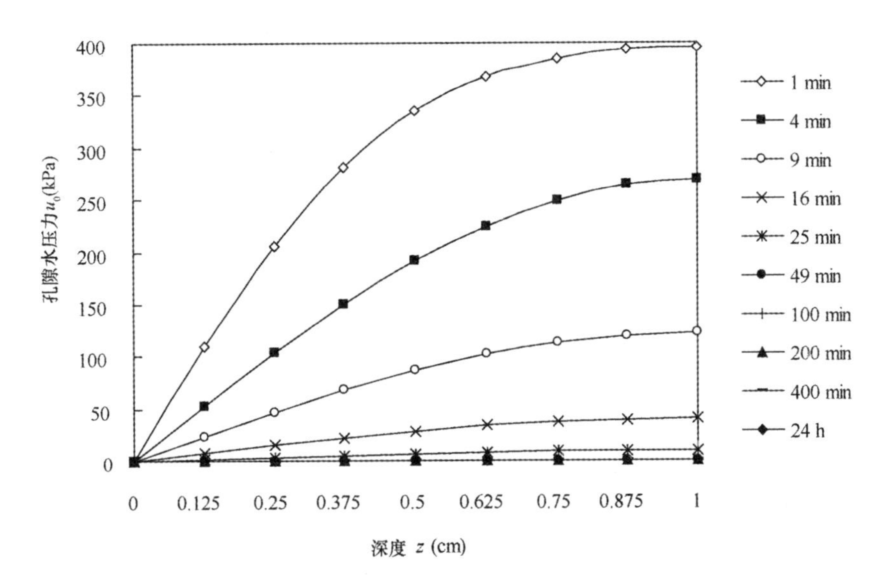

图 8-7　2 cm 厚度试样的孔隙水压力 u_0 消散曲线(太沙基值)

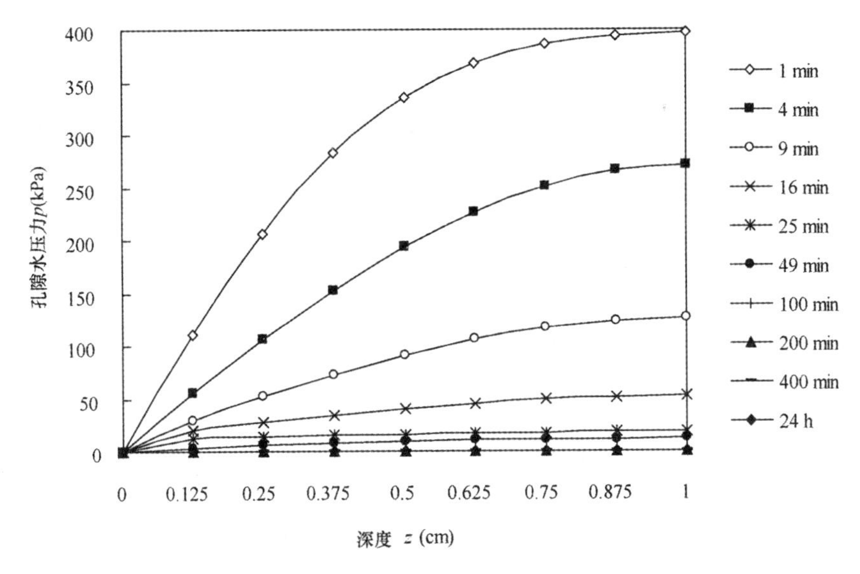

图 8-8　2 cm 厚度试样的孔隙水压力 p 消散曲线
(修正模型的 2 次迭代值)

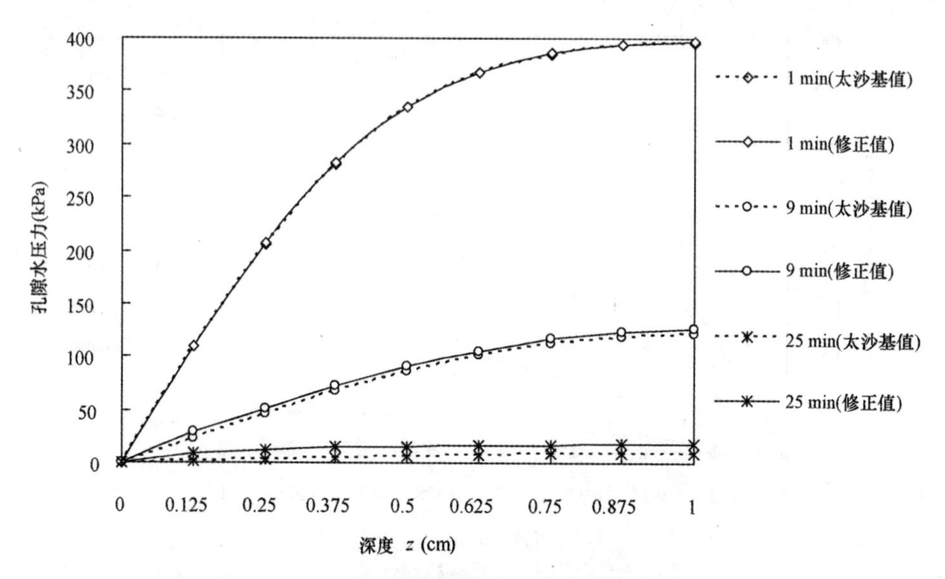

图 8-9 2 cm 厚度试样的孔隙水压力消散对比曲线
(t=1 min、9 min、25 min)

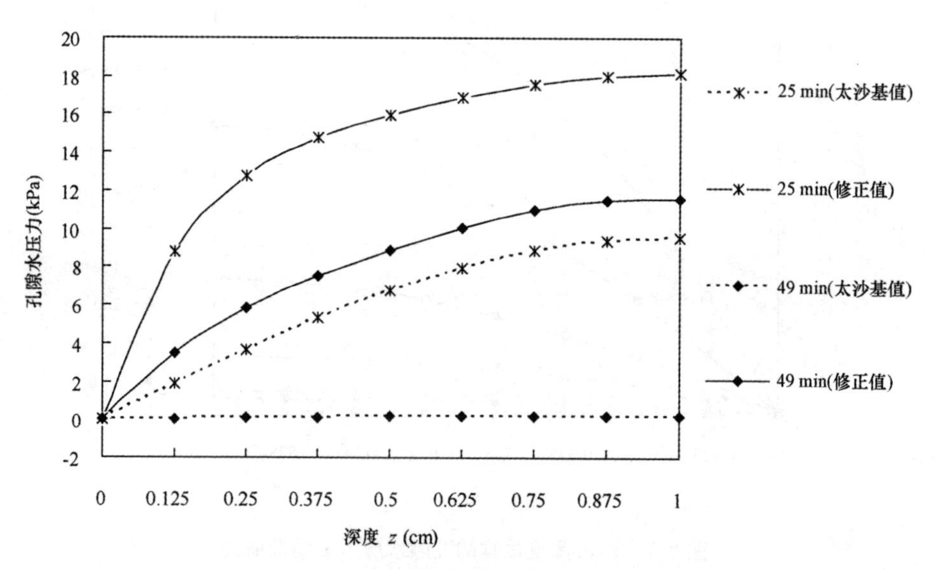

图 8-10 2 cm 厚度试样的孔隙水压力消散对比曲线
(t=25 min、49 min)

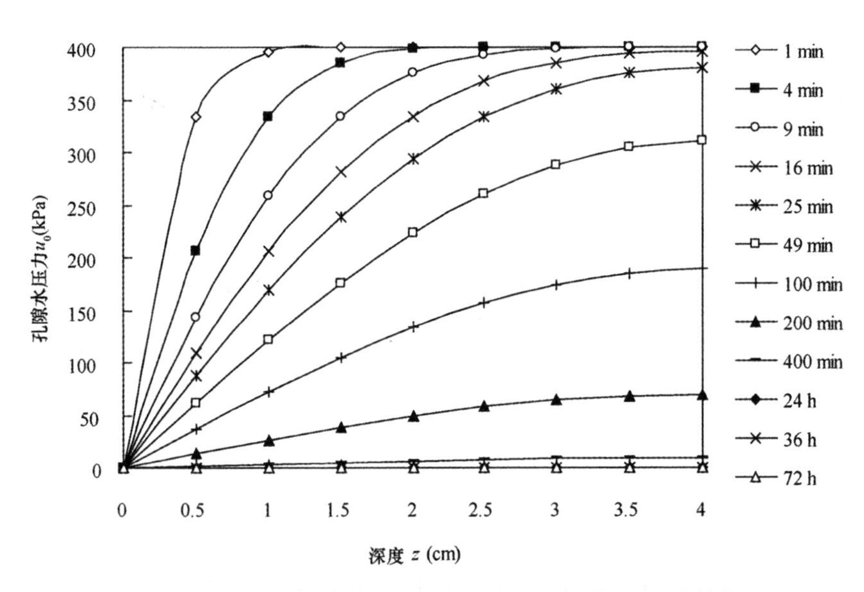

图 8-11　8 cm 厚度试样的孔隙水压力 u_0 消散曲线(太沙基值)

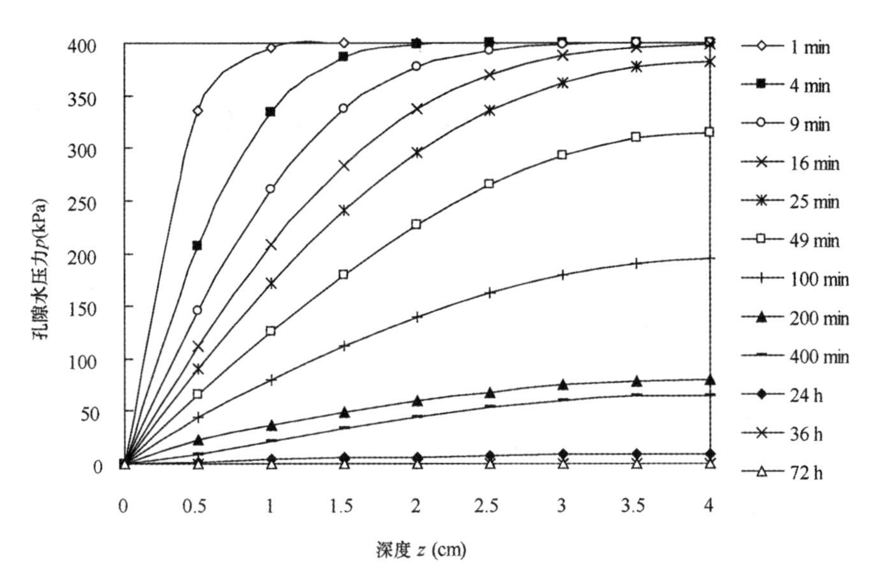

图 8-12　8 cm 厚度试样的孔隙水压力 p 消散曲线
(修正模型的 2 次迭代值)

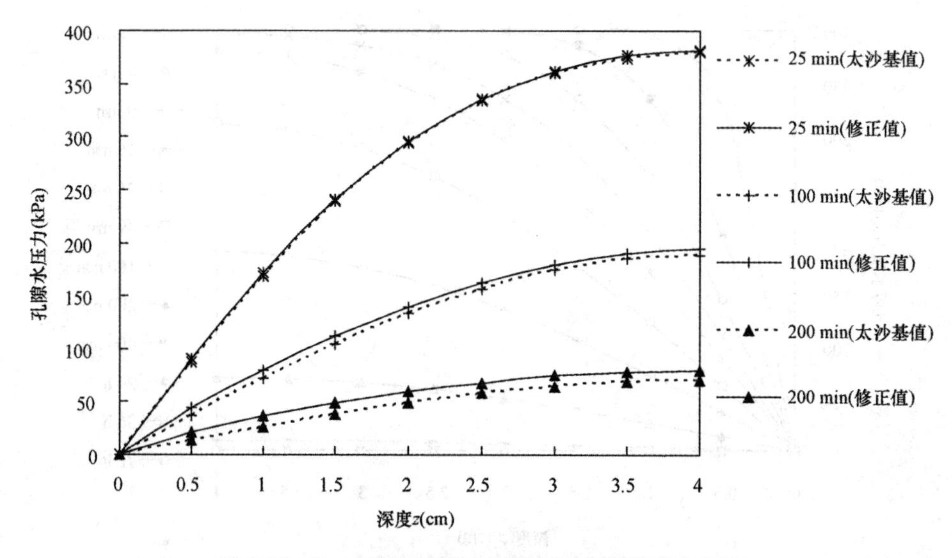

图 8-13　8 cm 厚度试样的孔隙水压力消散对比曲线
(t=25 min、100 min、200 min)

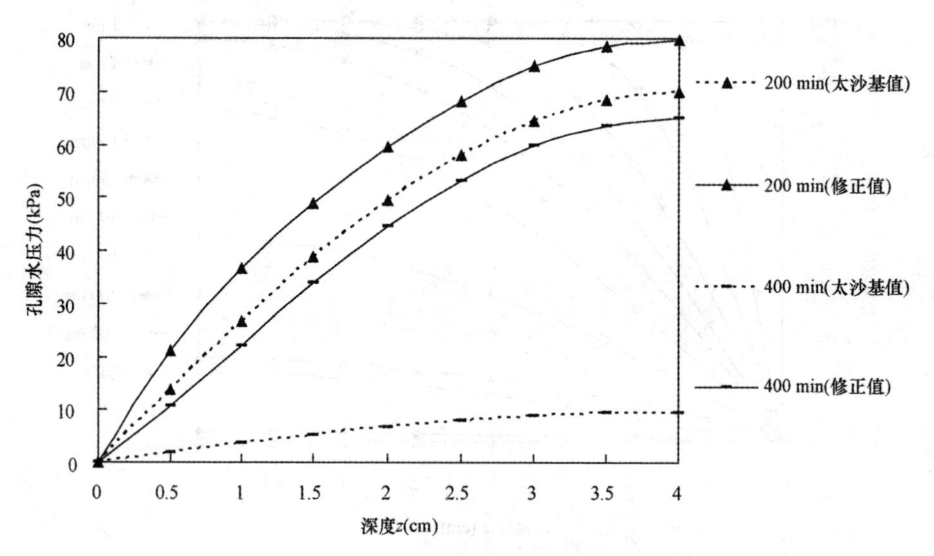

图 8-14　8 cm 厚度试样的孔隙水压力消散对比曲线
(t=200 min、400 min)

表 8-4　2 cm 厚度试样的孔隙水压力 u_0(太沙基值，单位：kPa)

t_i(min) \ z_i(cm)	0	0.125	0.25	0.375	0.5	0.625	0.75	0.875	1
0	0	400	400	400	400	400	400	400	400
1	0	108.93	205.53	281.52	334.52	367.28	385.13	393.39	395.73
4	0	52.91	103.70	150.35	191.06	224.31	248.90	264	269.09
9	0	23.76	46.60	67.65	86.11	101.25	112.5	119.43	121.77
16	0	7.81	15.31	22.23	28.29	33.27	36.97	39.25	40.02
25	0	1.87	3.66	5.32	6.77	7.96	8.84	9.38	9.57
49	0	0.04	0.08	0.12	0.15	0.18	0.19	0.21	0.21
100	0	1.24 E−05	2.43 E−05	3.52 E−05	4.49 E−05	5.27 E−05	5.86 E−05	6.22 E−05	6.34 E−05
200	0	1.54 E−12	3.02 E−12	4.40 E−12	5.59 E−12	6.57 E−12	7.30 E−12	7.75 E−12	7.90 E−12
400	0	2.39 E−26	4.69 E−26	6.81 E−26	8.67 E−26	1.02 E−25	1.13 E−25	1.20 E−25	1.23 E−25
1 440	0	3.72 E−98	7.30 E−98	1.06 E−98	1.35 E−98	1.59 E−98	1.76 E−98	1.87 E−97	1.91 E−97

表 8-5　2 cm 厚度试样的孔隙水压力 p (修正模型的 2 次迭代值，单位：kPa)

t_i(min) \ z_i(cm)	0	0.125	0.25	0.375	0.5	0.625	0.75	0.875	1
0	0	400	400	400	400	400	400	400	400
1	0	110.05	206.56	282.48	335.45	368.19	386.03	394.28	396.61
4	0	55.73	105.97	152.68	193.35	226.16	251.23	266.92	271.45
9	0	29.25	51.61	72.52	90.87	105.77	116.93	123.82	126.13
16	0	19.77	27.67	34.53	40.21	45.37	48.98	51.36	52.09
25	0	8.80	12.78	14.88	15.86	16.85	17.56	17.99	18.13
49	0	3.48	5.76	7.33	8.72	10.01	10.95	11.49	11.61
100	0	0.02	0.06	0.17	0.22	0.26	0.29	0.33	0.35

续表

t_i(min) \ z_i(cm)	0	0.125	0.25	0.375	0.5	0.625	0.75	0.875	1
200	0	1.05 E−03	2.52 E−03	3.62 E−03	4.57 E−03	5.39 E−03	5.92 E−03	6.43 E−03	6.69 E−03
400	0	1.73 E−05	3.89 E−05	4.78 E−05	5.63 E−05	6.61 E−05	7.45 E−05	7.89 E−05	8.12 E−05
1 440	0	2.35 E−12	4.63 E−12	6.89 E−12	8.72 E−12	1.11 E−11	1.23 E−11	1.26 E−11	1.28 E−11

表 8-6　8 cm 厚度试样的孔隙水压力 u_0(太沙基值，单位：kPa)

t_i(min) \ z_i(cm)	0	0.5	1	1.5	2	2.5	3	3.5	4
0	0	400	400	400	400	400	400	400	400
1	0	334.53	397.86	400	400	400	400	400	400
4	0	205.53	334.53	385.33	397.86	399.8	399.99	400	400
9	0	143.02	258.75	334.53	374.68	391.89	397.86	399.53	399.84
16	0	108.93	205.53	281.52	334.52	367.28	385.12	393.39	395.73
25	0	87.76	168.99	238.55	293.6	333.66	360.01	374.66	379.32
49	0	62.24	121.73	175.96	222.81	260.65	288.34	305.2	310.86
100	0	36.8	72.18	104.78	133.34	156.78	174.19	184.91	188.53
200	0	13.62	26.71	38.78	49.36	58.04	64.49	68.46	69.81
400	0	1.87	3.66	5.32	6.77	7.96	8.84	9.38	9.57
1 440	0	6.07 E−05	1.19 E−04	1.73 E−04	2.20 E−04	2.59 E−04	2.87 E−04	3.05 E−04	3.11 E−04
2 160	0	4.74 E−08	9.30 E−08	1.35 E−07	1.72 E−07	2.02 E−07	2.25 E−07	2.38 E−07	2.43 E−07
4 320	0	2.26 E−17	4.44 E−17	6.45 E−17	8.20 E−17	9.65 E−17	1.07 E−16	1.14 E−16	1.16 E−16

表 8-7　8 cm 厚度试样的孔隙水压力 p（修正模型的 2 次迭代值，单位：kPa）

t_i(min) \ z_i(cm)	0	0.5	1	1.5	2	2.5	3	3.5	4
0	0	400	400	400	400	400	400	400	400
1	0	335.61	398.01	400	400	400	400	400	400
4	0	207.11	334.53	386.45	398.12	399.89	400	400	400
9	0	145.12	260.45	336.53	376.43	392.68	398.12	399.76	399.89
16	0	111.23	207.84	283.71	336.73	369.45	387.41	395.62	397.78
25	0	90.77	171.91	240.92	295.91	335.63	361.96	376.59	381.25
49	0	66.45	125.89	180.06	226.95	264.71	292.55	309.21	314.73
100	0	43.78	79.01	111.18	138.92	162.06	179.15	189.91	193.92
200	0	20.97	36.77	48.92	59.43	68.19	74.68	78.61	79.71
400	0	10.79	21.98	33.94	44.63	53.28	59.71	63.62	64.98
1 440	0	1.26	3.89	5.44	6.87	8.01	8.89	9.34	9.58
2 160	0	6.12 E−04	1.22 E−03	1.81 E−03	2.24 E−03	2.67 E−03	2.93 E−03	3.13 E−03	3.21 E−03
4 320	0	5.74 E−07	9.30 E−07	1.17 E−06	1.69 E−06	2.01 E−06	2.28 E−06	2.41 E−06	2.55 E−06

由图 8-7、图 8-8、图 8-11、图 8-12 和表 8-4～表 8-7 可以看出，利用不同模型（太沙基模型和修正固结模型）计算不同厚度试样（2 cm 试样和 8 cm 试样）得到的孔隙水压力消散规律是类似的，即随着时间增长，软土中的孔隙水逐渐排出，孔隙体积减小，孔隙水压力逐渐减小而有效应力逐渐增长，最后土体达到固结稳定的过程。对于同一试样而言，距离排水面越远，其孔压消散速度越慢。例如，对于 2 cm 试样的太沙基模型而言，距离排水面 0.25 cm 处孔压消散为 50%（即 200 kPa）时仅需要 1 min，而 0.625 cm 处则需要 4 min；对于不同厚度试样，则表现为试样越厚，孔压消散达到固结稳定所需的时间越长，如太沙基模型中，2 cm 试样固结时间为 49 min 时，孔压已基本消散，而 8 cm 试样则需要 1 天左右。

同理，利用修正固结模型得到的孔压消散规律与太沙基模型基本一致，但消散速度明显变缓。由图 8-9、图 8-13 的孔隙水压力消散对比曲线分析可知，在固结过程中，修正的孔隙水压力消散曲线始终位于太沙基曲线的上方（即实线在上，虚线在下），并且随着时间的增长，两者之间的差距逐渐增大。即固结初期，孔隙水压力 p 与 u_0 之间的差异不明显，表现为两条孔压曲线基本重合（如 2 cm 试样在固结 1 min 时，不同位置处 p 与 u_0 的相对误差仅为 0.2%～1.0%；8 cm 试样在固结 25 min 时，不同位置处 p 与 u_0 的相对误差仅为 0.5%～3.3%）；随着时间的增长，在固结的中、后期，虽然此时孔压值已较小，但 p 与 u_0 的差异性逐渐显现。

图 8-10 所示为 2 cm 试样在固结中、后期(固结时间 t 分别为 25 min 和 49 min 时)太沙基模型与修正模型的孔隙水压力消散对比曲线。由图可知，固结中、后期，虽然此时 2 cm 软土试样各位置点的孔压值均已较小(各点孔压值均小于 20 kPa)，但 p 与 u_0 之间的差异性明显。固结时间 t 为 25 min 时，孔隙水压力 p 与 u_0 的相对误差为 47.2%～78.8%，而固结时间 t 为 49 min 时，两者相对误差的均值已接近 100%。

类似地，由图 8-14 也可清晰判别 8 cm 试样在固结中、后期，孔压 p 与 u_0 之间的差异。固结时间 t 为 200 min 时，p 与 u_0 的相对误差为 12.4%～35.1%，固结时间 t 为 400 min 时，两者相对误差的均值达到 84.5%。由此说明，随着时间的延续，对于不同厚度试样，其孔隙水压力 p 与 u_0 的差异性均更为显著。

分析孔隙水压力 p 与 u_0 差异性的原因，太沙基公式假设固结过程中渗透系数 k 和压缩系数 a 不随时间而改变，均为常量，则固结系数 C_V 也是常量。而实际上，基于第 5 章、第 6 章分析可知，固结过程中软土的显微结构发生改变，孔隙体积减小，孔隙尺度减小，孔隙水渗流从以自由水为主向以结合水为主发生转变，固结过程中的孔隙比 e、渗透系数 k 和压缩系数 a 均随时间而改变，导致固结系数 C_V 随时间而减小(拟合曲线如图 8-5 所示)，也就是说，随着时间推移，固结变缓，孔隙水压力的消散速度越来越缓慢，因此表现为同一时刻、同一位置，基于微观试验修正固结模型得到的孔压 p 比太沙基模型计算得到的孔压 u_0 要大。

8.4.1.2 两种模型孔隙水压力差异性的机理分析

导致太沙基模型孔隙水压力 u_0 和修正模型孔隙水压力 p 差异性的机理主要包括两个方面：

(1)修正模型孔隙水压力 p 的计算考虑了土体微细结构性变化导致的渗透系数的影响。在固结压力作用下，土体的微细结构发生改变，结构单元体(颗粒)在垂直于压力方向形成明显的定向排列，即颗粒趋于水平排列，此时竖向存在很厚的结合水膜，孔隙水要挤开结合水膜比较困难，且颗粒水平排列后将导致渗流通道的连通性变差，竖向孔道更为曲折，上述因素将导致竖向渗透系数下降，从而引起孔压的消散速度减小。

(2)修正模型孔隙水压力 p 的计算考虑了固结过程的压密效应。在土体固结过程中，随着压缩变形的逐步增加，土体的密实度增加。一方面，密实度的增加将导致土体孔隙体积减小，孔隙尺度减小，孔隙水渗流形式改变，引起渗透性降低，利用固结系数公式(8-10)可知，渗透性降低则固结系数减小，固结速度变缓，故孔压的消散速度减小；另一方面，土体密实度的增加，将导致其压缩性能下降，压缩系数减小，也将引起固结速度变缓，孔压消散速度减小。

由于修正模型孔隙水压力 p 的计算考虑了土体微细结构性变化导致的渗透系数的影响和固结过程中的压密效应等因素，与软土固结的实际情况相符，而太沙基模型中孔压 u_0 的计算无法考虑上述两个因素的影响，故导致计算出的孔压值偏小，孔压消散速度偏快，与实际出现偏差。

8.4.2　变形曲线分析

求出孔隙水压力 p(即修正模型的 2 次迭代值)后，可以根据式(8-19)求得竖向应变 $\varepsilon_z(z, t)$，然后利用分层总和法公式 $s=\sum_{i=1}^{n}\varepsilon_{zi}H_i$(其中，$H_i$ 为第 i 层厚度，ε_{zi} 为第 i 层的竖向平均应变)求得固结沉降位移 s，并与太沙基解、实测沉降数据进行比较，为了方便比较，将实测沉降值、太沙基和修正固结模型的沉降计算值分别表示为 s_0、s_1 和 s_2，不同厚度试样的沉降变形曲线($s-t$ 曲线)如图 8-15 和图 8-16 所示，具体数值列于表 8-8、表 8-9 中。

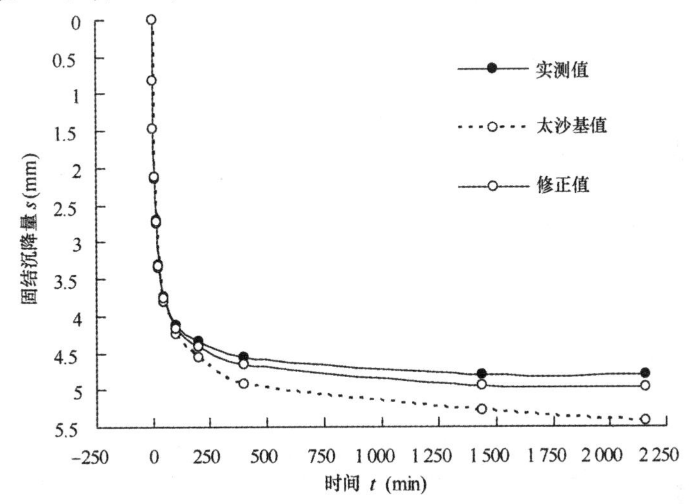

图 8-15　2 cm 厚度试样的固结沉降曲线($s-t$ 曲线)

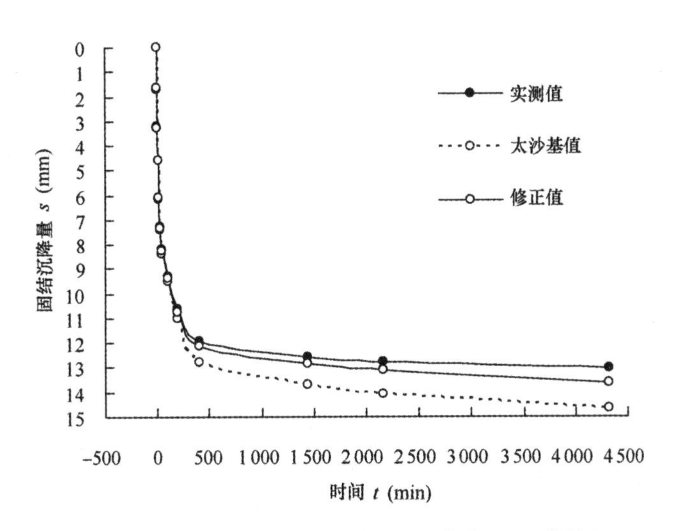

图 8-16　8 cm 厚度试样的固结沉降曲线($s-t$ 曲线)

表 8-8　2 cm 厚度试样的固结沉降位移 s

t_i/min	实测值 s_0/mm	太沙基模型值 s_1/mm	修正固结模型值 s_2/mm	相对误差 $\delta_1=(s_1-s_0)/s_0$(%)	相对误差 $\delta_2=(s_1-s_2)/s_2$(%)
0	0	0	0	—	—
1	0.815	0.821	0.818	0.73	0.37
4	1.466	1.477	1.470	0.75	0.48
9	2.111	2.136	2.122	1.18	0.66
16	2.709	2.749	2.73	1.48	0.69
25	3.302	3.358	3.332	1.69	0.77
49	3.73	3.804	3.771	1.98	0.87
100	4.122	4.246	4.184	3.01	1.46
200	4.339	4.556	4.421	5.00	2.96
400	4.557	4.921	4.666	7.99	5.18
1 440	4.803	5.283	4.937	9.99	6.55

表 8-9　8 cm 厚度试样的固结沉降位移 s

t_i/min	实测值 s_0/mm	太沙基模型计算值 s_1/mm	修正固结模型计算值 s_2/mm	相对误差 $\delta_1=(s_1-s_0)/s_0$(%)	相对误差 $\delta_2=(s_1-s_2)/s_2$(%)
0	0	0	0	—	—
1	1.664	1.671	1.667	0.42	0.24
4	3.241	3.264	3.247	0.71	0.52
9	4.571	4.612	4.585	0.89	0.59
16	6.088	6.155	6.118	1.09	0.60
25	7.277	7.386	7.321	1.48	0.89
49	8.217	8.381	8.274	1.96	1.29
100	9.287	9.519	9.371	2.44	1.58
200	10.589	11.013	10.716	3.85	2.77
400	11.895	12.763	12.121	6.80	5.30

续表

t_i/min	实测值 s_0/mm	太沙基模型计算值 s_1/mm	修正固结模型计算值 s_2/mm	相对误差 $\delta_1=(s_1-s_0)/s_0$(%)	相对误差 $\delta_2=(s_1-s_2)/s_2$(%)
1 440	12.594	13.690	12.871	8.01	6.36
2 160	12.774	14.077	13.106	9.26	7.41
4 320	13.011	14.650	13.609	11.19	7.65

从表 8-8 中可以看出，固结过程中，同一时刻的固结沉降实测值 s_0、太沙基模型计算值 s_1、修正模型的计算值 s_2 的大小顺序依次为 $s_1 > s_2 > s_0$，表现在图 8-15 中，即实测值曲线始终位于最上方，修正模型曲线居中，太沙基模型曲线位于最下方。在固结初期($t<25$ min 时)，三者之间的沉降值非常接近，当 t 为 25 min 时(此时的固结度 $U\approx68.7\%$)，三者间的最大相对误差仅为 1.69%，两种模型间的相对误差为 0.77%；在固结后期，太沙基值与实测值间的误差为 9.99%，而此时修正值与实测值间的误差仅为 3.6%。由此说明，固结初期，太沙基模型与实测值接近，能较真实地反映软土固结的实际情况。但在固结后期，太沙基模型处于“失真”状态，误差较大，这是太沙基模型认为固结系数 C_V 是常量引起的，而修正模型充分考虑了固结过程中因显微结构(含孔隙)变化而引起固结系数 C_V 减小的特点，更能反映软土固结的实际情况，故误差较太沙基模型小很多。由表 8-8 还可知，两种模型计算 2 cm 试样沉降量的相对误差随着时间而增加，固结时间在 100 min 以内时，模型相对误差小于 1%，但到固结后期，相对误差达到 6.55%。

由图 8-16 和表 8-9 分析可知，固结过程中，三者的关系依旧为 $s_1>s_2>s_0$。但由于试样厚度增加，在相同外荷载作用下，排水固结速度减慢。在固结初期($t<$ 49 min)，三者间的沉降值接近，当固结时间 t 为 49 min 时(此时固结度 $U\approx$ 63.2%)，三者间的最大相对误差仅为 1.96%，而两种模型间的相对误差为 1.29%；但在固结后期，太沙基值与实测值间的误差为 11.19%，而此时两种模型间的误差也较 2 cm 试样要大，达到 7.65%。

通过两种试样(2 cm 和 8 cm 试样)的比较分析可知，在固结前期(固结度 $U\leqslant$ 65%时)，两种试样的太沙基模型结果、修正模型结果与实测结果均较为接近，沉降量的相对误差控制在 2%以内，可以认为此时太沙基固结模型能较真实地反映软土固结的情况；但在固结后期(固结度 $U>65\%$时)，太沙基值与实测值间的误差增加，甚至超过 10%，同时误差随试样的增厚有进一步增大趋势，而修正模型结果与实测结果仍较为接近，误差始终控制在 5%以内。

如前所述，由于珠江三角洲地区存在大面积的深厚软土层，如利用太沙基模型来预测建筑物(或构筑物)地基基础的沉降，必然会存在较大偏差，给工程建设带来不利影响，而基于微观试验的修正固结模型从软土固结的微观本质出发，考虑软土固结过程中的微细结构变化和压密效应，能较真实地反映软土排水固结的实际情况，其模型结果与实测结果接近，可以对软土地基基础沉降起很好的预测作用，具有一定的推广和应用价值。

8.5 本章小结

本章基于微观试验对软土的固结特性进行分析，并利用微观试验结果修正现有固结理论，现将主要观点归纳如下：

(1)土样的孔隙比 e、压缩系数 a 和渗透系数 k_V 均随固结压力增大而减小，固结初期($p<200$ kPa)，土样具有较大的孔隙比和等效孔径，大中孔隙所占比例大，而大孔隙比小孔隙更容易被压缩而湮灭或分裂成较小的孔隙，因而体现为土的压缩性高，压缩系数 a 较大。孔隙水以自由水渗流为主，易于流动和排除，因而具有较高的渗透性，渗透系数 k_V 较大；当固结压力较大时($p>200$ kPa)，大孔隙已被压缩湮灭，等效孔径减小，微孔隙和超微孔隙所占比例较大，数量众多的微小孔隙及封闭孔隙不易被压缩湮灭且压力增加还导致软土内结构强度增大，故此时软土具有较小的压缩性，压缩系数 a 较小。由于固结后期，孔隙水以结合水渗流为主，流动性小且不易排出，故渗透系数 k 小。固结后期，$e-p$ 曲线、$a-p$ 曲线和 $k-p$ 曲线均变缓且逐渐趋于稳定。

(2)天然软土的孔隙比 e、压缩系数 a 和渗透系数 k_V 均由其结构性特征(结构性特征包括孔隙特征)决定，不同的软土因具有不同的结构性特征而具有不同的压缩性和渗透性，因此，天然软土的孔隙比 e、压缩系数 a 和渗透系数 k_V 由初始结构性特征决定，一般同时与多个微观结构参数相关，如结构单元体的概率熵、孔隙比、等效孔径及大中孔隙含量、孔隙曲折因子等；而固结压力引起软土结构性特征变化，进而使其压缩性和渗透性产生变化。研究表明，固结引起结构特征的变化与固结压力存在独立关系，因而固结引起的压缩性及渗透性的变化最终均可表达为与固结压力的关系(图 8-1～图 8-3 已体现)。综上可知，固结土的压缩性和渗透性均可由天然部分和固结变化部分构成，天然部分与结构性特征相关，固结变化部分与固结引起结构性特征的变化相关，但固结变化部分最终可表达为与固结压力的关系。

(3)由于软土的压缩性和渗透性共同影响其固结特性，因此认为，固结软土的固结特性也由天然部分和固结变化部分组成，前者由天然结构性特征决定，后者最终可表达为与固结压力的关系，并由式 $C_V(\sigma_z)=C_V^0+C_0\ln(\sigma_c+\sigma_z)$加以体现。

(4)建立基于微观试验的修正固结模型，其中，该模型中固结系数 $C_V=\dfrac{k(1+e)}{a\rho_f g}$的形式虽与太沙基一维固结理论中固结系数 $C_V=\dfrac{k(1+e)}{a\gamma}$的形式相同，但两者存在本质差别。由于太沙基理论假设渗透系数 k、孔隙比 e、压缩系数 a 等均是常量，故 C_V 自然也是常量，而修正固结模型考虑渗透系数 k 和孔隙比 e 随固结的有效应力 σ_z 变化，其与现有的固结系数有实质不同。

(5)利用伽辽金迭代法和高斯积分对满足初始值—边界条件的修正固结模型方程进行求解，并求出修正固结模型的 1 次和 2 次迭代解。

(6)对 2 cm 厚和 8 cm 厚饱和软土固结试样进行修正固结模型和太沙基模型的数值计算，将数值计算结果与试验结果进行对比分析发现：修正模型得到的孔压消散规律与太沙基模型基本一致，但消散速度明显变缓。固结前期，孔压 p(修正值)与 u_0(太沙基值)之间的差异不明显，表现为两条曲线基本重合，相对误差仅为 0.2%～1.0%，但随着时间增长，在固结的中、后期(虽然此时孔压值已较小)，两者的差异性逐渐显现，固结后期孔压的相对误差超过 100%。

(7)研究表明，在固结前期(固结度 $U \leqslant 65\%$时)，两种试样(2 cm 和 8 cm 试样)的太沙基模型结果、修正模型结果与实测结果均较为接近，沉降量相对误差控制在 2%以内，认为此时太沙基固结模型能较真实地反映软土固结的情况；但在固结后期(固结度 $U > 65\%$时)，太沙基沉降值与实测沉降值之间的误差增加，甚至超过 10%，同时，误差随试样的增厚而增大，说明此时太沙基模型处于"失真"状态，而修正模型结果与实测结果仍较为接近，误差控制在 5%以内。说明基于微观试验的修正固结模型从软土固结的微观本质出发，能真实地反映软土排水固结的实际情况，可以对深厚软土地基基础沉降起很好的预测作用。

第 9 章　结论与展望

软土是一种广泛分布于沿海、湖泊、河滩及谷地的复杂天然多孔介质，主要由极细的黏土颗粒、有机质、氧化物和孔隙液等物质组成，具有强度低、变形大、渗透性和稳定性差等不良工程特性。软土的颗粒小、比表面积大、表面富集电荷，且孔隙尺度小、孔隙液富含电解质离子，颗粒表面吸附的结合水膜是显著影响软土工程特性的重要的微观物质因素。结合水膜的厚度可随矿物成分、电解质浓度、温度等因素的变化而改变，致使软土的宏观物理力学性质发生变化。本书以珠江三角洲天然软土和人工土为研究对象，结合实验与理论分析研究细颗粒软土的强度特性、固结特性、渗流特性等宏观性质与矿物成分、比表面积、结合水含量、表面电位、微孔隙尺度及其特征等微观因素的内在联系，研究成果对沿海地区淤泥和淤泥质土等软土地基加固以及污染土的处理等领域具有良好的应用前景。得出的主要研究结论如下：

(1)利用微细观试验测试软土的矿物成分及比例、颗粒尺度、比表面积、阳离子交换量(CEC)、微孔隙的尺度及分布，由颗粒表面电荷密度计算颗粒表面电位。测试结果表明，不同矿物成分的颗粒比表面积、CEC 差别较大，以致其表面电荷密度差别较大，矿物晶层结构是导致这些差别的最重要因素；颗粒表面电位随孔隙液离子浓度的提高而降低；软土中的孔隙尺度以微米级孔隙为主，孔径分布特征与其矿物成分、颗粒尺度和内部结构有关。

(2)通过 Gouy—Chapman 理论中相互作用的双电层模型换算了不同孔隙液浓度下人工土的颗粒表面电位和中间电位。换算结果表明，在相同浓度下，黏土矿物具有比非黏土矿物高的电位值，土颗粒的电位值随着孔隙液浓度的增加而降低。

(3)软土的强度特性实质上可以看作各种矿物成分颗粒之间的摩擦与胶结黏聚作用的综合体现。以摩擦咬合作用为主的矿物颗粒往往表现出较高的抗剪强度、内摩擦角和较低的黏聚力，而以胶结黏聚作用为主的矿物颗粒则相反，具有较高的黏聚力、较低的抗剪强度与内摩擦角。土体的强度及指标总体上随着含水量的增加而降低，土体的抗剪强度与内摩擦角的随含水量的增加而降低的过程可看作颗粒间的摩擦性状由以直接摩擦为主导过渡到以润滑摩擦为主导的过程；由胶结、吸附作用形成的黏聚力的充分发挥有赖于水分的作用。

(4)固结过程中，软土孔隙的微观结构定量化参数在不同阶段内的变化规律不同。固结前期，由于软土具有一定的结构强度，微观结构处于稳定调整阶段，软土孔隙的数量较少，孔隙比较大，结构单元体及孔隙的大小、形态和定向性等变化幅度均较小；当有效应力增至结构屈服应力时，结构逐渐破坏，团聚体破碎，微观结构处于再造的剧烈调整阶段，此阶段孔隙数量明显增加，等效孔径不断变小，孔隙形态变得更为复杂，孔隙分布由中、小孔隙向小、微孔隙甚至超微孔隙发展，但定向性变化不显著，新的微观结构逐渐形成；当有效应力继续增大时，新的微观结构做适当调整，孔隙定量化参数变化趋于平缓。

(5)压汞法与 ESEM 法均能对土体的孔隙尺度及分布特征做定量分析。两种试验能够较好地印证软土内部孔隙的连通性和曲折性，所测得的孔隙比、孔隙尺度及分布结果接近，均在误差允许范围内，说明压汞试验和 ESEM 试验可以相互应用以改善现有微观试验的可靠性和准确性。

(6)带电黏土颗粒表面的微电场是引起黏土微孔隙渗流特性改变的内在原因之一；颗粒表面的微电场与孔隙中的离子相互作用形成双电层，由此形成的结合水膜使黏土的等效孔隙直径减小，降低了孔隙液的流动性而体现出渗流的微电场效应。对人工土的表面电位与渗透特性的关系分析表明，结合水膜的厚度随土颗粒表面电位的升高(降低)而变厚(变薄)，改变了土体渗流孔隙的等效尺寸，使孔隙水的渗流量发生变化，表现为等效渗透系数的改变。

(7)建立软土的圆孔微观渗流模型，通过实测结果证实了模型的合理性和有效性。在微观渗流模型中，考虑颗粒表面微电场对孔隙液黏度的影响以及对运动离子的电场力作用，导出圆形渗孔的流体运动方程，由模型求得的渗透系数与系统微细观参数的关系，并通过试验结果的验证，证明了 Darcy 定律为本微观渗流模型的一个特例。

(8)从微观角度建立基于孔隙压缩规律和渗流机制的排水固结模型，计算结果与现有太沙基模型结果相比，与试验数据更为接近。说明固结压力改变土体的微观结构特征(含孔隙结构特征)，从而改变土体的压缩性、渗透性和固结特性，基于微观分析的固结模型可以完善现有软土的排水固结加固理论，指导工程设计和实践。

软土各种工程特性的改变都源于微观性质的变化，对软土宏观性质的微细观机理研究是一项多学科交叉的研究领域。文中对软土强度、渗流固结特性与微细观性质的相互关系进行了初步探索，目前仍有许多问题亟待解决，笔者认为下一步可以继续深入开展的工作包括：

(1)对自行设计的多功能精密加载台及配套观测系统进行功能改进(现观测效果不理想)，有必要进一步对各种复杂荷载下土体的微观结构变化进行连续动态观测，分析土体微结构在各种荷载组合作用下演化规律，研究荷载—微结构参数—力学特性的定量关系，为建立土体微观理论模型提供依据。

(2)软土的工程性质是颗粒—水—电解质系统相互作用的综合体现，而土颗粒表面微电场的变化是工程性质改变的微细观根源。目前，仍未发现有直接测试土颗粒表面电位的理想方法，而利用 Gouy－Chapman 理论也只能对几种简单的电势分布形式进行求解，并且不能换算出水中无电解质的理想情况下（离子浓度 $n=0$ mol/L）的颗粒表面电位，因此有必要研究一种直接测试土颗粒表面电位的试验方法，尤其是能将土作为一个整体而不是分散的悬浮胶体颗粒进行测试。

(3)进一步完善软土渗流的微观模型，颗粒表面微电场对结合水产生的剪切应力 τ_e 可采用更一般的形式——$\tau_e=\alpha(\mathrm{d}\psi/\mathrm{d}x)^{1/n}+\delta$，由强度试验拟合出试验常数 n、α、δ；在非小电位（电势）的情况下，对圆孔模型的电势方程按照非线性的形式求解，进而建立球状颗粒的渗流微观模型以分析非片状颗粒土的渗流特性。

(4)对基于微观渗流固结理论的现有技术做适用性分析，对基于微观结构理论改善软土特性的技术途径进行分析，对珠江三角洲等沿海地区大量淤泥及污泥的资源化利用的技术方法和工艺进行探索等。

参考文献

Reference

[1]吴义祥．工程粘性土微观结构的定量评价[J]．中国地质科学院院报，1991，23(2)：143－151.

[2]施斌．粘性土微观结构研究回顾与展望[J]．工程地质学报，1996，4(1)：39－44.

[3]Bazant Z P，Ozaydin K，Krizek R J. Microplane model for creep of anisotropic clay[J]. Journal of Engineering Mechanics Division，ASCE，1975，101(EM1)：57－78.

[4]施斌．粘性土微观结构定向性的定量研究[J]．地质学报，1997，71(1)：36－44.

[5]谭罗荣．土的微观结构研究概况和发展[J]．岩土力学，1983，4(1)：73－86.

[6]李生林．黏土结构、构造研究中的理论与实践课题[C]．国际交流地质学论文集(第三册)．北京：地质出版社，1985.

[7]施斌，李生林．击实膨胀土微结构与工程特性的关系[J]．岩土工程学报，1988，10(6)：80－87.

[8]高国瑞．黄土湿陷变形的结构理论[J]．岩土工程学报，1990，12(4)：1－10.

[9]张敏江，阎婧，初红霞．结构性软土微观结构定量化参数的研究[J]．沈阳建筑大学学报(自然科学版)，2005，21(5)：455－459.

[10]房后国，刘娉慧，袁志刚．海积软土固结过程中微观结构变化特征分析[J]．水文地质工程地质，2007(2)：49－52.

[11]梁健伟．软土变形和渗流特性的试验研究与微细观参数分析[D]．广州：华南理工大学，2010.

[12]Al-Amoudi OSB，Abduljauwad S N. Compressibility and collapse characteristics of arid saline sebkha soils[J]. Engineering Geology，1995，39(39)：185－202.

[13]Abduljauwad S N，Al-Amoudi OSB. Geotechnical behavior of saline sebkha soils[J]. Geotechnique，1995，45(3)：425－445.

[14]柴寿喜，王沛，韩文峰，等．高分子材料固化滨海盐渍土的强度与微结构研究[J]．岩土力学，2007，28(6)：1067－1072.

[15]谷任国，房营光．极细颗粒黏土渗流离子效应的试验研究[J]．岩土力学，2009，30(6)：1595－1598.

[16]张功新．真空预压加固大面积超软弱吹填淤泥土试验研究及实践[D]．广州：华南理工大学，2006.
[17]梁健伟，房营光，陈松．含盐量对极细颗粒黏土强度影响的试验研究[J]．岩石力学与工程学报，2009，28(增2)：3821－3829.
[18]Bishop A W，Alpan I，Blight G E，et al. Factor controlling the shear strength of partly saturated cohesive soils[C]. ASCE Research Conference on the shear strength of cohesive soils，University of Colorado，1960：503－532.
[19]Fredlund D G，Morgenstem N R，Widger R A. The shear strength of unsaturated soils[J]. Canadian Geotechnical Journal，1978(15)：313－321.
[20]缪林昌，仲晓晨，殷宗泽．膨胀土的强度与含水量的关系[J]．岩土力学，1999，20(2)：71－75.
[21]陈敬虞，Fredlund D G. 非饱和土抗剪强度理论的研究进展[J]．岩土力学，2003，24(增)：654－660.
[22]张银屏，宫全美，董月英．软土抗剪强度随固结度变化的试验研究[J]．岩土工程界，2004，8(2)：37－40.
[23]陈晓平，曾玲玲，吕晶，等．结构性软土力学特性试验研究[J]．岩土力学，2008，29(12)：3223－3228.
[24]郑刚，颜志雄，雷华阳，等．天津市区第一海相层粉质黏土卸荷路径下强度特性的试验研究[J]．岩土力学，2009，30(5)：1201－1208.
[25]吴玉辉，侯晋芳，闫澍旺．软土地基稳定性计算中抗剪强度指标的相关分析[J]．水利学报，2011，42(1)：76－80.
[26]许成顺，耿琳，杜修力，等．反压对土体强度特性的影响试验研究及其影响机理分析[J]．土木工程学报，2016，49(3)：105－111.
[27]Skempton AW. Long－term stability of clay slopes[J]. Geotechnique，1964，14(2)：77－101.
[28]Bai X，Smart P. Change in microstructure of kaolin in consolidation and undrained shear[J]. Geotechnique，1997，47(5)：1009－1017.
[29]严春杰，唐辉明，孙云志．利用扫描电镜和X射线衍射仪对滑坡滑带土的研究[J]．地质科技情报，2001，20(4)：89－92.
[30]Wen B P，Aydin A. Microstructural study of a natural slip zone：Quantification and deformation history[J]. Engineering Geology，2003，68(3)：289－317.
[31]吕海波，赵艳林，孔令伟，等．利用压汞试验确定软土结构性损伤模型参数[J]．岩石力学与工程学报，2005，24(5)：854－858.
[32]周翠英，牟春梅．软土破裂面的微观结构特征与强度的关系[J]．岩土工

程学报，2005，27(10)：1136—1141.

[33]欧阳惠敏，卢力强．天津滨海新区固化软土强度与微结构特征研究[J]．天津城市建设学院学报，2008，14(3)：159—162.

[34]胡欣雨，张子新，徐营．黏性土层中泥水盾构泥浆作用对开挖面土体强度和侧向变形特性影响研究[J]．岩土工程学报，2009，31(11)：1735—1743.

[35]房营光．土体强度与变形尺度特性的理论与试验分析[J]．岩土力学，2014，35(1)：41—47.

[36]房营光，冯德銮，马文旭，等．土体介质强度尺度效应的理论与试验研究[J]．岩土力学，2013，32(11)：2359—2367.

[37]Terzaghi K. Erdbaumechanik auf bodenphysikalischer Grundlage[J]. Deuticke，1925：25—56.

[38]Redulic L. Porenziffer und Porenwasserdruck in Tonen[J]. Bauingenieur，1936(17)：559—564.

[39]Biot M A. Theory of propagation of elastic waves in a fluid—saturated porous solid[J]. Journal of Acoustical Society of America，1956，28(4)：168—191.

[40]Gibson R E，England G L，Hussey M J L. The theory of one dimensional consolidation of saturated clays[J]. Geotechnique，1967，17(3)：261—273.

[41]Baligh M M，Levadoux J N. Consolidation theory for cyclic loading[J]. Journal of the Geotechnical Engineering Division，ASCE，1978，104(4)：415—431.

[42]吴世明，陈龙珠，杨丹．周期荷载作用下饱和黏土的一维固结[J]．浙江大学学报，1988，22(5)：60—70.

[43]谢康和，潘秋元．变荷载下任意层地基一维固结理论[J]．岩土工程学报，1995，17(5)：80—85.

[44]蔡袁强，徐长节，丁狄刚．循环荷载下成层饱水地基的一维固结[J]．振动工程学报，1998(2)：57—66.

[45]魏汝龙．从实测沉降过程推算固结系数[J]．岩土工程学报，1993，15(2)：12—19.

[46]McNamme J，Gibson R E. Displacement function and linear transforms applied to diffusion through porous elastic media[J]. Quarterly Journal of Mechanics and Applied Mathematics，1960，13(1)：98—111.

[47]Sandhu R S，Wilson E L. Finite element analysis of seepage in elastic media[J]. Journal of the Engineering Mechanics Division，ASCE，1969，95(3)：641—652.

[48]Booker J R，Small J C. Finite element analysis of primary and secondary consolidation[J]. International Journal Solids and Structures，1977(13)：

137－149.

[49]Booker J R，Small J C. A method of computing the consolidation behaiour of layered soil using direct numerical inversion of laplace transforms[J]. International Journal for Numerical and Analytical Methods in Geomechanics，1987，11(4)：363－380.

[50]赵维炳，施建勇．软土流变理论及其在排水预压加固分析中的应用[J]. 水利水电科技进展，1996(3)：12－17.

[51]任红林，杨敏，陈然，等．Biot 二维固结问题的粘弹性解答[J]. 同济大学学报，2003，31(5)：549－553.

[52]褚衍标，王建华．二维 Biot 固结方程的自然单元法求解[J]. 上海交通大学学报，2008，42(11)：1880－1887.

[53]刘志军，夏唐代，黄睿．Biot 理论与修正的 Biot 理论比较及讨论[J]. 振动与冲击，2015，34(4)：148－152，194.

[54]张诚厚．两种结构性黏土的土工特性[J]. 水利水运科学研究，1983(3)：65－71.

[55]Locat J，Lefebvre G. The compressibility and sensitivity of an artificially sedimented clay soil：the Grande－Baleine marine clay[J]. Quebes，Canada. Marine Geotechnology，1985，6(1)：1－28.

[56]马驯．固结系数与固结压力关系的统计分析及研究[J]. 港口工程，1993(1)：46－53.

[57]Mesri G，Roskhsar A，Bohor B F. Composition and compressibity of typical samples of Mexico City clay[J]. Geotchnique，1995，25(3)：527－554.

[58]龚晓南，熊传祥，项可祥，等．黏土结构性对其力学性质的影响及形成原因分析[J]. 水利学报，2000(10)：43－47.

[59]孔令伟，吕海波，汪稔，等．湛江海域结构性海洋土的工程特性及其微观机制[J]. 水利学报，2002(9)：82－88.

[60]赵志远．考虑土体结构性的修正邓肯—张模型[D]. 杭州：浙江大学，2003.

[61]王国欣，肖树芳，周旺高．原状结构性土先期固结压力及结构强度的确定[J]. 岩土工程学报，2003(2)：249－251.

[62]拓勇飞，孔令伟，郭爱国，等．湛江地区结构性软土的赋存规律及其工程特性[J]. 岩土力学，2004，25(12)：1879－1884.

[63]蔡国军，刘松玉，童立元，等．基于孔压静力触探的连云港海相黏土的固结和渗透特性研究[J]. 岩石力学与工程学报，2007，26(4)：846－852.

[64]张明鸣，李荣玉，张剑，等．淤泥土细观渗透固结实验研究[J]. 水运工程，2011(4)：140－144.

[65]王军，曹平，赵延林，等．渗透固结作用下黏土坝基的时效变形和安全加固[J]．中国安全科学学报，2013，23(6)：116－121.
[66]毛昶熙．渗流计算分析与控制[M]．北京：中国水利水电出版社，2003.
[67]董邑宁，徐日庆，龚晓南．萧山黏土的结构性对渗透性质影响的试验研究[J]．大坝观测与土工测试，2000，24(6)：44－46.
[68]齐添，谢康和，胡安峰，等．萧山黏土非达西渗流性状的试验研究[J]．浙江大学学报(工学版)，2007，41(6)：1023－1028.
[69]CHILDS E C，COLLIS－GEORGE G N. The permeability of porous materials[J]. Proceedings of the Royal Society A，1950，201(1066)：392－405.
[70]BROOKS R H，COREY A T. Hydraulic properties of porous media[R]. Fort Collins：Colorado State University，1964.
[71]MUALEM Y. A new model for predicting the hydraulic conductivity of unsaturated porous media[J]. Water Resources Research，1976，12(3)：513－522.
[72]AGUS S S，LEONG E C，SCHANZ T. Assessment of statistical models for indirect determination of permeability functions from soil－water characteristic curves[J]. Géotechnique，2003，53(2)：279－282.
[73]张雪东，赵成刚，刘艳．变形对非饱和土渗透系数影响规律模拟研究[J]．工程地质学报，2010，18(1)：132－139.
[74]胡冉，陈益峰，周创兵．考虑变形效应的非饱和土相对渗透系数模型[J]．岩石力学与工程学报，2013，32(6)：1279－1287.
[75]蔡国庆，盛岱超，周安楠．考虑初始孔隙比影响的非饱和土相对渗透系数方程[J]．岩土工程学报，2014，36(5)：827－835.
[76]郭尚平，黄延章，马效武，等．多相系统渗流的微观实验研究[J]．石油学报，1984，5(1)：59－66.
[77]郭尚平，黄延章，周娟，等．物理化学渗流的微观研究[J]．力学学报，1986(S1)：45－50.
[78]郭尚平，黄延章，周娟，等，物理化学渗流[M]．北京：科学出版社，1990.
[79]刘建军，代立强，李树铁．孔隙介质渗流微观数值模拟[J]．辽宁工程技术大学学报，2005，24(5)：680－682.
[80]李登伟，张烈辉，周克明，等．可视化微观孔隙模型中气水两相渗流机理[J]．中国石油大学学报(自然科学版)，2008，32(3)：80－83.
[81]黄延章，于大森．微观渗流实验力学及其应用[M]．北京：石油工业出版社，2001.
[82]Bear J. 多孔介质流体动力学[M]．李竟生，等译．北京：中国建筑工业出版社，1983.

[83]Neuman Shlomo P. Universal scaling of hydraulic conductivities and dispersivities in geologic media[J]. Water Resources Research，1990，26(8)：1749—1758.

[84]黄康乐．多孔介质水动力弥散尺度效应研究：现状与展望[J]. 水文地质工程地质，1991，18(3)：25—26.

[85]Ghilardi P，Abdulai K K，Menduni G. Self—similar heterogeneity in granular porous media at the representative elementary volume scale[J]. Water Resources Research，1993，29(4)：1205—1214.

[86]邹立芝，潘俊，杨昌兵，等．含水层水力参数的尺度效应研究现状[J]. 长春地质学院学报，1994，24(1)：66—69.

[87]Tanaka H，Shiwakoti D R，Omukai N，et al. Pore size distribution of clayey soils measured by mercury intrusion porosimetry and its relation to hydraulic conductivity[J]. Journal of the Japanese Geotechnical Society of Soils and Foundations，2003，43(6)：63—73.

[88]吴承伟，马国军，周平．流体流动的边界滑移问题研究进展[J]. 力学进展，2008，38(3)：265—282.

[89]Craig V S，Neto C，Williams D R. Shear—dependent boundary slip in an aqueous Newtonian liquid[J]. Physical Review Letters，2001，87：603—604.

[90]Joseph P，Tabeling. Direct measurement of the apparent slip length[J]. Physical Review E，2005，71(3)：035 303.

[91]Hervet H，Léger L. Flow with slip at the wall：from simple to complex fluids[J]. Comptes Rendus Physique，2003，4(2)：241—249.

[92]Campbell S E，Luengo G，Srdanov V I，et al. Very low viscosity at the solid—liquid interface induced by absorbed C_{60} monolayers[J]. Nature，1996(382)：520—522.

[93]Vinogradova O I. Slippage of water over hydrophobic surfaces[J]. International Journal of Mineral Processing，1999(56)：31—60.

[94]Granick S，Zhu Y X，Lee H J. Slippery questions about complex fluids flowing past solids[J]. Nature Materials，2003，2(4)：221—227.

[95]Neto C，Evans D R，Butt H J，et al. Boundary slip in Newtonian liquids：a review of experimental studies[R]. Reports on Progress in Physics，2005(68)：2859—2897.

[96]Churaev N V，Sobolev V D，Somov A N. Slippage of liquids over lyophobic solid surfaces[J]. Journal of Colloid and Interface Science，1984(97)：574—581.

[97]Cho J H，Law B M，Rieutord F. Dipole—dependent slip on Newtonian

liquids at smooth solid hydrophobic surfaces [J]. Phys Rev Lett，2004，92(16)：166102.
[98]Ou J，Perot B，Rothstein J P. Laminar drag reduction in microchannels using ultrahydrophobic surfaces[J]. Physics of Fluids，2004，16(13)：4635－4643.
[99]王馨，张向军，孟永钢，等．微纳米间隙受限液体边界滑移与表面润湿性试验[J]. 清华大学学报(自然科学版)，2008，48(8)：1302－1305.
[100]钟映春，谭湘强，杨宜民．微流体力学几个问题的探讨[J]. 广东工业大学学报，2001，18(3)：46－48.
[101]Stemme G，Kitttilsland G，Norden B. A sub micron particle filter in silicon channels[J]. Sensors and Actuators，1990，431(4)：21－23.
[102]过增元．国际传热研究前沿——微细尺度传热[J]. 力学进展，2000，30(1)：1－6.
[103]Kassner M E，Nemat－Nasser S，Suo Z，et al. New directions in mechanics[J]. Mechanics of Materials，2005(37)：231－259.
[104]何莹松．基于格子 Boltzmann 方法的多孔介质流体渗流模拟[J]. 科技通报，2013，29(4)：118－120.
[105]申林方，王志良，李邵军．基于格子 Boltzmann 方法的饱和土体细观渗流场[J]. 排灌机械工程学报，2014，32(1)：883－887，893.
[106]谢定义，齐吉琳．土结构性及其定量化参数研究的新途径[J]. 岩土工程学报，1999，21(6)：651－656.
[107]Leroueil S，Vaughan P R. The general and congruent effects of structure in natural soil and weak rock[J]. Geotechnique，1990，40(3)：467－488.
[108]沈珠江．土体结构性的数学模型——21 世纪土力学的核心问题[J]. 岩土工程学报，1996，18(1)：95－97.
[109]胡瑞林，李向全．粘性土微结构定量模型及其工程地质特征研究[M]. 北京：地质出版社，1995.
[110]塔萨奇，泼克 R B. 工程实用土力学[M]. 蒋彭年，译．北京：水利电力出版社，1960：201－243.
[111]Casagranda A. The structure of clay and its importance in foundation engineering[J]. Journal Boston Society Civil Engineers，1932，19(4)：168－209.
[112]Lambe T W. The engineering behaviour of compacted clay[J]. Journal of Soil Mechanics and Foundation Division，ASCE，1958，84(2)：1－35.
[113]Aylmore L A G. The structure Status of clay systems[J]. Clays and Clay Minerals，1960，9(1)：104－130.
[114]Olphen H V. An introduction to clay colloid chemistry[M]. New York：

Interscience Publishers，1963：159－192.
[115] Smart P. Soil structure，mechanical properties and electronmicroscopy [D]. Cambridge，England：Cambridge University，1967.
[116]Osipov V L. Physico－chemical fundamentals of soil microrheology[A]. In the 6th Congress of IAEG[C]. Amsterdam，1990：20－26.
[117]胡瑞林，王思敬，李向全，等.21 世纪工程地质学生长点：土体微结构力学[J]. 水文地质工程地质，1999，26(4)：5－8.
[118]李向全，胡瑞林，张莉 . 软土固结过程中的微结构变化特征[J]. 地学前缘，2000，7(1)：147－152.
[119]ZHOU Guoli，WU Jianjun，MIAO Zhenyong，et al. Effects of process parameters on pore structure of semi－coke prepared by solid heat carrier with dry distillation[J]. International Journal of Mining Science and Technology，2013，23(3)：423－428.
[120]LI Li，MICHEIA. An improved method to assess the required strength of cemented backfill in underground stopes with an open face[J]. International Journal of Mining Science and Technology，2014，24(4)：549－558.
[121]JU Feng，LI Meng，ZHANG Jixiong，et al. Construction and stability of an extrxlarge section chamber in solid backfill mining[J]. International Journal of Mining Science and Technology，2014，24(6)：763－768.
[122]杨永明，鞠杨，王会杰 . 孔隙岩石的物理模型与破坏力学行为分析[J]. 岩土工程学报，2010，32(5)：736－744.
[123]李杰林，周科平，张亚民，等 . 基于核磁共振技术的岩石孔隙结构冻融损伤试验研究[J]. 岩石力学与工程学报，2012，31(6)：1208－1214.
[124]蒋明镜，白闰平，刘静德，等 . 岩石微观颗粒接触特性的试验研究[J]. 岩石力学与工程学报，2013，32(6)：1121－1128.
[125]闫澍旺，封晓伟 . 天津港软黏土强度循环弱化试验研究及应用[J]. 天津大学学报，2010，43(11)：943－948.
[126]TANG C S，SHI B，ZHAO L. Interfacial shear strength of fiber reinforced soil[J]. Geotextiles and Geomembranes，2010，28(1)：54－62.
[127]王德银，唐朝生，李建，等 . 纤维加筋非饱和黏性土的剪切强度特性[J]. 岩土工程学报，2013，35(10)：1933－1940.
[128]邵俐，刘佳，丁勇，等 . 水泥固化镍污染土的强度和微观结构特性研究[J]. 水资源与水工程学报，2014，25(2)：75－80.
[129]王元战，焉振 . 循环荷载下天津软黏土不排水强度弱化模型研究及应用[J]. 天津大学学报，2015，48(4)：347－354.
[130]徐文彬，田喜春，侯运炳 . 全尾砂固结体固结过程孔隙与强度特性实验

研究[J]. 中国矿业大学学报，2016，45(2)：272－279.
[131]彭涛，武威，黄少康，等. 吹填淤泥的工程地质特性研究[J]. 工程勘察，1999(5)：1－4.
[132]叶为民，杨林德，黄雨，等. 上海软土微观空隙各向异性特征及其成因分析[J]. 工程地质学报，2004，12(S)：84－87.
[133]顾中华，高广远，王结虎. 结构性对上海软土渗透系数影响的试验研究[J]. 探矿工程(岩土钻掘工程)，2004(5)：1－3.
[134]顾正维，孙炳楠，董邑宁. 黏土的原状土、重塑土和固化土渗透性试验研究[J]. 岩石力学与工程学报，2003，22(3)：505－508.
[135]李又云，刘保健，谢永利. 软土结构性对渗透及固结沉降的影响[J]. 岩石力学与工程学报，2006，25(S2)：3587－3592.
[136]刘阳，乔熙，张鹏. 多孔介质渗透系数数值模拟研究[J]. 徐州建筑职业技术学院学报，2010，10(4)：8－12.
[137]孔令荣. 饱和软黏土的微结构特性及其微观弹塑性本构模型[D]. 上海：同济大学，2007.
[138]徐超，李丹，黄亮. 水泥－膨润土泥浆固结体渗透性与微观结构的关系[J]. 同济大学学报(自然科学版)，2011，39(6)：819－823.
[139]张明鸣，李荣玉，张剑，等. 淤泥土细观渗透固结实验研究[J]. 水运工程，2011(4)：140－144.
[140]牛岑岑，王清，苑晓青，等. 渗流作用下吹填土微观结构特征定量化研究[J]. 吉林大学学报(地球科学版)，2011，41(4)：1104－1109.
[141]闫小庆，房营光，张平. 膨润土对土体微观孔隙结构特征影响的试验研究[J]. 岩土工程学报，2011，33(8)：1302－1307.
[142]M Arienzo，E W Christen，N S Jayawardane，et al. The relative effects of sodium and potassium on soil hydraulic conductivity and implications for winery wastewater management[J]. Geoderma，2012(173)：303－310.
[143]张志红，李红艳，师玉敏. 重金属 Cu^{+} 污染土渗透特性试验及微观结构分析[J]. 土木工程学报，2014，47(12)：122－129.
[144]刘娉慧，贾景超，杜雅峰. 低频循环荷载下海积软土蠕变特性试验研究[J]. 地下空间与工程学报，2015，11(5)：1193－1198.
[145]周翠英，林春秀，刘祚秋，等. 基于微观结构的软土地基加固效果评价[J]. 中山大学学报(自然科学版)，2004，43(5)：20－23.
[146]周宇泉，胡昕，洪宝宁，等. 从微细结构方面解释某黏性土压缩特性的差异[J]. 水利水电科技进展，2006，26(1)：31－33，36.
[147]张礼中，胡瑞林，李向全，等. 土体微观结构定量分析系统及应用[J]. 地质科技情报，2008，31(1)：108－112.

[148]贾敏才，王磊，周健．砂性土宏细观强夯加固机制的试验研究[J]．岩石力学与工程学报，2009，28(S1)：3282－3290.
[149]彭立才，蒋明镜，朱合华，等．珠海地区软土微观结构类型及定量分析研究[J]．水利学报，2010(S)：687－690.
[150]陶高梁．岩土多孔介质孔隙结构的分形研究及其应用[D]．武汉：武汉理工大学，2010.
[151]周晖，房营光，曾铖．广州饱和软土固结过程微孔隙变化的试验分析[J]．岩土力学，2010，31(增1)：138－144.
[152]雷华阳，张文振，韩鹏，等．吹填超软土浅层真空预压加固处理前后的固结特性[J]．岩土工程学报，2013，35(12)：2328－2333.
[153]周建，邓以亮，曹洋，等．杭州饱和软地固结过程微观结构试验研究[J]．中南大学学报(自然科学版)，2014，45(6)：1998－2005.
[154]张中琼，王清，张泽，等．吹填土固结过程中结构与物理性质变化[J]．天津大学学报(自然科学与工程技术版)，2014，47(6)：504－511.
[155]雷华阳，贺彩峰，仇王维，等．尺寸效应对吹填软土固结特性影响的试验研究[J]．天津大学学报(自然科学与工程技术版)，2016，49(1)：73－79.
[156]王常明．海积软土微观结构定量化及固结模型研究[D]．长春：长春科技大学，1999.
[157]Cundall P A，Strack O D L. The distinct numerical model for granular assemblies [J]. Geotechnique，1979，29(1)：47－65.
[158]Yimsiri S，Soga K. Micromechanics－based stress－strain behavior of soils at small strains [J]. Geotechnique，2002，50(5)：559－571.
[159]Batdorf S B，Budianski B. A mathematical theory of Plasticity based on the concept of slip [R]. Technical Note No. 1871，National Advisory Committee for Aeronautics，Washington，DC，1949.
[160]李舰，赵成刚，黄启迪．膨胀性非饱和土的双尺度毛细—弹塑性变形耦合模型[J]．岩土工程学报，2012，34(11)：2127－2133.
[161]施斌，王宝军，宁文务．各向异性粘性土蠕变的微观力学模型[J]．岩土工程学报，1997，17(3)：6－13.
[162]蒋明镜，刘静德，孙渝刚．基于微观破损规律的结构性土本构模型[J]．岩土工程学报，2013，35(6)：1134－1139.
[163]张振南，葛修润．一种新的岩石多尺度本构模型：增强虚内键模型及其应用[J]．岩石力学与工程学报，2012，31(10)：2037－2041.
[164]陈剑文，杨春和．基于细观变形理论的盐岩塑性本构模型研究[J]．岩土力学，2015，36(1)：117－122，130.

[165]SHENG D C，FREDLUND D G，GENS A. A new modeling approach for unsaturated soils using independent stress variables[J]. Canadian Geotechnical Journal，2008(45)：511—534.

[166]梁健伟，房营光．极细颗粒黏土渗流特性试验研究[J]. 岩石力学与工程学报，2010，29(6)：1221—1230.

[167]邱正松，丁锐，于连香．泥页岩比表面积测定方法研究[J]. 钻井液与完井液，1999，16(1)：9—11.

[168]Carter D L，Heilman M D，Gonzalez C L. Ethylene glycol monoethyl ether for determining surface area of silicate minerals[J]. Soil Science，1965，100(5)：356—360.

[169]孟昭福，张一平，郭仲义．有机修饰壤土表面特性的研究——I. CEC 和比表面[J]. 土壤学报，2008，45(2)：370—374.

[170]梁大川．黏土和泥页岩比表面积测定和计算方法综述[J]. 钻井液与完井液，1995，12(5)：11—15.

[171]李学垣．土壤化学及实验指导[M]. 北京：中国农业出版社，1997：56—75.

[172]孟昭福，张一平，郭仲义．有机修饰壤土表面特性的研究 I. CEC 和比表面[J]. 土壤学报，2008，45(2)：370—374.

[173]周晖．矿物成分对软土强度性质的影响分析[J]. 工业建筑，2013，43(7)：61—64.

[174]吕海波，钱立义，常红帅，等．黏性土几种比表面积测试方法的比较[J]. 岩土工程学报，2016，38(1)：124—130.

[175]谭罗荣，孔令伟．特殊岩土工程土质学[M]. 北京：科学出版社，2006.

[176]Arnepalli D N，Shanthakumar S，Rao B H，et al. Comparison of methods for determining specific－surface area of fine－grained soils[J]. Geotechnical and Geological Engineering，2008(26)：121—132.

[177]Danilatos G D. Review and outline of Environmental SEM at present[J]. Journal of Microscopy，1991，162(3)：391—402.

[178]Danilatos G D. Mechanisms of detection and imaging in the ESEM[J]. Journal of Microscopy，1990，160(1)：9—19.

[179]Pratibha L Gai. In－Situ microscopy in materials research：leading international research in electron scanning probe microscopy[M]. boston：kluwer academic publishers，1997：13—44.

[180]干蜀毅，陈长琦，朱武，等．扫描电子显微镜探头新进展[J]. 现代科学仪器，2001(1)：47—49.

[181]麦克，海莉．Quanta 200 400 600 用户操作手册(第三版)[M]. 北京：

FEI公司，2002：15—35.
[182]李妙玲，齐乐华，李贺军，等．炭/炭复合材料微观孔隙结构演化的分形特征[J]．中国科学(E辑：技术科学)，2009，39(5)：974—979.
[183]薛茹，胡瑞林，毛灵涛．软土加固过程中微结构变化的分形研究[J]．土木工程学报，2006，39(10)：87—91.
[184]戚灵灵，王兆丰，杨宏民，等．基于低温氮吸附法和压汞法的煤样孔隙研究[J]．煤炭学报，2012，40(8)：36—39，87.
[185]杨峰，宁正福，孔德涛，等．高压压汞法和氮气吸附法分析页岩孔隙结构[J]．天然气地球科学，2013，24(3)：450—455.
[186]刘培生，马晓明．多孔材料检测方法[M]．北京：冶金工业出版社，2006：107—116.
[187]Autopore IV 9500压汞仪操作手册[M]．美国麦克仪器公司，2007：5—6.
[188]Mitchell J K. Fundamentals of soil behavior[M]. 2nd. New York：John Wiley & Sons，Inc.，1993.
[189]Van Olphen H. 黏土胶体化学导论[M]．许冀泉，等译．北京：农业出版社，1982.
[190]Shi Jianbo，Malik J. Normalized cuts and image segmentation[J]. IEEE Transactions on Pattern Analysis and Machine Intelligence，2000，22(8)：888—905.
[191]Weiss Y. Segmentation using Eigenvectors：A Unifying View[C]. Proceedings of the International Conference on Computer Vision(2)，Washington D. C，1999：975—982.
[192]Adleman L M. Molecular computation of solution to combinatorial problems[J]. Science，1994，266(5187)：1021—1024.
[193]Martin N，Leblond V，Guillotel G，et al. BOC(x，y)signal acquisition techniques and performances[C]. Proceedings of U. S. Institute of Navigation GPS/GNSS Conference，Portland，OR，September，2003：188—198.
[194]章毓晋．图像分割[M]．北京：科学出版社，2001：58—97.
[195]刘超，蔡文华，陆玲．图像阈值法分割综述[J]．电脑知识与技术，2015，11(1)：140—142，145.
[196]李克新，马婉莹，宋文龙，等．基于彩色图像分割的孔隙度提取[J]．仪表技术，2016(3)：5—8，22.
[197]钱堃，李芳，文益民．基于颜色和空间距离的显著性区域固定阈值分割算法[J]．计算机科学，2016，43(1)：103—106，144.
[198]周晖，房营光，曾铖，等．分区域阈值法在软土微结构分析中的应用[J]．人民黄河，2010，32(4)：122—123，125.

[199]陈洪江，崔冠英．花岗岩残积土物理力学指标的概型分布检验[J]．华中科技大学学报，2001，29(5)：49—53.

[200]潘天有，胡宝群．花岗岩风化物物理力学指标的概率统计分析[J]．人民长江，2004，35(12)：40—46.

[201]黄镇国，李平日，张仲英，等．珠江三角洲形成发育演变[M]．广州：广州科普出版社，1982：33—42.

[202]陈国能，张珂．珠江三角洲晚更新世以来的沉积—古地理[J]．第四纪研究，1994(1)：67—74.

[203]陈晓平，黄国怡，梁志松．珠江三角洲软土特性研究[J]．岩石力学与工程学报，2003，22(1)：137—141.

[204]梁健伟．软土变形和渗流特性的试验研究与微细观参数分析[D]．广州：华南理工大学，2010.

[205]陆培炎．陆培炎科技著作及论文选集[M]．北京：科学出版社，2006：102—124.

[206]范明桥，盛金保．土强度指标 c，φ 的互相关性[J]．岩土工程学报，1997，19(4)：100—104.

[207]张征，刘淑春，鞠硕华．岩土参数空间变异分析原理与最优估计模型[J]．岩土工程学报，1996，18(4)：40—47.

[208]唐兴莉．土体物理力学参数及其关系的试验研究[J]．重庆交通学院学报，2003，22(4)：68—71.

[209]盛骤，谢式千，潘承毅．概率论与数理统计[M]．北京：高等教育出版社，1979：31—48.

[210]ZHOU Hui，FANG Ying—guang，GU Ren—guo，et al. Microscopic analysis of saturated soft clay in Pearl River Delta[J]. Journal of Central South University of Technology，2011，18(2)：504—510.

[211]李明德，秦勇．X 射线衍射物相分析在胶凝材料研究中的应用[J]．云南建材，1999(2)：21—23.

[212]李娟，于斌．黏土矿物对储层物性的影响[J]．中国西部科技，2011，10(22)：8—9.

[213]周晖．珠江三角洲软土显微结构与渗流固结机理研究[D]．广州：华南理工大学，2013.

[214]王丽，梁鸿．含水率对粉质黏土抗剪强度的影响研究[J]．内蒙古农业大学学报，2009，30(1)：170—174.

[215]Low P F. Physical chemistry of clay—water interaction[J]. Advances in Agronomy，1961(9)：269—327.

[216]施斌，刘志斌，姜洪涛．土体结构系统层次划分及其意义[J]．工程地质

学报，1999(5)：145—153.

[217]张咸恭，王思敬，张倬元，等．中国工程地质学[M]. 北京：科学出版社，2000：79—121.

[218]Shear D L，Olsen H W，Nelson K R. Effects of desiccation on the hydraulic conductivity versus void ratio relationship for a natural clay[R]. Washington D. C.，Transportation research record，NRC，National academy press，1993：1365—1370.

[219]邱长林，闫澍旺，孙立强，等．孔隙变化对吹填土地基真空预压固结的影响[J]. 岩土力学，2013，34(3)：631—638.

[220]陈平山，房营光，莫海鸿，等．真空预压法加固软基三维有限元计算[J]. 岩土工程学报，2009，31(4)：564—570.

[221]董志良，陈平山，莫海鸿，等．真空预压下软土渗透系数对固结的影响[J]. 岩土力学，2010，31(5)：1452—1456.

[222]CUISINIER O，LALOUI L. Fabric evolution of an unsaturated compacted soil during hydromechanical loading[C]//Unsaturated Soils Experimental Studies，Vol I. Berlin：Springer，2005：147—158.

[223]董志良，陈平山，莫海鸿，等．真空预压法有限元计算比较[J]. 岩石力学与工程学报，2008，27(11)：564—570.

[224]叶为民，黄伟，陈宝，等．双电层理论与高庙子膨润土的体变特征[J]. 岩土力学，2009，30(7)：1989—1904.

[225]R E OLSON，MESRI G. Mechanisms controlling compressibility of clays [J]. Joarnal of the soil Mechanics & Foundations Division，ASCE，1970，6(11)：1863—1878.

[226]MESRI G，R E OLSON. Consolidation characteristics of montmorillonite[J]. Geotechnique，1971，21(4)：341—352.

[227]SRIDHARAN. Double layer theory and compressibility of clays[J]. Geotechnique，1982，32(2)：133—144.

[228]MARCIAL D，DELAGE P，CUI Y J. On the high stress compression of bentonites[J]. Canadian Geotechnical Journal，2002(39)：812—820.

[229]周晖，房营光，梁健伟，等．微电场效应对土体渗透特性的影响研究[J]. 桂林理工大学学报，2015，35(4)：845—849.

[230]谷任国，房营光．极细颗粒黏土渗流的微电场效应试验分析[J]. 长江科学院院报，2009，26(6)：21—23.

[231]Weber LJ，Neugebauer H. Theoretische betrachtungen über das Traube—Whangsche phänomen[J]. Z Phys. Chem. A.，1928(138)：161—168.

[232]Traube J，Whang SH. Über reibungskonstante und wandschicht [J]. Z

Phys. Chem. A., 1928(138): 102—122.

[233]吴承伟,马国军,周平.流体流动的边界滑移问题研究进展[J].力学进展,2008,38(3):265—282.

[234]马国军.微纳米间隙流动的边界滑移及其流体动力学研究[D].大连:大连理工大学,2007.

[235]严旭德,张帆宇,梁收运.石灰固化黄土的比表面积和离子交换能力研究[J].中山大学学报(自然科学版),2014,53(5):149—154.

[236]CERATO A B, LUTENEGGERL A J. Determination of surface area of fine—grained soils by the ethylene glycol monoethyl ether(egme)method [J]. Geotechnical Testing Journal, 2002, 25(3): 315—323.

[237]CHIAPPONE A, MARELLO S, SCAVIA C, et al. Clay mineral characterization through the methylene blue test: comparison with other experimental techniques and applications of the method [J]. Canadian Geotechnical Journal, 2004, 41(6): 1168—1178.

[238]赵莉.乙酸铵交换法测定土壤阳离子交换量的不确定度评定研究[J].环境科学与管理,2015,40(10):146—149.

[239]褚龙,贺斌.土壤阳离子交换量的测定方法[J].黑龙江环境通报,2009,33(1):81—83.

[240]国家环境保护局,国家技术监督局.土壤环境质量标准:GB 15618—1995[S].北京:中国标准出版社,1995.

[241]谷任国.软土流变的成分影响和渗流的离子效应研究[D].广州:华南理工大学,2007.

[242]Lake C B, Rowe R K. Diffusion of sodium and chloride through geosynthetic clay liners[J]. Geotextiles and Geomembranes, 2000, 18(2-4): 103—131.

[243]Shackelford C D, Benson C H, Katsumi T, et al. Evaluating the hydraulic conductivity of GCLs permeated with non—standard liquids[J]. Geotextiles and Geomembranes, 2000, 18(2-4): 133—161.

[244]徐红,龚时宏,赵树旗.GCL柔性壁渗透仪测试过程中相关问题的探讨[J].灌溉排水学报,2007,26(1):37—40.

[245]李宪.GCL防渗特性及填埋场防渗系统的研究[D].南京:河海大学,2005.

[246]陈仁朋,陈伟,王进学,等.饱和砂性土孔隙水电导率特性及测试技术[J].岩土工程学报,2010,32(5):780—783.

[247]FRIEDMAN S P, SEATON N A. Critical path analysis of the relationship between permeability and electrical conductivity of three—dimen-

sional pore networks[J]. Water Resourcos Research, 1998, 34(7): 1703—1710.

[248]PURVANCE D T, ANDRICEVIC R. On the electrical-hydraulic conductivity correlation in aquifers[J]. Water Resourcos Research, 2000, 36(10): 2905—2913.

[249]FRIEDMAN S P. Soil properties influencing apparent electrical conductivity: a review[J]. Computers and Electronics in Agriculture, 2005, 46(1-3): 45—70.

[250]李洪义，史舟，唐惠丽．基于三维普通克立格方法的滨海盐土电导率三维空间变异研究[J]．土壤学报，2010，47(2)：359—363.

[251]Glenn H, Peter MM, Pal S, et al. Viscosities of concentrated electrolyte solutions[J]. Journal of Molecular Liquids, 2003(103—104): 261—271.

[252]杨伟，王勇．应用排水固结法处理广州地铁鱼珠车辆段软基[J]．路基工程，2008(1)：77—79.

[253]童华炜，周龙翔，邓祎文，等．动力排水固结法在广州软土地基处理中的应用[J]．施工技术，2007，36(7)：56—59.

[254]李广信．高等土力学[M]．北京：清华大学出版社，2004：268—275.

[255]孔祥言．高等渗流力学[M]．合肥：中国科学技术大学出版社，1999：100—105.

[256]Tanaka H, Shiwakoti D R, Omukai N, et al. Pore size distribution of clayey soils measured by mercury intrusion porosimetry and its relation to hydraulic conductivity[J]. Journal of the Japanese Geotechnical Society of Soils and Foundations, 2003, 43(6): 63—73.

[257]张光澄．实用数值分析[M]．成都：四川大学出版社，2004：163—167.

[258]谷任国．软土流变的成分影响和渗流的离子效应研究[D]．广州：华南理工大学，2007.